富朗巴公司授权培训教材

驾驶仿真实验教程

(UC-win/Road)

林庆峰　编著

北京航空航天大学出版社

内容简介

本书介绍了驾驶仿真实验的相关基础理论，以及 UC－win/Road 软件的基础知识、使用方法、操作技巧，以及经典的研究案例。主要内容包括基础理论、建模、案例三部分。基础理论部分为第1～3章，介绍了驾驶模拟器的概念、发展及应用，实验心理学的研究流程及人因工程的实验设计；建模部分包括第4～6章、第11章，介绍了 UC－win/Road 软件的操作入门、交通流及景观模型、驾驶模拟，以及软件的二次开发；案例部分包括第7～10章，涉及自动驾驶与网联车辆中的人机交互、车辆-行人/骑车人的交通冲突、交通标志和道路环境对驾驶行为的影响等8个案例。

本书可供高等院校交通工程、车辆工程、人因工程等专业师生用作相关课程的教材，也可供从事驾驶仿真相关工作的技术人员参考。

图书在版编目(CIP)数据

驾驶仿真实验教程 ：UC－win/Road / 林庆峰编著
. -- 北京 ：北京航空航天大学出版社，2021.8
ISBN 978－7－5124－3596－4

Ⅰ. ①驾… Ⅱ. ①林… Ⅲ. ①驾驶系统－系统仿真－实验－教材 Ⅳ. ①U463.8－33

中国版本图书馆 CIP 数据核字(2021)第176785号

驾驶仿真实验教程
(UC-win/Road)
林庆峰　编著
策划编辑　刘　扬　　责任编辑　孙玉杰
*
北京航空航天大学出版社出版发行
北京市海淀区学院路37号(邮编100191)　http://www.buaapress.com.cn
发行部电话：(010)82317024　传真：(010)82328026
读者信箱：qdpress@buaacm.com.cn　邮购电话：(010)82316936
涿州市新华印刷有限公司印装　各地书店经销
*
开本：710×1 000　1/16　印张：14.75　字数：314千字
2021年9月第1版　2021年9月第1次印刷
ISBN 978－7－5124－3596－4　定价：59.00元

序 言

如今，对驾驶人行为的研究已成为道路交通安全研究的核心内容。近年来，驾驶模拟器逐渐得到了广泛的应用，并已经拓展到汽车工程、人机交互设计、道路交通、交通安全等诸多研究领域。然而，目前针对驾驶仿真的基础理论及软件应用方面的教材很少，使得相关专业的高校师生、专业技术人员不得不在熟悉和掌握驾驶仿真的基础知识、实验设计、场景设计等方面花费大量的时间和精力。

本书从理论与实践相结合的角度出发，介绍了驾驶仿真实验的相关基础理论，UC－win/Road 软件的基础知识、使用方法、操作技巧，以及经典的研究案例。针对书中的每个场景设计示例，作者都亲自动手完成并反复验证，在书中给出了详细的操作步骤，确保场景设计内容的正确性及可操作性。因此，本书内容不仅在教学上具有典型性和代表性，而且具有很强的实用性，能为相关技术人员更好地掌握驾驶仿真实验设计、场景开发提供理论和实践指导。

本书内容主要包括基础理论、建模、案例三部分。基础理论部分为第 1～3 章，重点介绍了驾驶模拟器的概念、发展及应用，实验心理学的研究流程及人因工程的实验设计；建模部分为第 4～6 章、第 11 章，重点介绍了 UC－win/Road 软件的操作入门、交通流及景观模型、驾驶模拟，以及软件的二次开发（含源代码）；案例部分为第 7～10 章，重点介绍了自动驾驶与网联车辆中的人机交互、车辆-行人/自行车冲突、道路交通标志及道路环境相关因素对驾驶行为的影响等内容。

本书由北京航空航天大学林庆峰老师编著，北京航空航天大学研究生吕杨、张珂斐、李师琦、马晓威共同参与编写。其中，张珂斐撰写第 4、5 章，吕杨撰写第 6、7 章，李师琦撰写第 2、11 章，马晓威撰写第 3 章。同时，4 位同学也参与了全书书稿的整理工作。林庆峰负责全书内容的选材和统稿，以及第 1 章、第 8～10 章的编写。此外，本书在编写过程中也得到了富朗巴公司管理层及相关技术人员的大力支持，在此表示感谢。本书可作为高等院校交通工程、车辆工程、人因工程等专业本科生和研究生的配套教材，同时也可作为相关专业人员学习 UC－win/Road 软件的参考资料或培训教材。对于使用其他的驾驶仿真软件或从事驾驶仿真研究的读者来说，本书也可以作为重要的参考资料。

限于作者知识面，书中不当之处敬请各位专家和读者批评指正。

林庆峰

2021 年 6 月

目　　录

第1章

驾驶模拟器概述

本章首先介绍了驾驶模拟器的概念和分类，然后概述了国内外驾驶模拟器的发展历史，最后介绍了驾驶模拟器在驾驶行为、车辆设计开发和道路交通等方面的应用。

1.1 驾驶模拟器的概念及分类

驾驶模拟器是在实验室中使用的由计算机控制的用于研究、测试、分析和再现车辆与外部环境在实际车辆驾驶过程中的相互关系与相互作用的设备和工具。驾驶模拟器一般由车辆动力学装置、驾驶座舱、图像生成系统(显示屏等)及声音合成系统等构成。

驾驶模拟器按功能可分为训练型和科研型两种。训练型驾驶模拟器主要面向安全教育和驾驶训练，其功能相对较为简单，无法实现复杂的动力学和车辆控制系统的仿真。训练型驾驶模拟器能正确模拟汽车驾驶操作，并能在主要性能上获得与实车相同感觉的汽车驾驶训练，主要用于装备各类汽车驾驶学校和驾驶培训中心，以提高驾驶人的培训质量和效率。训练型驾驶模拟器主要由虚拟驾驶场景管理平台、场景模型库、虚拟驾驶人机交互系统、汽车动力学模型、汽车运动仿真模型、音响模拟系统、训练结果评价系统等组成。而科研型驾驶模拟器可用于新技术的实验、开发、研究，其系统结构复杂、功能全、精度高、价格较高。科研型驾驶模拟器一般由运动模拟系统、视景模拟系统、控制操纵系统、音响模拟系统、触感模拟系统及性能评价系统组成。根据运动结构和沉浸感水平，科研型驾驶模拟器可分为低等级、中等级、高等级驾驶模拟器。低等级驾驶模拟器结构比较简单，通常由固定的座椅、固定的屏幕、带有力反馈的转向盘和踏板、声光系统等组成。中等级驾驶模拟器的运动系统通常具有较少的自由度，其驾驶舱通常采用全尺寸或者半尺寸舱。高等级驾驶模拟器的运动自由度一般不少于6个，采用主动式视景系统，可呈现200°及以上的视觉场景。

驾驶模拟器的优点主要如下：

① 安全性高。用驾驶模拟器可以安全地进行高速、极限行驶以及非常危险的安全性实验。例如，研究手机干扰、疲劳、酒精、药物等因素对驾驶绩效的影响。

② 再现性好。由于车辆状态、实验条件等因素很难控制,故实车实验再现性较差。使用驾驶模拟器则可以方便地采集实验数据和设定车辆模型、模拟环境等条件,特别是可以方便地创造可重复的情景和场景。例如,在驾驶模拟器上用十几分钟,就可以完成一项在真实驾驶中可能需要数月才能完成的研究,这是在现实世界中进行实验所无法比拟的。

③ 可方便地设定各种条件,经济性高。在实车实验中,难以实现对参与者的指示、实验条件的排序和事件触发的控制等,而驾驶模拟器则可方便地设定各种实验条件和实验参数。

图 1.1 显示了在《Accident Analysis&Prevention》(AA&P)和《Human Factors》(HF)期刊中使用驾驶模拟开展研究的论文数量的变化。从图中可以看出,自 2004 年以来,在 AA&P 期刊中使用驾驶模拟开展研究的论文数量明显增加。表 1.1 所列为 AA&P 期刊中涉及驾驶模拟研究的论文的分类。

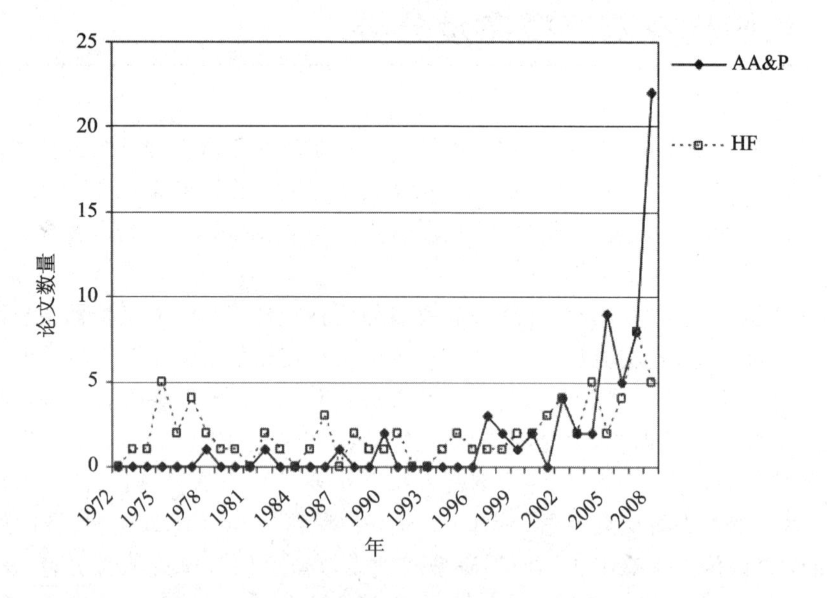

图 1.1　1972—2008 年在 AA&P 和 HF 期刊上发表的涉及驾驶模拟器的论文数量

表 1.1　1969—2008 年在 AA&P 期刊上发表的涉及驾驶模拟研究的论文的分类

研究类型	子类别
酒精(4)或药物(1)	车载检测(1)、年龄(1)、熟练驾驶人(1)、其他(2)
分心(11)	手机(5)、对话(1)、反馈(1)、饮食(1)、多重原因(2)、MP3(1)
设备(2)	警告(1)、音频扬声器(1)
疲劳或困倦(10)	午睡(1)、其他干预(1)、简单与复杂措施(1)、睡眠呼吸暂停(2)、生理措施(1)、其他(4)

续表 1.1

研究类型	子类别
一般个体差异(8)	专家/新手(1)、注意不集中(1)、性别(2)、警察(1)、卡车司机(1)、青少年(1)、培训(1)
老年驾驶人(8)	自我评估(1)、个体差异测试(4)、踩踏板失误(1)、其他(2)
行人(4)	不熟悉的交通方向(1)、年龄(2)、时机(1)
感知/注意力(7)	能见度(3)、雾(2)、速度选择(1)、视野(1)
道路(13)	曲线(2)、乡村双车道(1)、交叉口(3)、水平曲线(1)、隧道(2)、宽度(2)、交通信号(1)、车道处理(1)
模拟验证(4)	交叉口(1)、隧道(1)、速度(1)、老年驾驶人(1)
速度(5)	双车道乡村道路(1)、感知(1)、性别(1)、雾(1)、曲线(1)

1.2　驾驶模拟器的发展及应用

1.2.1　国外驾驶模拟器的发展

1. 日本代表性驾驶模拟器

(1) 马自达公司

马自达公司于 1985 年推出了 4 自由度驾驶模拟器。该模拟器有一个 4 自由度的大振幅运动系统和一个高速视觉系统来模拟真实的车辆动力学，它主要依靠翻滚(运动范围：±40°)、俯仰(运动范围：±40°)和偏航(运动范围：±160°)3 个轴的旋转机构和一个控制驾驶室的水平运动机构(运动范围：±3.6 m)来控制驾驶室运动，每个运动方向的移动范围都很大。该模拟器通过将运动平台绕偏航轴旋转 90°实现纵向或横向加速，可产生最高为 0.8g 的加速度；通过翻滚至最大角度 40°时，可获得高达 0.64g 的加速度。对于视听系统，视觉系统可在一个 203 cm 的显示屏上显示道路图像，该显示屏位于驾驶人前方 1.2 m 处，驾驶人的前向视野角度为 68°，仰角为 20°，俯角为 14°。1991 年，马自达公司开发了具有更高性能的 6 自由度驾驶模拟器。

(2) 丰田公司

2007 年，日本丰田东富士技术中心开发了高 4.5 m、内径 7.1 m 的 7 自由度驾驶模拟器，如图 1.2 所示。该驾驶模拟器的驾驶舱为直径 7.1 m 的穹顶结构，汽车可以在驾驶舱内部做翻滚运动，实现高达 0.3g 的加速度。驾驶舱内部有一个巨大的 360°凹面视频屏幕，可以逼真地模拟各种驾驶场景。当驾驶人操纵车辆时，倾斜装置、振动装置和其他装置在计算机的精密控制下操纵驾驶舱，它的纵向、横向运动范围分别达到 35 m 和 20 m。该模拟器主要用于进行危险驾驶的测试,分析行车安全性,包括驾驶人困倦、疲劳、醉酒、身体不适、注意力不集中等危险驾驶行为。

(3) 日产公司

日产公司在 1999 年制造了 6 自由度驾驶模拟器,如图 1.3 所示,该模拟器采用了额外的 3 个液压缸进行静态补偿,由一个六轴运动平台驱动。此六轴运动平台是以驾驶人头部的高度为基准,而不是以底部的载荷为基准。

图 1.2 丰田公司的驾驶模拟器

图 1.3 日产公司的驾驶模拟器

(4) FORUM8 公司

FORUM8 公司的科研型驾驶模拟器具有 8 个自由度,3D 视觉与虚拟场景交互,并支持使用 CarSim 或者 TruckSim 软件,如图 1.4 所示。该模拟器结合了富士重工航空宇航部门的飞行模拟器技术及斯巴鲁汽车的六轴运动平台。UC - win/Road 软件能提供道路、交通、城市等模型,进行道路障碍、信号控制等各类互动场景的制作。模拟器软件能提供二次开发接口,从而进行面向不同对象的设计和开发,其主要用于道路安全研究、驾驶培训、驾驶人因研究,以及车辆开发研究。

(5) 东京大学

1999 年,东京大学联合日本三菱和松下等企业,开发了虚拟试验场(Virtual Proving Ground),之后 5 年中,其功能得到不断改进,2004 年正式被命名为第一代"面向人、车、交通研究的通用驾驶模拟器"(Universal Driving Simulator Ⅰ);2004—2007 年,第一代驾驶模拟器的功能得到升级,自 2007 年开始被命名为东京大学第二代通用驾驶模拟器(Universal Driving Simulator Ⅱ),如图 1.5 所示。

Universal Driving Simulator Ⅱ的驾驶模拟器座舱可在 $X-Y$ 面上进行 360°旋转,同时,驾驶模拟器图像生成系统可根据座舱的旋转角度实时提供当前角度下的图像,以提高车辆转弯时的驾驶真实感,且该驾驶模拟器座舱的回转中心从原先的驾驶人座位正下方水平移至驾驶人座位的左后方,以提高车辆转弯操作时驾驶人的舒适感。该模拟器采用目标投影仪(Target Projector)技术,通过该项技术,被试可以识别在一般显示屏上难以区分的交通标志。此外,它的声音合成系统可以合成驾驶过程中车内的各种声音(如路面噪声、引擎声音和风声等)、其他车辆靠近或者合分流时的声音,以及在隧道中行驶时的回音效果等。在合成声音时,系统还可考虑驾驶模拟器座舱的旋转,从不同角度提供接近现实的声音效果。另外,驾驶过程中也可模拟车辆的自身震动效果,以提供更加真实的驾驶感受。

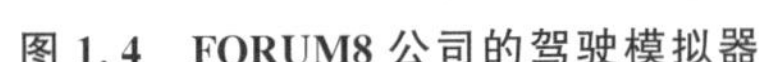

图 1.4　FORUM8 公司的驾驶模拟器

图 1.5　东京大学的驾驶模拟器

2. 美国代表性驾驶模拟器

(1) 通用公司

通用公司的驾驶模拟器的最初研制计划始于 1989 年,其性能指标居世界领先水平。2009 年研制了新的驾驶模拟器,如图 1.6 所示,该模拟器采用了 7 台高分辨率的投影仪,在 360°大型影院式银幕上显示虚拟路面和周边环境。放映区中央的汽车配备有 1 套可重构的内饰系统,由多块 LCD 屏幕组成,可重构的 LCD 屏幕为设计人员和工程师提供了极大的灵活性,使之在开发完成后的数小时内即可对该设计概念进行测试。

(2) 福特公司

福特汽车公司于 2008 年研制了 VIRTTEX 驾驶模拟器,如图 1.7 所示,该模拟器具有 6 个自由度,VIRTTEX 运动系统也有着相对较大的运动范围,如表 1.2 所列。其显示器表面是一个半径为 3.7 m 的球形截面,采用了高增益(4.5∶1)涂层,以确保亮度和对比度。显示屏由 5 台分辨率为 1 600×1 200 像素的投影仪共同呈现驾驶场景,视景更新频率为 60 Hz。前方的 3 个投影仪覆盖 180°×39°的范围,后部的 2 个投影仪覆盖 120°×29°的范围。该模拟器采用 Quantum3D 提供的图像生成技术,测试人员借助三维虚拟现实技术模拟驾驶环境,包括建筑物、道路信号标志等;模拟器内装有摄像头和生理测试仪,记录驾驶者在测试中的反应,用于优化车辆的安全性能。福特公司于 2012 年对该模拟器进行了升级,采用了更先进的图像渲染技术,可进行水平 360°的高清数码投影。

图 1.6　通用公司的驾驶模拟器

图 1.7　福特公司的驾驶模拟器

表 1.2　福特 VIRTTEX 运动系统的运动参数的范围

方　向	加速度	速　度	位移量
纵向/横向	＞0.6g	＞1.2 m/s	±1.6 m
垂　直	1.0g	1.0 m/s	±1.0 m
俯仰/翻滚	＞200 deg/s^2	＞20 deg/s	±20 deg
偏　航	＞200 deg/s^2	＞20 deg/s	±40 deg

(3) 爱荷华大学

2003 年,爱荷华大学联合美国联邦高速公路管理局(FHWA)开发了驾驶模拟器 NADS-Ⅰ,具有 12 自由度运动系统,如图 1.8 所示。该模拟器具有较强的二次开发潜力,可以进行各种复杂的驾驶人-硬件在环实验,主要用于研究碰撞事故中的驾驶人因素以及交通风险应对机制。该模拟器的 Stewart 结构安装在横纵导轨上,可实现复杂的横、纵 2 个方向的车-路交互。该模拟器最重要的特点是显著地拓展了平台基座 $X-Y$ 系统的水平工作区,可达 20 m×20 m。除了传统的专用液压装置,新增了转盘和振动试验台,基座 $X-Y$ 系统由电动机驱动,6 根由电机控制的主缸、转盘和振动实验台均由液压装置驱动。在驾驶舱内部,全尺寸汽车结构放置在六轴运动平台上方。

(4) 菲亚特公司

菲亚特公司在 2019 年 9 月推出了一套新型的驾驶模拟器,如图 1.9 所示。该驾驶模拟器适用于该公司的任何车型,具有 9 个自由度,从而扩大车辆的运动范围,使驾驶人体验感更接近于真实的车辆。该模拟器还能够添加子系统,例如制动和转向,防抱死制动系统(ABS)和电子稳定控制(ESC)系统,以在环实验中创建硬件,从而更好地满足功能目标。5 台 4K 投影仪在吊舱前部弯曲的 180°屏幕上创建图像,为驾驶人提供了真实的驾驶体验。通过使用该模拟器,可以创建一个虚拟环境来评估车辆的行驶和操纵,可对高级驾驶辅助系统(ADAS)应用程序的传感器技术进行测试,评估不同的人机界面(HMI)配置以及对驾驶人进行分心和分散注意力的相关研究。

图1.8 爱荷华大学的驾驶模拟器

图1.9 菲亚特公司的驾驶模拟器

3. 欧洲代表性驾驶模拟器

(1) 德国大众公司

20世纪70年代初,德国大众汽车公司开发出世界上第一套驾驶模拟器,该模拟器包含翻滚、俯仰、偏航3个自由度,在平台驾驶位置前方安装有一块平面屏幕,为驾驶人提供驾驶场景图像。除此之外,在模拟平台没有添加其余的汽车功能和内部结构。1989年,德国大众汽车公司改建了其原有的驾驶模拟器,更新了计算机运算系统和视景生成系统,并用于新产品的研制。

(2) 宝马公司

宝马公司开发了4 m高的液压六轴运动平台,并在该平台上安装了一块屏幕和一辆全尺寸汽车,如图1.10所示。该系统于2003年完成重建,平台配备了单个驾驶舱,驾驶人通过专用通道进入模拟器,从而让驾驶人产生进入汽车而不是模拟器的感觉。

(3) 瑞典国家道路与交通研究所

在1984年,瑞典国家道路与交通研究所设计了4自由度驾驶模拟器TVI-Ⅰ,即在3自由度基础上增加了侧向自由度,用于道路和隧道的设计、车辆的操控、人机界面的测试、酒精和药物对驾驶者的影响等驾驶行为研究。在20世纪80年代末,VTI将VTI-Ⅰ重建为卡车模拟器VTI-Ⅱ,其有效载荷比乘用车模拟器高;在2004年,VTI-Ⅱ升级为VTI-Ⅲ,如图1.11所示,该驾驶模拟器的运动平台尺寸有所增加,且振动频率提高了9.1倍,使驾驶人能够体验到在道路行驶时的轰鸣声。VTI现在最新的第四代驾驶模拟器具有先进的运动系统,拥有210°前向视景,并且允许在X轴和Y轴方向做直线运动,卡车驾驶舱和汽车乘客舱两者之间可以进行快速切换。

图 1.10　宝马公司的驾驶模拟器

图 1.11　VTI－Ⅲ驾驶模拟器

(4) 沃尔沃公司

沃尔沃公司开发了 6 自由度的卡车模拟器,如图 1.12 所示,驾驶舱下的六轴运动平台能够模拟车辆转向运动和底盘振动,从而营造了更加逼真的驾驶体验。该模拟器位于 2 个相交的导轨上,能够模拟车辆前进、后退以及转弯等驾驶行为,并且卡车驾驶室还可以垂直移动。驾驶舱还配备了 10 个摄像头,所有摄像头都可以记录驾驶人的行为。前挡风玻璃上有 5 个摄像头,可通过红外线来记录驾驶人眼睛的动作,另外 5 个摄像头隐藏在驾驶舱内,可以记录驾驶人的操作,包括操纵方向盘、加速踏板和制动踏板的所有动作,这使研究人员可以准确地获取驾驶人的驾驶行为数据。

(5) 奔驰公司

1985 年,奔驰公司研制出 6 自由度汽车动态模拟器,如图 1.13 所示,车身可实现翻滚、俯仰、偏航、垂直、纵向、横向 6 个方向的运动。模拟驾驶舱为穹顶结构,内部嵌入 6 个投影仪,可呈现 180°逼真视景。该模拟器于 1993 年进行了升级,与之前的设计最大的不同在于实现了模拟器平台的横向运动,运动偏移量高达 5.6 m。在 2004 年

图 1.12　沃尔沃公司的驾驶模拟器

图 1.13　奔驰公司的驾驶模拟器

该模拟器又进行了软硬件升级。2010 年推出了类似于飞行模拟器的球型驾驶模拟器，具有 360°视景屏幕，其计算机以超过 1 000 次/秒的速度运算，使得该模拟器能对驾驶人的任何操作进行准确反馈，产生逼真的驾驶效果，例如，急加速时的噪声和振动、急刹车时的车头下沉、车辆打滑时的横移等效果。

(6) 英国利兹大学

1994 年，利兹高级驾驶模拟器(LADS)投入使用。利兹大学交通研究所利用该模拟器开展了许多驾驶人行为和交通安全研究工作，该模拟器可以在精确控制的实验室条件下进行研究，再现一系列可重复的环境、道路、车辆等交通条件。2005 年 LADS 退役，同年利兹大学新一代驾驶模拟开发正式开始。2006 年，利兹大学开发了 UoLDS 驾驶模拟器，如图 1.14 所示，是当今科研领域最先进的驾驶模拟器之一。该模拟器具有 8 个自由度，250°视景屏幕，内置 5 个眼动仪，主要用于研究驾驶分心、交通安全与人为因素、车辆设计、道路设计以及自动驾驶等。

(7) 雷诺公司

雷诺公司有 3 种驾驶模拟器：CAR 驾驶模拟器、ULTIMATE 驾驶模拟器(如图 1.15 所示)和 ROADS 驾驶模拟器。CAR 驾驶模拟器和 ULTIMATE 驾驶模拟器都具有 6 个自由度。ULTIMATE 驾驶模拟器具有 200°视景，主要用于研究驾驶人的驾驶行为。2017 年，雷诺公司与 AVS 合作开发新型驾驶模拟器 ROADS，该模拟器包括一个六轴运动平台、2 条相交的 30 m 长导轨和配备眼动仪的穹顶结构驾驶舱。在驾驶舱内部安装了雷诺的车辆，且车辆可以根据不同的测试进行更换。该模拟器可以在纵向和横向 2 个方向上实现高达 1g 的加速度和高达 9 m/s 的速度，ROADS 将成为世界上第一个能够在 2 个方向上实现如此高加速度的驾驶模拟器。该模拟器还安装了全景 360°的 3D 显示屏，这使得当驾驶人坐在车辆内部时，可以全身心沉浸在虚拟现实(交通场景、行人和建筑物)中。

图 1.14　利兹大学 UoLDS 驾驶模拟器

图 1.15　雷诺公司 ULTIMATE 驾驶模拟器

1.2.2 国内驾驶模拟器的发展

我国驾驶模拟器的产生和发展是从引进国外先进产品开始的,自 20 世纪 70 年代起,我国研发出点光源、转盘机电式汽车模拟驾驶器。到 20 世纪 80 年代,我国的驾驶模拟器发展迅速,多家高校和科研单位积极投入到驾驶模拟器的研发中。到 20 世纪 90 年代,随着计算机技术和图形、图像技术的发展,我国对于驾驶模拟系统的研究进入快速发展阶段。

吉林大学在 1996 年独立建成了 6 自由度驾驶模拟器,如图 1.16 所示,其仿真速度、超低风险极限试验等性能指标均达到世界领先水平。该模拟器具有真实的人-车操作界面、重复可控的试验工况、可任意嵌入实物试验、高速的仿真运算能力等功能,可用于车辆主动安全性能的设计、车用控制系统的开发、道路安全性能的验证等研究。2010 年,该模拟器完成了动力学模型的更新,拓展了运动机构的自由度,运动能力和精度都得到增强。

长安大学驾驶模拟器包括自由度-振动平台、三通道前视环屏显示系统、两通道后视显示系统、座舱系统等,如图 1.17 所示,具有很强的驾驶操作沉浸感。依托该模拟器,可开展驾驶行为特性研究、驾驶辅助技术研究、无人车控制算法研究、交通仿真研究等。

图 1.16 吉林大学驾驶模拟器

图 1.17 长安大学驾驶模拟器

清华大学于 2009 年引入了 6 自由度的大型驾驶模拟平台,如图 1.18 所示。该试验台由视觉仿真系统、听觉仿真系统、中央控制系统等组成,其中,视觉仿真系统主要由前后共 5 块屏幕来实现,可模拟的汽车前向视野角度约为 200°,后向视野角度约为 50°。最主要的终端执行设备是 6 根由电机控制的主缸,可以模拟汽车翻滚、俯仰、偏航、垂直、纵向、横向 6 个自由度,模拟真实驾驶操作。该试验台可用于研究的项目包括:主动安全技术开发(ABS、TCS、ACC 等),驾驶人驾驶行为机理的研究(辅助设备有眼动仪，肌电、脑电设备等)，交通事故再现(事故原因分析)，汽车设计(如客户对于不同车辆的动力学性能、外观等的认可程度等)，智能交通技术研究等。同时，清华大学根据实验需求对其进行持续更新和开发，该平台现能模拟轿车、卡车、SUV 等不同车型以及城市道路、高速公路等不同路况，拓展了技术开发的测试环境。

同济大学于 2011 年开发了具有 8 自由度运动系统的电动高级驾驶模拟器，如图 1.19 所示，其驾驶舱为球穹顶封闭刚性结构，仿真轿车车型为 Renault Megane Ⅲ，去除发动机，保留轮胎，加载其他设备(转向盘刹车换挡的力反馈系统和数据的输入输出设备)，其水平工作空间为 20 m×5 m。该模拟器运动能力较强，可以更加逼真地模拟车辆驾驶，如车辆启动时座椅给人的推背感，以及山区行驶、小半径转弯等情景，可模拟的真实场景比例可达到 80%～90%，代表我国交通安全仿真实验室的顶尖水平，主要用于开展驾驶人行为模式、车辆安全技术、道路交通设计等领域的研究。

图 1.18　清华大学驾驶模拟器

图 1.19　同济大学驾驶模拟器

昆明理工大学于 1999 年设计研发的固定座舱式中型驾驶模拟系统，如图 1.20 所示，其驾驶舱采用真实车辆，并采用三通道及以上的投影系统，通过图像融合实现视景的一体化，沉浸感强，能够模拟真实车辆的视觉效果。该模拟器虽然结构简单，但视觉范围大，效果也很好，而且建设和使用成本较低，因此是目前应用较为广泛的模拟器。这种驾驶模拟系统主要应用于驾驶行为、驾驶心理学、道路交通评价等方面的实验研究。

图 1.20　昆明理工大学驾驶模拟器

1.2.3 驾驶模拟器的应用

1. 驾驶行为

驾驶模拟器使驾驶人在特定的模拟驾驶环境中行驶,代替实车进行实验,通过车辆上的检测器和传感器检测评价指标,得到车辆控制数据、驾驶人的操作和生理变化等客观数据,并辅以驾驶人的主观评价分析结果,对驾驶行为和心理的影响进行综合评价。

驾驶模拟器可以采集多种车辆运动学参数数据,因此许多学者利用驾驶模拟器开展疲劳驾驶实验,提取出驾驶疲劳状态的特征指标,建立疲劳驾驶识别算法。车辆运动学数据也为研究驾驶分心对驾驶行为的影响也提供了客观的依据。

驾驶模拟器也可以研究不同类型驾驶人的行为,例如新/老驾驶人在复杂交叉口的驾驶行为特性、老龄驾驶人的驾驶行为研究等,基于这些研究成果能进一步改善交通法律法规、驾驶辅助系统、交通设计等诸多方面,从而提高驾驶人行车安全。

驾驶模拟器凭借其低成本和"安全性"可以模拟重现各种接近现实生活的危险场景,如醉酒驾驶、突遇行人等突发交通事件,并且可以详细地采集到被试在各种场景下的操作信号和车辆状态参数,考察驾驶人在特殊情况下的反应与操作,测试不同道路要素在交通安全中的作用与影响,以此分析交通事故发生前后的驾驶行为变化以及引起交通事故的影响因素等。

2. 车辆设计

在新的车辆部件设计开发时,驾驶模拟器可以通过对转向、制动、车架、悬架以及动力系统以建模的方式加以模拟。新的开发部件可以单独检验,也可以通过部件间的相互作用予以验证。新的部件在开发时,需要将数据反馈到模型中,对部件的试验与评估和常规驾驶试验方式相同。综合试验场地由不同操纵模式组成,以满足操纵稳定性测试要求,包括侧滑台面、直线跑道、蛇形路径等。模拟器还能提供现实中无法创造的试验场地,并可快速地提供表面不平、坡度、车道间过渡、道路外倾和扭曲以及障碍等,对侧向风或其他干扰等也可以进行模拟,所有这些环境因素的影响在模拟试验中都可以给予考虑,这是实际试验难以达到的。模拟器也可以研究干扰、驾驶人动作、车辆响应和车辆设计之间的关联程度,并应用于车辆部件开发工作中。

驾驶模拟器在新的驾驶室的设计与开发方面有一定的作用。驾驶模拟器的驾驶室具有"驾驶人-车辆系统"的界面,人机工程设计、尺寸、功能概念和仪表控制类型及尺寸、形状等工作都可以在模拟器上进行。通过设置不同的参数,系统可以仿真不同的车辆性能状态,实现动态的模拟驾驶,也可以从人的角度进行人机界面设计及布局研究,汽车刹车系统与反应时间等汽车主动安全研究。因此,可以借助这一平台,广泛开展汽车工程领域的研究。

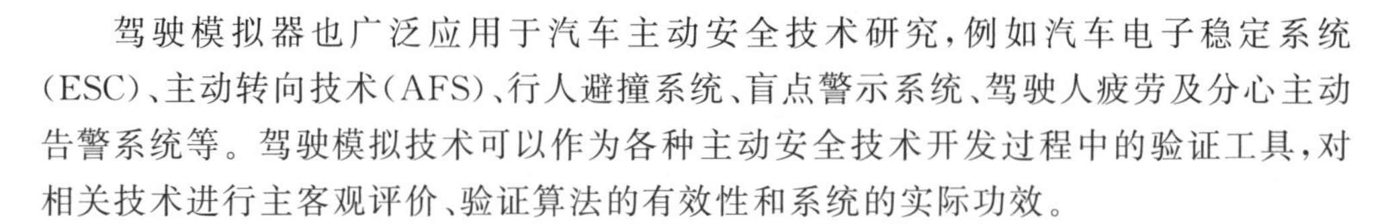

驾驶模拟器也广泛应用于汽车主动安全技术研究，例如汽车电子稳定系统(ESC)、主动转向技术(AFS)、行人避撞系统、盲点警示系统、驾驶人疲劳及分心主动告警系统等。驾驶模拟技术可以作为各种主动安全技术开发过程中的验证工具，对相关技术进行主客观评价、验证算法的有效性和系统的实际功效。

3. 驾驶模拟器在道路交通方向的应用

在驾驶模拟器中，首先要根据设计图纸或真实路景按照设计标准建立道路模型，再制作虚拟视景，其中虚拟视景除道路线形外，一般还应包括道路上的各类交通设施、交通流量等。基于驾驶模拟器，设计人员可以对新建道路设计成果进行检验和评价，驾驶“汽车”行驶在所设计的道路上，从而进行主观的检验和修改，也可以让与道路设计者无关人员参与实验，从而对所设计道路进行客观地评价和检验。

驾驶模拟器也可以进行交通控制和管理方面的研究，该研究需要建立一定的交通流模型和车速控制系统、交通信号控制系统等，研究人员可以通过驾驶模拟器行驶在设计好的交通流中，既可以对交通流模型进行检验，又可以评价交通的控制和管理系统。

总的来说，驾驶模拟器在道路交通方向有两方面的应用：一是对道路交通进行主观评价，包括设计中的道路线形、交通标志、交通设施、交通安全、汽车性能以及ITS的评价等，例如，通过研究不同的道路景观对驾驶人生理、心理的影响，来选择合适的路侧景观；二是对道路交通的特殊现象进行模拟再现，如交通事故、交通流特性、道路服务水平等。

课后习题

1. 简述驾驶模拟器的概念及分类。
2. 简述驾驶模拟器的优点。
3. 驾驶模拟器的应用领域有哪些？

第 2 章 实验心理学的研究流程

实验心理学是采用严格控制变量的实验方法来研究心理活动和行为规律的科学。本章主要介绍实验心理学研究的基本流程，具体包括确定课题、确定实验变量、选择实验参与者、结果预处理及实验评价 5 部分。

2.1 确定课题

实验前，需要确定课题。确定课题的步骤包括提出问题、提出假设、确定实验类型。

2.1.1 提出问题

课题的选择取决于提出的问题，科学研究总是从发现问题开始的。提出问题通常来源于实际需要或理论需要，即实际的工作中存在着许多问题需要实验研究来解决，从理论或学说中推演出的某个假设是否符合实际需要实验来检验。实验可研究的问题需要保证其定义明确性及可研究性。

2.1.2 提出假设

假设是研究者对部分事实材料进行一些推测性的解释或设想。这种基于有限数量的事实和以观察为基础的推测性的解释或设想就是提出假设。有了这种假设，研究者才能针对假设去设计实验，进行深入研究，以便检验或修正假设，直到找出事物的本质规律、上升为正确的理论为止。提出假设的方法包括以下 6 种：

(1) 由特殊到一般的方法

假设是人们对心理活动规律的猜测的解释。心理活动的规律往往具有普遍性，既然是普遍的，它必然在一些个别特殊的事件中也有所表现。因此，人们在研究个别事件时的某些发现，就有可能成为在一般情况下的假设。

(2) 类推的方法

在心理学研究中，人们看出了表面上互不相关的现象之间有共同点，而加以类推，建立假设。与第 1 种方法不同，类推的主体是两类并列主体，例如由动物类推及人。

(3) 移植的方法

科学研究中，有时可应用或移植其他学科领域里发现的新技术来研究本学科的问题，进而提出假设。

(4) 经验公式的方法

对于实验数据，经数学方法处理之后，往往可找出经验公式。这种经验公式是根据有限次数的实验获得，因而带有很大的局限性，但可在此基础上提出假设，以便为进一步的研究提供新线索。

(5) 分类归纳的方法

在科学研究中，通过调研分类、分析整理，找出某些规律并提出相应的假设，也是一种建立假设的常用方法。

(6) 因果的方法

提出因果假设的方法是更常用的方法，即“如果 A 则 B”的形式。A 是假设的前项条件，B 是结果事件。

2.1.3　确定实验类型

心理实验不仅要研究和解释各种心理现象，还要揭示它们的本质和规律。在此基础上阐明心理现象和过程的产生原因，从而预见它们未来的出现。因此可以说，心理实验研究是回答“为什么”科学的探索，这类研究大致可分为两个阶段或两种类型。第一个阶段是探索造成某个行为的条件，第二个阶段是探明那些条件与行为之间的函数关系。与这两个阶段相对应，可以把实验分为两种类型。

第一种类型是因素型实验，即探求规定行为的条件“是什么”的“什么型实验”，或是探明行为的规定要因的实验。通常把因素型实验看作是定性实验。第二种类型是函数型实验，即探求各种条件是“怎样”规定行为的“怎样型实验”，或是探明条件和行为之间的函数关系的实验。函数型实验通常相当于定量实验。

如果将因素型实验和函数型实验进行比较，可以认为，因素型实验是函数型实验的前一阶段，具有函数型实验的预备实验的性质。当然，在不少实际的研究中，是将因素型实验和函数型实验作为一个实验来进行研究的。

2.2 确定实验变量

变量是指在数量上或质量上可变、可操控或测量的事物。在一般的实验中有三类变量,即自变量、因变量和额外变量。

2.2.1 自变量

在实验中实验者所操纵的、对被试的反应产生影响的变量称为自变量,也称独立变量。自变量的种类很多,大致可以分为3类。

(1) 作　业

实验中要求被试作出特定反应的某种呈现刺激。如果把这些作业的任何特性作为自变量来操纵,则这种自变量即为一种作业变量。

(2) 环　境

当实验呈现某种作业时,如果改变了实验环境的任何特性,则改变的环境特性即为环境自变量。

(3) 被　试

被试的特性因素如年龄、性别、健康状况、智力、教育水平、人格特性、动机、态度、内驱力等都可能影响对某种刺激的反应,这些因素统称为被试变量。在这些被试变量中,有的是实验者可以主动操纵加以改变的,而有的则是不能被主动操纵的,只能进行测量。

在某些情况下,研究者把几个不同的自变量当作一个复合自变量来操纵,以确定它们的综合效应。

2.2.2 因变量

由操纵自变量而引起的被试的某种特定反应称为因变量,是实验中研究者要观测的变量。自变量和因变量是相互依存的。对于被试的反应可以从以下几方面来测量:包括反应速度、反应的正确性、反应的难度、反应的次数或几率、反应的强度以及被试的口头报告内容等。

2.2.3 额外变量

除了自变量之外,还有其他许多因素都会影响因变量的变化。凡是对因变量产生影响的实验条件都称为相关变量,而对因变量不产生影响的实验条件称为无关变

量。在相关变量中，实验者用于研究的变量称为自变量，实验者不用于研究的那些相关变量称为额外相关变量或简称为额外变量。额外变量因具体实验不同而不同。因为它们干扰自变量在行为反应上的效果，使实验无法得出确定的结论，即实验结果是由自变量引起的还是由其他什么变量引起的，或是由两者共同引起的往往确定不了。在一个实验中存在额外变量，就会使实验失去有效性。因此，在设计一个具体实验时，研究者要仔细检查和控制一切可能的额外变量。

控制额外变量的方法包括以下6种：

(1) 排除法

排除法是把额外变量从实验中排除出去。从控制变量的观点来看，排除法确实有效。但用排除法所得到的研究结果却缺乏推论的普遍性。

(2) 恒定法

恒定法是使额外变量在实验的过程中保持固定不变。如果消除额外变量有困难，就可以采用恒定法。不同的实验场所、不同的实验者、不同的实验时间都是额外变量。有效的控制方法是在同一实验室、由同一实验者、在同一个时间对实验组和控制组使用同样的实验程序进行实验。

除上述实验条件保持恒定外，实验组和控制组被试的特性也是实验结果发生混淆的主要根源，也应保持恒定。只有这样，两个组在作业上的差异才可归于自变量的效果。用恒定法控制额外变量的缺点：实验结果不能推广到额外变量的其他水平上去，操纵的自变量和保持恒定的额外变量可能产生交互作用。

(3) 匹配法

匹配法是将有相同特点的被试均分到实验组和控制组的一种方法。使用匹配法时，先要测量所有被试和实验中要完成的作业是否具有高相关的特点，然后根据测得的结果，将具有相同特点的被试平均分配到实验组和控制组中。这种方法在理论上虽然可取，但在实际上很难操作。因为如果有超过一个以上特性时，实验者常感到顾此失彼，甚至无法匹配。因此，匹配法在实际中并不常用。

(4) 随机化法

随机化法随机分派被试到各处理条件中去。随机取样是从所规定的被试总体中抽取被试样本，抽取的原则是总体的每个成员都具有相等的被抽取的机会。随机取样的优点是保证一个研究的外部效度。另外，因为随机取样也在一定限度内确信被抽取的各样本在被试特点上大致类似，所以它也保证了一个研究的内部效度。

(5) 抵消平衡法

抵消平衡法的主要功能是控制顺序效果——次序效果和遗留效果。次序效果涉及处理的次序，遗留效果涉及前项处理对后项处理的影响。抵消平衡法主要有两大类型：一类是两个处理的抵消平衡，如果只有A、B两种处理，最常用的抵消顺序效应的方法是用ABBA的安排；另一类是多个处理的抵消平衡，如果对几组被试给予两种以上的处理，为了抵消顺序效应则可采用拉丁方实验。

(6) 统计控制法

统计控制法包括协方差分析、偏相关等。由于条件限制,上述在实验过程中进行控制的方法不能使用,即明知某因素将会影响实验结果,却无法在实验中加以排除或控制。在这种情形下,只有做完实验后采用协方差分析,把影响结果的因素分析出来,以达到对额外变量的控制。

2.3 选择实验参与者

心理学研究者在实施实验之前,必须根据研究目的、受众去确定选择什么样的被试。本节重点介绍如何选取被试样本以及被试数量选择这两个问题。

2.3.1 取样方法

对于如何选取被试样本的问题,主要有3种不同的取样方法:随机取样法、分层随机取样法和方便取样法。

(1) 随机取样法

这是最基本的方法,实验用的被试是被随机抽选出来的。每个个体从总体中被选抽的机会是均等的,任何个体的选择与其他个体的选择没有牵连,彼此之间的选择都是独立的。

(2) 分层随机取样法

当总体由不同大小的小组和层次组成时,分层随机取样法最适用。例如,研究中国成人的听力与外国成人的听力是否有所差异,就必须用一定数量的被试,他们最好是来自成人中不同的年龄段、不同的性别、不同的职业,来自国内不同的地区,甚至不同的民族,这样得到的结果才能代表中国成人的听力。

(3) 方便取样法

尽管随机取样法有许多优点,但是随机取样程序实行起来是困难的,存在总体太大无法实行随机取样的情况,有的总体大小不知更无法从总体中随机取样。因此,绝大多数研究者常常使用一种非随机取样的形式——方便取样法。

方便取样法是指研究者在研究中所使用的被试是那些最方便可得的被试。在方便取样的情况下,样本不是随机地从所规定的总体中选取的。但是为了使研究保持一定的外部效度,方便样本必须被随机地分派到各处理组中去。也只有这样,才能使各处理组在被试差异上大体相当,从而维持着研究的内部效度。

2.3.2 被试数量选择

被试数量一般基于研究问题的总体大小，由研究者所具有的人力、物力条件，实验对象可供选择的可能性，实验类型，处理数据时用何种统计方法以及推论可靠性的程度等这样一些问题来决定。样本数量的选择涉及以下几方面因素：总体大小、研究团队能力、实验对象(实验对象可供选择的可能性也制约着样本的大小)和实验类型。对于因素型实验，如果采用相关设计的方法，那么样本的被试一般要大于 40。对于函数型实验，如果使用 t 检验，那么被试数可小于 30。

2.4 实验结果预处理

原始的实验数据往往是复杂而分散的，必须经过分析整理，把数据系统地组织起来，进行统计处理能使复杂的数据变得简单扼要，把事实要点表示出来。本节重点介绍实验结果预处理的阶段，包括资料分类、分组整理、数学概括和统计整理。

2.4.1 资料分类

心理学研究所能收集到的资料大致分为计数资料、计量资料、等级资料、描述性资料 4 类。

(1) 计数资料

按个体的某一属性或某一反应属性进行分类计数的资料。计数资料只反映个体间质的不同，而没有量的差别。例如，被试的男或女、婚否、成年或未成年，反应的有或无、对或错等。

(2) 计量资料

重复用测量所得到的数值的大小来表示的资料。例如，被试的年龄、智商、反应频率等。

(3) 等级资料

介于计数资料和计量资料之间，可称为半计量资料。例如，将被试的领导能力划分为强、中、弱 3 个等级，就能得到等级资料。

(4) 描述性资料

非数量化的资料。描述性资料可以补充说明数据，使数据更有说服力。但是由于没有数量指标作为客观尺度，描述性资料在进行解释时容易产生主观片面的错误，因此对描述性资料的解释必须小心谨慎。

2.4.2 分组整理

在进行分组前,需要对实验数据进行初步处理。心理实验结果往往是用数字表示的。一般实验数据可分两类:一类是准确数,另一类是近似值。准确数与实际完全相符,确切地表示一个量的准确值。例如,被试人数、试验重复次数、反应的正确数或错误数等都是准确数;近似值是测量得到的,它与实际不完全相符,只是一个量的准确值的接近值。例如,刺激变量的重量、长度、亮度以及呈现时间,反应变量的反应时间、反应的强度等都是近似值。在确定数据类型后,使用统计图表,进行分类分组统计,概括实验结果。

2.4.3 数学概括

(1) 集中量

用一定量数概括、规定重心位置的数字叫集中量。通常反应为平均数、中位数、众数等。

(2) 差异量

用一定量数概括、规定分布范围的数字叫差异量。通常反应为方差、标准差、离散系数等。

(3) 相关度量

在心理和教育实验中经常涉及各种变量之间的相互关系。在收集大量数据的基础上,概括各种变量之间的相互关系就是进行相关分析。在掌握了它们的相互关系之后,从一个变量推测另一个变量时,就需要进行回归分析。

2.4.4 统计整理

实验的因果结论,往往通过对数据的整合分析而得出,因此,针对实验数据的特点选择合适的统计分析过程,就成为从数据中挖掘尽可能确切的实验结论的关键。在心理学研究中,等级资料有时可以升级转换为计量资料使用,比如,通过制定量表将心理健康的等级评价变成计量资料;或者等级资料也可以直接降级作为计数资料使用。所以,下面主要介绍针对计数资料和计量资料在实验变量上的不同组合,各自适用怎样的数据处理方式。

(1) 自变量为计数资料,因变量为计量资料

当研究者试图理解男女之间的反应时差异,或者不同年龄段的记忆广度有无差别时,就构成此类研究的例子。在整合这一类数据时,最恰当有效的统计工具是方差分析。

方差分析方法将对应自变量每个水平的因变量数据叫作一个组，并告诉研究者各组数据之间是否存在差异。方差分析允许进行多自变量和多因变量的数据处理。多自变量的方差分析可以提供自变量间交互作用的信息；而多因变量的方差分析则构成所谓的多元方差分析，它能揭示所有因变量的线性组合是否随自变量的变化而呈现差异。方差分析方法的另一大优点在于，它能够通过引进协变量，构成协方差分析，从而对实验设计中无法直接排除或抵消的一些额外变量进行事后的统计控制。在一些结构最简单的实验中，如果自变量和因变量都只有一个，并且自变量只有两个水平，那么也可以选用 t 检验作为评价因变量均数差异的方法。

(2) 自变量和因变量都为计量资料

如果研究者愿意，可以将计量资料的自变量降级为计数资料使用。这样，前面所介绍的诸如方差分析和检验等方法也都可以适用于此类情况。如果研究者不希望将自变量降级使用，就应该选择一些基于相关的统计方法。实验心理学常见的情况是，需要用多个计量资料的自变量来解释单个计量资料的因变量。这种情况下，多元回归是最合适的选择，它能够提供因变量对多个自变量的函数关系。一般来说，多元回归过程能同时提供多个备择的函数关系式，并提供每个关系式对实验数据的解释能力，研究者可以结合自己的理论预期，据此做出选择。

(3) 自变量为计量资料，因变量为计数资料

此类情况在心理学实验中并不常见。一般情况下，心理学家总是喜欢尽量选择等级较高的因变量，这是因为计数资料的因变量过于简单，不易显示出自变量操纵的影响。

通常对于这类实验，研究者往往只是找到因变量变化的转折点。如果研究者仍然希望进行更深入的统计处理，那么可以选用 logistic 回归等方法。

(4) 自变量和因变量都为计数资料

这类实验是心理学实验中最为简单的类型，也是从数据解释潜力来看最薄弱的实验。比如，研究者仅仅想知道男女两性在特定情境下产生某一行为的概率是否存在差别，就会构成此类实验的例子。这里自变量是计数资料（男和女），因变量也是计数资料（产生行为或不产生）。

由于此类实验的所有数据都没有达到计量等级，因此在数据统计方法上留给研究者的选择余地较为狭窄，研究者只能从所谓的非参数检验中寻找自己需要的方法。对于上面的例子，较好的选择是进行卡方检验，这一方法能告诉研究者数据的频数分布是否符合某一假定的分布。

2.5　实验研究的评价

对于实验的评价包括两方面：其一，实验是否明确、有效、可操作；其二，实验是否可重复验证。这其实也就是实验研究的效度和信度问题。

2.5.1 实验效度

1. 定　义

实验效度是指实验方法能达到实验目的的程度,也就是实验结果的准确性和有效性程度,包括内部效度及外部效度。

实验的内部效度是指实验中的自变量与因变量之间因果关系的明确程度。如果在实验中,当自变量发生变化时因变量随之发生改变,而自变量恒定时因变量则不发生变化,也就是说,确实是自变量而不是其他因素引起了因变量的变化,那么这个实验就具有较高的内部效度。由此可知,内部效度与额外变量的控制有关。当实验中未得到控制的额外变量越多时,因变量的变化不是由自变量引起的可能性就越大,实验的内部效度就越低。当实验结果未受到任何其他变量的干扰,自变量与因变量的因果关系明确时,实验的内部效度是高的。

实验的外部效度是指实验结果能够普遍推论到样本的总体和其他同类现象中的程度,即实验结果的普遍代表性和适用性。普遍性的问题在所有类型的研究中都存在,也是研究者感兴趣的问题。它涉及实验结果的概括力和外推力,也就是实验结果接近现实的程度。对于任何一个实验结果来说,最为关键的问题是若超出产生该结果的实验条件,那么它仍会存在普遍性问题。

2. 内部效度的影响因素

内部效度问题其实就是实验变量控制的问题,对额外变量的控制能有效地提高实验的内部效度。内部效度主要受到以下 3 个方面的影响。

(1) 主试-被试间的相互作用

在心理学实验研究中,除了主试给出指导语及被试按指导语要求完成任务的相互作用之外,他们之间还可能存在着某种干扰实验、使实验结果发生混淆的相互作用。

尽管研究者总要在研究中引入尽可能多的实验控制,但即使是在最谨慎的研究者那里,有两种来源的偏差仍可能受到忽视:要求特征和实验者效应。

心理学实验中,有效消除主试-被试间不恰当的相互作用,由此保证实验内部效度的通用手段是双盲实验法。也就是说,主试和被试都不清楚实验的具体目的,因而可最大限度避免主试的暗示和被试的顺从。

(2) 统计回归

当实验分组涉及到某些具有极端特性的个体作为被试时,统计回归将对实验的内部效度产生极大的影响,实验者将无法区分统计回归的效应和自变量本身的效应。

为避免统计回归对实验效度的影响,通常建议实验者在匹配被试时必须考虑两

组被试本身是否同质，如果不同质就必须以几组被试各自的相对水平进行匹配。此外，利用统计控制进行协方差分析，在某种程度上也能降低统计回归对实验效度的影响。

(3) 其他因素

实验内部效度还与许多其他因素的控制有关。例如，在实验中，被试的一些固有的和习得的差异，如性别、年龄、经验、个性等都对研究存在一定的影响。在对被试进行分组时，如果没有使用随机取样和随机分配的方法，即存在被试的选择偏性的话，那么实验结果就会发生混淆，从而降低内部效度。

另外，在一些长期实验中，参加实验的人员的流失率会随着时间而增大。即使开始参加实验的被试样本是经过随机取样和随机分配的，但由于被试的中途缺失，常常使缺失后的被试样本难以代表原来的样本，这同样会降低实验的内部效度。

对于时间跨度较长的实验，必须考虑到个体本身的生长和成熟因素也能影响内部效度。

此外，增设控制组同样能够解决由于实验程序本身、控制方式的不一致，以及测量程度的变化对实验内部效度的影响。例如，在实验研究过程中包括时间顺序上的前测后测时，即使没有接受任何实验处理，后测的数据也将比前测的数据高一些。这中间可能包括练习因素、临场经验，以及对实验目的敏感程度的效应。而这些影响实验效度的问题，可以通过增设一个无实验处理，仅有前后测的控制组加以解决。如果实验组的后测明显高于控制组的后测，那么实验组被试的前后变化就确实是由自变量引起的。

3. 外部效度的影响因素

以人的行为为对象所获得的实验结果，其推论往往会具有相当的局限性。因此，实验的外部效度就要受到很多因素的制约，主要包括以下 3 个方面的影响因素。

(1) 实验环境的人为性

实验是在严格的控制条件下进行的，实验环境的人为性可能使某些实验结果难以用来解释日常生活中的行为现象。

在特定的实验情境中，被试通常知道自己是处于被观察的地位，因此其行为可能会受到影响，表现为与他们不知道自己正在被观察或不参加实验时有很大的不同，而且实验室中的仪器设备也会影响被试的典型行为。此外，被试参与实验时都存在一定的动机和对实验的预期，这些因素都会影响其行为表现，要改变这些因素的影响，可以提高实验情境与现实情景的相似性。一般来说，这种相似性越高，实验结果的可推广性也就越高。

研究中所使用的变量强度和范围，也应该尽可能地接近研究结果所要应用的实际情况。此外，在进行某些特定领域的研究时，还可以增加现场实验的数量，在非实验环境下对被试进行自然观察，或者采用间接观察、参与观察等。这样，实验的外部效度就会有很大的提高。

(2) 被试样本缺乏代表性

从理论上讲,参与实验的被试必须具有代表性,必须从将来预期推论、解释同类行为现象的总体中进行随机取样。但实际上这很难做到。因为如果总体很大,即使能够随机取样,但由于心理学实验的被试通常是自愿的,所以也很难把被随机选上的人全部请来做实验,如果总体是无限的,随机取样实际上是行不通的。这样的结果自然会降低实验的外部效度。

同样,如果研究者选择一些具有独特心理特质的被试进行实验时,因为这些独特的心理特质有利于对实验处理造成较佳的反应,就很难将得出的结果推广到其他特质的被试上去。

(3) 测量工具的局限性

实验者对自变量和因变量的操作性定义往往是以所使用的测量工具的测量结果来加以考虑的。例如,把成就动机作为一个因变量,实验者常以某种成就动机量表所测得的分数来界定并评价其强度。但成就动机的测量工具有各种不同的形式,所测量出的分数并不代表同一种成就动机及其强度。如果在实验时采用的是某一种成就动机的量表,那么所得出的实验结果便不能推论到采用其他成就动机的量表的情况中去。

2.5.2 实验信度

1. 定　义

实验信度是指实验结论的可靠性和前后一致性程度。实验结果的可靠性可以简单归结为:如果再重复实验,其结果会与第一次相同吗?这在心理学研究中是一个关系重大的问题,它涉及实验研究的可验证性。如果我们没有理由证明所得出的实验结果是可信的,那么研究也是毫无价值的。

2. 信度的影响因素

决定实验信度的一个关键是观察量,观察量越大,我们就越有理由相信样本统计值接近总体参数值,也就是样本更能够代表其所在的总体。研究中某一特定结果的信度取决于产生这一结果的观察量。

在实际研究中,我们一般尽量使观察量增加到最大限度。这样做不仅可以提高结果的信度,而且增强了我们所使用的统计检验的效力,也就是说使我们更能够确信自变量对因变量存在影响。

同时,实验信度还涉及对结果的统计检验。在任何实验中,当得出结果时,我们首先会问自己:它是真的吗?这就又将我们带回到了信度的问题中,即如果再做一遍实验,还会得到与之相同的结果吗?

回答这个问题的一个方法就是计算推断统计的结果。简单地说，推断统计用来确定两种实验条件下的差别到底是由自变量还是随机因素造成的。如果不同实验条件下所得出的结果之间差异很大，而且这种差异由偶然因素造成的概率低于 0.05，那么就可以排除偶然因素造成实验结果的可能性，认为该结果是由自变量造成的，根据统计检验所得出的差异是具有统计信度的。

统计信度是得出实验结果的必要条件，但更多的研究者倾向于实验同时还具有实验信度。因为，尽管结果具有了统计信度，但其中仍有 5%犯错误的概率。也就是仍然存在着偶然因素会混淆实验结果的可能性，而且即使实验控制得很好，这种问题也会发生。

课后习题

1. 提出假设的方法有哪些？
2. 自变量的种类有哪些？
3. 以被试的反应为因变量时，从哪些方面来观测因变量？
4. 如何对额外变量进行控制？
5. 被试数量的选择要考虑哪些方面的因素？
6. 自变量为计数资料，因变量为计量资料的实验结果如何进行统计整理？
7. 对实验研究进行评价需要参照哪些指标？
8. 内部效度一般受什么因素影响？

第3章

人因工程的实验设计

实验设计最具一般性的两种基本类型为组间设计和组内设计。组间设计是指每个被试只接受某自变量的一个水平处理的实验设计，即一个被试只对应某自变量的其中一个水平的测量，又称为被试间设计、独立组设计或完全随机设计。组内设计是指每个或每组被试接受某自变量所有水平处理的实验设计，又称为被试内设计或重复测量设计。本章重点介绍单因素实验设计和多因素实验设计。

3.1 单因素实验设计

根据实验中自变量数目的多少又可将实验设计分为单因素实验设计（one-factor experiment design）和多因素实验设计（multiple-factor experiment design），前者只包含一个自变量，后者包含两个或两个以上自变量。

3.1.1 单因素组间实验设计

单因素组间实验设计中，只有一个自变量，自变量有两个或多个水平。该自变量是组间变量，将被试随机分配给自变量的各个水平，每个被试只接受该自变量一个水平的处理，该实验设计通过随机化的方式控制误差变异。

1. 单因素两水平的组间实验设计

当研究的问题包含两个处理水平的比较时，应当采用两个处理随机组的设计，把处理水平分派到随机组中去。由于两组的分派是随机的，故用独立样本 t 检验来检验实验结果所获得的差异是否显著。

2. 单因素三水平及以上的组间实验设计

当研究的问题包含三个及以上水平的比较时，应当采用三个及以上处理水平的随机组设计。把不同处理水平分派到各随机组。该设计所获得的数据一般可采用单因素方差分析方法（one-way ANOVA）进行分析。

3. 组间实验设计的优点和缺点

组间实验设计的优点主要如下：

① 由于每个被试只接受一种实验处理，每个被试能够在短时间内完成，避免由于实验时间过长而使被试厌烦或失去兴趣。

② 排除了组内实验设计中由于被试接受几种水平的实验处理而导致的练习效应。

③ 实验处理之间不会相互干扰，即一种自变量之间和自变量的不同水平之间不会产生相互干扰。

组间实验设计的缺点主要如下：

① 组间实验设计是将不同的被试分配到不同的实验处理，因而需要更多的被试，需要花费更多的时间和人力。

② 分配到各实验处理的被试之间仍可能存在差异，被试差异易与实验条件混淆。

③ 由于不同实验处理条件下的被试不同，实验处理的残差增大，使得实验处理的效应不敏感。

组间实验设计消除误差的方法如下：

① 随机分配被试：随机化分组是保证被试组之间同质的一种有效方法。一般来说，随机化的方法可以采用抽签法、掷币法、随机数字表法等。随机化分配被试是组间实验设计被试分组的一种常用方法。

② 匹配被试：依据预备实验测试分数的高低将特征最相近的被试分配到不同的实验处理组，尽可能地将被试的个体差异对实验结果的影响最小化。该方法需要被试进行与正式实验相关的预备实验，比较耗时，因而不适用大样本实验，且可能引起被试的练习效应而影响正式实验的结果。

3.1.2　单因素组内实验设计

单因素组内实验设计中，只有一个自变量，自变量有两个或多个水平。该自变量是组内变量，每个被试接受所有水平的处理，该实验设计消除了由于被试组不平衡带来的误差。

1. 单因素两水平的组内实验设计

单因素两水平的组内实验设计中，一组被试需要接受两种水平处理的测量，所得的实验数据很可能是具有相关性的两份数据样本，因此需要采用配对样本 t 检验方法进行分析。配对样本 t 检验是统计学中参数检验的一种有效方法，可以用来检验两组具有相关性的样本数据是否源自同均值的正态分布总体，即推断两个相关的样本总体其均值有无显著差异。如果所得到的数据是离散变量或有其他不符合参数检验条件的,也可以采用卡方检验等非参数检验方法。

2. 单因素三水平及以上的组内实验设计

单因素组内实验设计也可应用于三个及以上水平处理,此时需要采用单因素重复测量方差分析方法进行分析。采用组内实验设计,每组样本数据之间存在相关性,因而不能简单地使用方差分析方法进行研究,而需要使用重复测量方差分析方法。当需要检验两个相关样本组时采用配对样本 t 检验,而重复测量方差分析方法将两个相关样本组的均值差异检验方法扩展到三个及以上相关样本组,是配对样本 t 检验的扩展。重复测量方差分析方法除了要满足样本组之间相互独立并符合多元正态分布等一般方差分析的前提假设之外,还需要满足球形检验假设。单因素重复测量方差分析方法是最简单的重复测量方差分析方法。

3. 组内实验设计的优点和缺点

组内实验设计的优点主要如下:

① 节省被试,可以获得每个被试多个实验处理的数据。

② 由于节省了大量的被试,因而节省了实验时间和人力。

③ 由于每个被试都在所有的实验处理条件下进行实验,因而有效地避免了被试的个体差异对实验结果的影响。

组内实验设计的缺点主要如下:

① 由于每个被试接受所有的实验处理,可能导致被试的疲劳和厌倦,影响实验结果的可靠性。

② 被试接受各实验处理的顺序是不可逆的,因而在过程中会产生经验或练习效应,使得实验处理之间相互干扰,即一种自变量之间和自变量的不同水平之间会产生相互干扰。

③ 实验处理之间的先后顺序会给实验带来顺序效应。ABBA 法可以平衡由于实验顺序带来的系统误差。A 和 B 代表两种实验处理,在实验过程中按照表 3.1 所示的实验分配方式进行实验,每一种实验处理都以正反两种顺序呈现给被试,被试接受不同实验处理的先后顺序的机会是相等的。多个处理的实验平衡方法可参考 3.2.4 小节中介绍的拉丁方实验设计。

表 3.1　ABBA 法平衡组内实验设计系统误差

被　试	实验处理			
被试 1	A	B	B	A
被试 2	A	B	B	A
⋮	⋮	⋮	⋮	⋮
被试 n	A	B	B	A

3.1.3 单因素随机区组实验设计

方差分析是将所有观测值的总体变异分解为自变量的效应和残差，然后将自变量效应和残差方差做比较求得 F 比率，F 比率越大，表明自变量的效应越明显。因此残差越大，F 比率越小，越不利于显示出自变量的效应，而随机区组实验设计和匹配组实验设计则可以通过减少未知因素带来的误差而将自变量的效应更灵敏地显示出来。

1. 单因素随机区组实验设计

随机区组实验设计是将被试按照对实验结果产生影响的某些特质(区组变量)分配到不同的区组中去，使得每个区组内被试的差异性尽可能小，区组内的被试具有同质性。然后将每个区组内的被试随机、均等地分配到不同的实验处理中接受测量，并将因变量的观测值分开记录，这样就可以计算不同区组之间因变量的变异量，从而将由于区组差异带来的数据变异从残差项中分离出来，达到降低残差项的目的。

随机区组实验设计不仅考虑了自变量的影响，而且也考虑了区组变量的影响。将被试间的某种差异作为一个区组变量，至少可以部分地把由被试间差异引起的因变量的数据变异从残差中分离出来，消除区组因素对观测结果的干扰和影响，从而更科学地评价自变量对实验结果的影响。需要说明的是，区组变量不是研究者拟考察的自变量，而是要进行平衡的额外变量。一般来说，作为区组变量的额外变量与自变量之间不存在交互作用，如果存在交互作用，那么它就不适合作为区组变量，而应作为自变量或控制变量。自变量只有一个的随机区组实验设计为单因素随机区组实验设计。

2. 单因素匹配组实验设计

当研究变量只有一个且研究设计中又要考虑到对被试进行匹配分组时，应采用单因素匹配组实验设计。单因素匹配组实验设计可以看作是单因素完全随机区组实验设计的一个特例，即每一区组的被试数正好等于实验处理数，在每一区组中一种实验处理只对应一位被试。

单因素匹配组实验设计在本质上与单因素组内实验设计是一致的，因为匹配组之间可被看作是相互映射或相互替代的，故匹配组实验设计的数据分析方法与单因素组内实验设计的数据分析方法相同，即当对两个匹配组进行比较时，采用配对样本 t 检验进行差异性检验，当有 3 个或 3 个以上匹配组进行比较时，采取单因素重复测量方差分析方法进行差异性检验。

3.2 多因素实验设计

单因素实验设计相对简单，易于理解。大多情况下，只研究一个自变量，而要求其他条件在实验组与控制组之间、不同的实验组之间均相等或平衡是存在一定难度的，因而往往需要考虑多变量之间的交互作用。因此，要深入研究多个自变量同时发生变化的实际情况，需要进行多因素实验设计。

多因素实验设计，就是同时研究两个或两个以上的因素的影响以及这种影响的交互性。在多因素实验设计中，处理效应是指由自变量引起的效应，包含主效应(main effect)和交互效应(interaction)。主效应是指一个因素几个水平之间的差异程度，即不考虑其他变量，只考虑单个变量对因变量的影响。交互效应是考虑几个因子之间对因变量共同作用的影响，当一个因素的水平在另一个因素的不同水平上变化趋势不一致时，称这两个因素存在交互作用。

多因素实验设计的形式很多，根据被试的分组方法和实验处理的分配，可将其分为多因素完全随机实验设计、多因素重复测量实验设计、多因素混合实验设计、多因素区组实验设计和拉丁方设计。

3.2.1 多因素完全随机实验设计

在多因素完全随机实验设计中，对被试进行完全随机分组，随机地将每一个独立的被试组安排在一个实验处理上接受观测，对得到的多个独立样本数据进行差异性比较，采用多因素方差分析方法评估各个自变量的主效应以及自变量之间的交互效应。多因素方差分析方法是检验两个或两个以上因素的不同水平是否对因变量造成显著差异的分析方法，其目的是分析各个自变量的独立作用、各个自变量之间的交互作用和其他随机变量对因变量的影响。

对于多因素完全随机实验设计来说，有多少种实验处理就要有多少个独立的实验被试组，随着自变量数和自变量水平数的增加，被试样本数不断增加，给实验操作带来挑战，在实际研究中，当自变量数达到 3 个以上时，研究者很少采用多因素完全随机实验设计。

3.2.2 多因素重复测量实验设计

在多因素重复测量实验设计中，每个被试要接受自变量水平组合构成的所有实验处理的测试。对于该实验得到的数据需采用重复测量的多因素方差分析方法进行分析，可以在相当程度上将被试差异带来的数据变异从误差项中分离，使自变量的效应更易于显示出来。

3.2.3 多因素混合实验设计

有的研究者在研究中倾向于采用组内变量以使用较少的被试,而有些自变量做组内变量时会导致较大的顺序效应而宜采用组间变量。混合设计是指既有组间变量,又有组内变量的实验设计类型。因此,混合设计是一种结合了组间设计和组内设计的优点而具有实用价值的设计类型。

3.2.4 多因素随机区组实验设计和拉丁方实验设计

在单因素实验设计中,随机区组实验设计由于减少了方差分析中的残差部分,使得自变量的效应更灵敏地显现出来。同样,在多因素实验设计中,可以通过多因素随机区组实验设计和拉丁方实验设计减少未知因素带来的残差。

1. 多因素随机区组实验设计

实验中的个体差异必然会带来因变量测量数据的变异,当这些变异无法从残差中分离时,方差分析的敏感度就大大降低了,自变量的效应也因此很难显现出来。随机区组实验设计可将个体差异带来的数据变异从残差中分离出来,当研究多变量且需考虑区组变量的时候,就需要采用多因素随机区组实验设计,该实验设计划分被试区组的方法与单因素随机区组实验设计的方法相同。

2. 拉丁方实验设计

随机区组实验设计在考察自变量影响效应时只考虑了一个额外变量的影响,将该额外变量作为区组变量,对其他各种实验处理下的影响进行平衡,同时将该区组变量引起的变异从残差中分离出来。如要考虑两个额外变量的影响,就需要采用拉丁方实验设计。

在拉丁方实验设计中,每种实验处理都能等概率出现在实验顺序的每个位置,能保证不同的实验处理所受的顺序效应的影响均等。首先把两个额外变量的各个水平结合在一起构成一个方格,然后将不同处理平衡地排在方格中,其结果要保证自变量的每一个处理在拉丁方方格的每一行和每一列都出现且只出现一次。一般来说,如果将首行的顺序排定后,其后每一行的排列只要将上一行的顺序减去1或加上1即可,以此类推,就可以排成一个拉丁方。表3.2是一个5×5拉丁方示例。

拉丁方实验设计的优势在于可以平衡分离出两个额外变量的影响,从而减小实验误差。其缺点是额外变量不能与自变量之间存在交互效应,两个额外变量之间也不能存在交互效应。此外,拉丁方实验设计要求每个额外变量的水平数与实验处理数相等,这在一定程度上限制了拉丁方实验设计的使用。

表 3.2　5×5 拉丁方

A	B	E	C	D
B	E	C	D	A
E	C	D	A	B
C	D	A	B	E
D	A	B	E	C

实验设计的选择受到多种因素的制约,研究者应根据研究问题、变量的性质、实验任务大小以及实验目的等方面,综合考量后选择最适宜的实验设计。

课后习题

1. 什么是组间设计?有哪些优缺点?
2. 组间实验设计消除误差的方法有哪些?
3. 什么是组内设计?有哪些优缺点?
4. 什么是 ABBA 法?
5. 什么是随机区组实验设计?其优点是什么?
6. 什么是主效应和交互效应?

第4章

UC-win/Road 操作入门

本章简要介绍了 UC-win/Road 的主要操作流程(基本操作流程、主要菜单和基础操作)、地形建模、路网导入和道路建模等内容。

4.1 UC-win/Road 操作简介

4.1.1 UC-win/Road 基本操作流程

UC-win/Road 是一款实时虚拟现实软件。从初版发布以来,UC-win/Road 不断丰富三维建模场景,新增驾驶模拟和演示等功能,今后还将不断升级版本、扩展与驾驶模拟相关的各类功能。UC-win/Road 基本操作流程如图 4.1 所示。其中,地形信息、定义道路、编辑制作、模拟的具体流程分别如图 4.2 和图 4.3 所示。

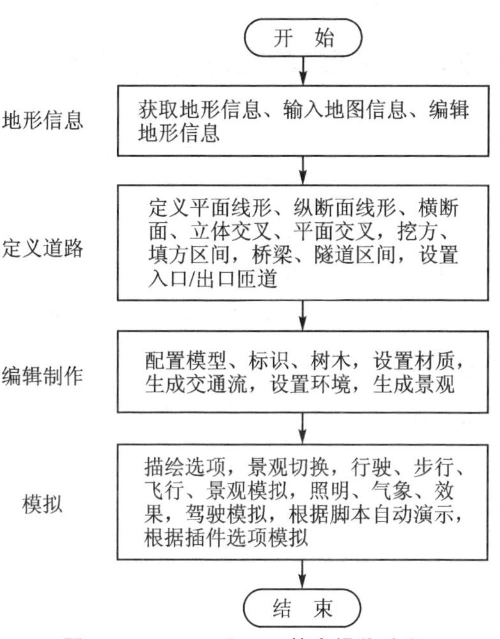

图 4.1 UC-win/Road 基本操作流程

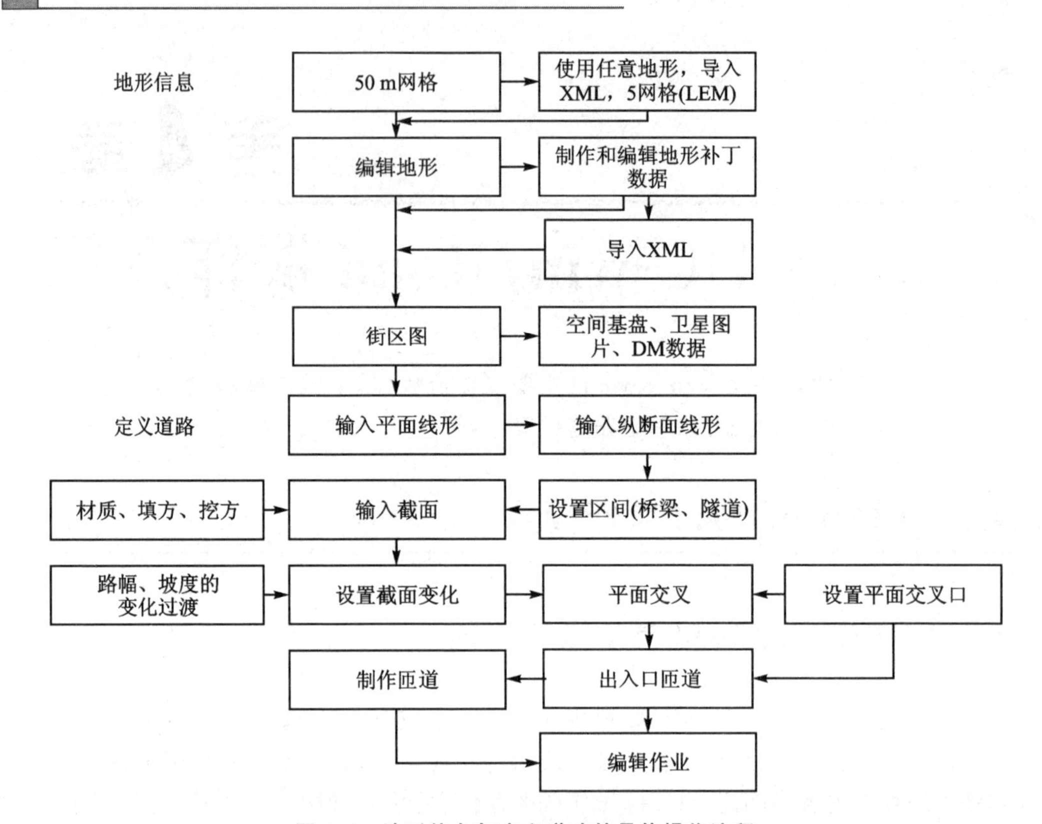

图 4.2　地形信息与定义道路的具体操作流程

4.1.2　UC-win/Road 主要菜单和基础操作

设计者可以利用 UC-win/Road 简便、快速地制作出各种模型和场景，UC-win/Road 是进行公路、城市、园林、小区规划设计的有效工具。UC-win/Road 也支持交通模拟(包括交通流模拟)、信号控制和人物三维动画设计，软件内嵌有丰富的二维数据库、三维模型库和各种材质库，可以简单快捷地模拟出天气、(日照)时间等环境因素，也可以描述不同风力环境条件下景物的三维特征。

1. 主要菜单介绍

打开软件，初始界面如图 4.4 所示。单击“新建默认项目”图标，将导入默认地形数据；单击“打开...”图标，下拉菜单将会出现下层图标，单击之后可打开之前保存的地形数据；单击“新建项目...”图标可以新建项目；单击“下载项目...”图标，即可通过 RoadDB 下载 Sample 数据。导入数据后，显示界面如图 4.5 所示。

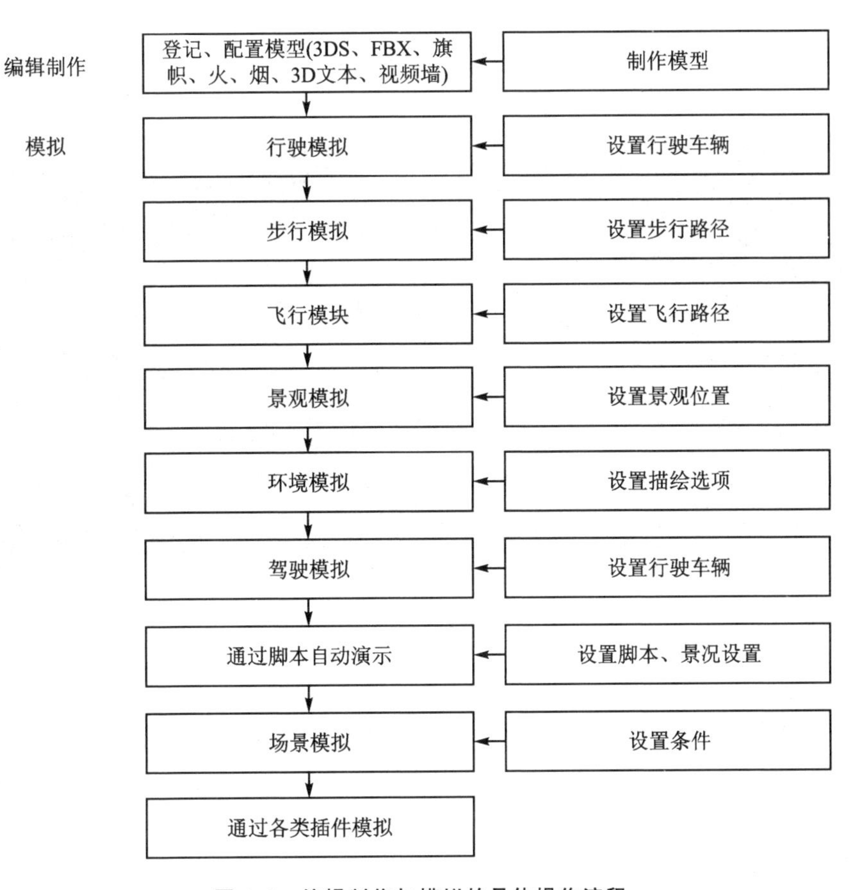

图 4.3　编辑制作与模拟的具体操作流程

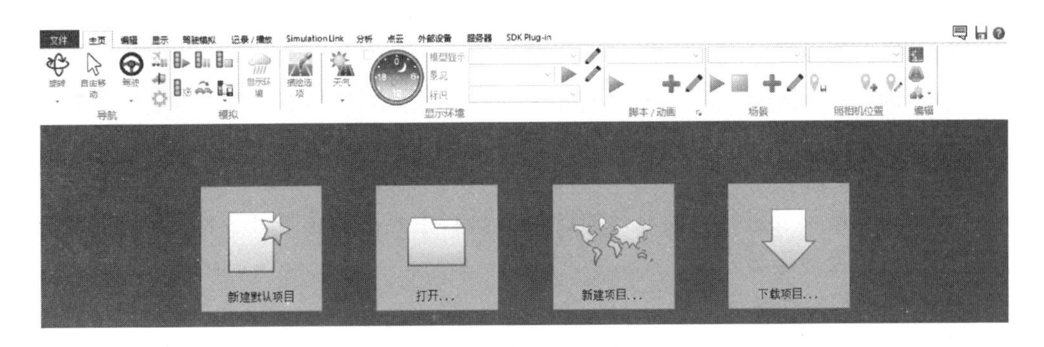

图 4.4　UC-win/Road 初始界面

图 4.5 中，界面上方为功能区菜单。UC-win/Road 功能区菜单的功能区包括：文件、主页、编辑、显示、驾驶模拟、记录/播放、Simulation Link、分析、点云、外部设备、服务器。此外，功能区标签可能会由于安装时所选择插件的不同而有所不同。

图 4.5　道路数据导入后显示界面

(1) 文件功能区

单击文件功能区后将显示下拉菜单,在这里可进行项目的新建和保存、数据的导入和导出、多个数据文件的合并以及应用程序的设置等操作。在需要查阅软件版本等信息时,可以通过文件功能区下的“信息”选项进行查询。

(2) 主页功能区

主页功能区可以进行照相机状态和导航模式的变更、道路的建立或编辑、场景或脚本的编辑等操作,也可以进行交通流的模拟和环境显示等设置。

(3) 编辑功能区

编辑功能区可以执行数据编辑的操作,例如,进行地形补丁及街区图设置和障碍物、道路表面、道路附属物的编辑,还可以对交通流、车前灯等进行编辑和设置。

(4) 显示功能区

显示功能区可以进行界面显示的设置,例如,主界面的位置和大小更改、菜单的隐藏与显示以及多屏显示等。

(5) 驾驶模拟功能区

驾驶模拟功能区可以进行驾驶模拟时所需的各种操作,例如,模拟实验的开始和停止、车辆行驶时模拟信息的输出设置及方向盘操作等。

(6) 其他功能区

记录/播放功能区中可使用 AVI 及 POV-RaY 进行输出操作;Sim Link 功能区提供读取其他交通模拟插件数据的功能;分析功能区可以实现海啸、泥石流、流体等解析结果的可视化及进行噪声模拟的各种操作;点云功能区可以执行关于点云的相

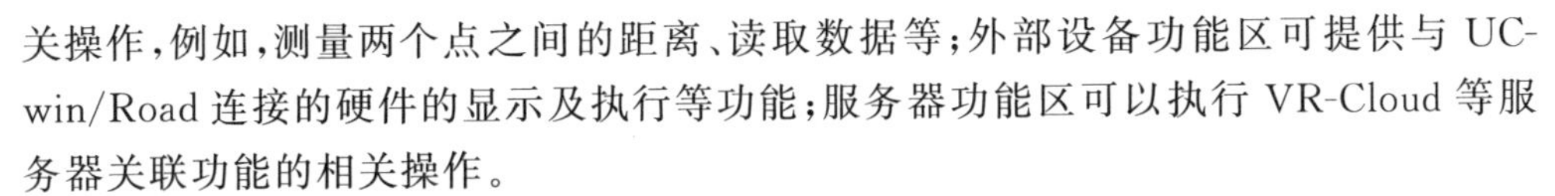

关操作,例如,测量两个点之间的距离、读取数据等;外部设备功能区可提供与 UC-win/Road 连接的硬件的显示及执行等功能;服务器功能区可以执行 VR-Cloud 等服务器关联功能的相关操作。

界面下方显示状态栏,进行编辑或模拟操作时的状态将以数值的形式在状态栏中显示出来。通常情况下,状态栏显示如图 4.6 所示,其中,“60.9 fps”表示每秒帧率(fps),“(12931.8,7594.2)”表示当前视点的位置(局部坐标),“34°59′15.3″N,135°45′53.6″E”表示视点的经度和纬度,“(−112 165.0,−21 589.4)”表示世界测地系坐标。在行驶过程中,状态栏显示如图 4.7 所示,其中,“0.11/2.80km 地点”表示道路上的位置/道路长,“道路‘道路用地 1’+车道 1−速度 11 km/h(AT:D,档位 1,1 051 RPM)”表示道路的名称、车道、车速以及车辆的挡位,“HEIGHT: 562.6 m (dH: 1.2m)”表示视点高度。在飞行过程中,状态栏右侧显示如图 4.8 所示,其中,“0.95/4.02 km 地点”表示飞行路径上的位置/路径长,“飞行路径 2 Speed 200 km/h”表示飞行路径名和飞行速度。

60.9 fps (12931.8, 7594.2) 34° 59' 15.3" N, 135° 45' 53.6" E - (-112165.0, -21589.4)

图 4.6 通常情况下的状态栏显示情况

(5431.1, 6163.3) HEIGHT: 562.6m (dH: 1.2m) 0.11 / 2.80 km地点 道路 "道路用地 1"+, 车道 1 - 速度 11 km/h (AT: D,档位 1, 1051 RPM)

图 4.7 行驶中的状态栏显示情况

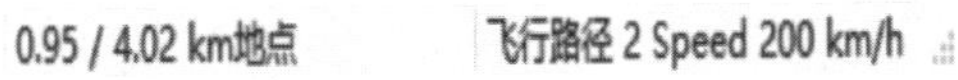

0.95 / 4.02 km地点 飞行路径 2 Speed 200 km/h

图 4.8 飞行中的状态栏显示情况

2. 基础操作

(1) 鼠标操作

在主界面中,转动鼠标滚轮可以实现视点位置的前进或后退;右键单击并长按主界面任意位置,在三维空间中将出现一个白色圆球,拖动鼠标,界面将围绕白色圆球转动;敲击键盘“J”键,并在主界面中左键单击想要到达的目标位置,将直接跳转到目标位置。

(2) 导航选项

单击主页功能区导航选项中的“照相机为中心旋转”图标,可以设置照相机模式。单击下方 · 选择任意照相机模式后,可变更模式,单击“旋转”图标可以设置旋转模式,单击“放大”图标可以设置前后移动,单击“移动”图标可以设置上下左右移动,单击“飞行”图标可以设置飞行,单击“旋转(模型)”图标可以以模型为中心进行旋转,单击“卫星”图标可以设置卫星移动。

(3) 照相机位置

在主页功能区→照相机位置功能区组中,单击右侧的"照相机"图标,可以进行照相机位置的保存和变更设置;单击下方 ,可以执行4种操作:

① 单击"保存照相机位置"图标可以保存照相机位置;

② 单击"新建照相机位置"图标可以新建照相机位置;

③ 单击"编辑照相机位置"图标可以编辑现在的照相机位置;

④ 单击"保存景观编辑"图标可以保存已编辑景观。

(4) 飞行路径

单击编辑功能区的"记录飞行路径"图标,可以在主界面中进行飞行模拟时,定义飞行路径;单击"编辑飞行路径"图标,可以使照相机移动到指定的飞行路径上、选择显示或者不显示任意的飞行路径、编辑或者删除纵断面线形等功能;单击"输出飞行路径"图标,可以将主界面上选择的飞行路径以指定格式文本进行输出;单击"导入飞行路径"图标,可以导入指定格式的飞行路径文本文件;单击"删除飞行路径"图标,可以删除主屏幕上选择的飞行路径。

4.2 地形建模

4.2.1 地形数据导入

数据的导入方式包括从软件已有的地形中选取、从数据库中获取、从外部文件中导入。UC-win/Road软件中内置了部分国家的地形图,包括中国、日本、新西兰等,通过在菜单栏中单击"文件"→"新建项目"可以进行地形数据的导入。下面分别介绍图4.9所示的几种地形导入方式。

(1) 导入日本国土地理院或新西兰提供的50 m网格地形数据

使用该方法导入数据后能够自动生成10～20 km范围的地形,但可能会出现地形不完整的情况,此时可以选择导入5 m网格数据用作地形补丁。导入地形补丁数据后,依然可粘贴街区图配置道路、建筑物等对象。补丁的导入方法包括项目制作时直接导入和项目制作完成后再导入。下面以日本地形为例具体介绍两种方法的实施步骤。

直接导入的方法是在地形制作的同时导入地形数据。具体的操作步骤如下:

① 将5 m网格数据(*.lem,*.csv)保存到文件夹中。

② 在功能区菜单依次选择"文件"→"新建项目"→"Japan",可以打开日本的地形选择界面,单击工具栏中的"5 m"按钮,从弹出的文件对话框中选择需要导入的5 m网格数据。

图 4.9　地形设置方式

③ 选择 50 m 网格地形后，可以单独进行画面放大以显示 5 m 网格数据，单击希望导入的网格区域，该区域变成红色的斜线，再次单击阴影显示区域，返回上一级，导入区域后，关闭画面放大。

④ 单击地形导入界面的“确定”按钮，弹出编辑补丁大小的界面，输入地形补丁数据的一条边的大小，单击“确定”按钮，按照输入的地形补丁数据的大小，导入网格。

项目制作完成后再导入地形数据的方法是在已经导入了地形的状态下读取 5 m 网格数据。操作流程包括以下步骤：

① 将 5 m 网格数据(＊.lem，＊.csv)保存到文件夹。

② 在功能区菜单依次选择“文件”→“新建项目”→“Japan”，可以打开日本的地形选择界面，单击工具栏的“5 m”按钮，从弹出的文件对话框中选择需要导入的 5 m 网格数据。

③ 单击“打开”按钮，弹出编辑补丁大小的界面，输入地形补丁数据的一条边的大小，单击“确定”按钮，按照输入的地形补丁数据的大小，导入网格。

(2) 导入初始地形数据

该方法导入软件内置的地形数据信息。软件内置的地形包含平原、山丘的混合地形等，可通过菜单“文件”→“应用选项”→“地域设置”进行默认地形的选择。在弹窗中选择“新建”可以导入不同国家的数据，通过设置国家、车辆行驶特性、交通规则、交通信号、交通分布、道路截面等创建新的默认设置，如图 4.10 所示。设置后单击“默认”即可在后续新建时默认使用。

(a) 车辆行驶特性设置

(b) 道路截面设置

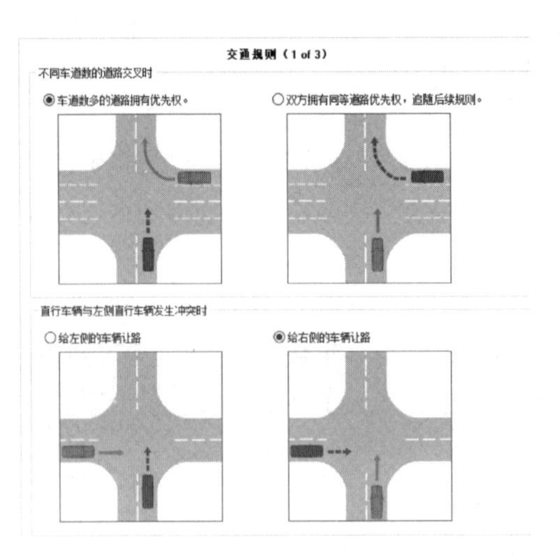

(c) 交通规则设置

(d) 交通信号设置

图 4.10　调整后的默认设置

(3) 导入其他国家的地形数据

其他国家的地形数据对应 CGIAR-CSI. 发布的地图数据。可以从标准地形数据库即 SRTM Database 中选择中国和澳大利亚的地形,制作与日本、新西兰相同大小的地形网格,最大支持 36 km 的地形导入。

(4) 导入标高数据文件

在菜单栏中依次选择“文件”→“新建项目”→“从文件导入”,可以导入各种文件格式的地形数据,用以新建地形,如图 4.11 和 4.12 所示。在地形数据中可以进行标高数据的导入与清除、定位原点、确定比例、限制标高值域等操作。在项目属性中可以进行具体的地域选择及细节调整等操作。

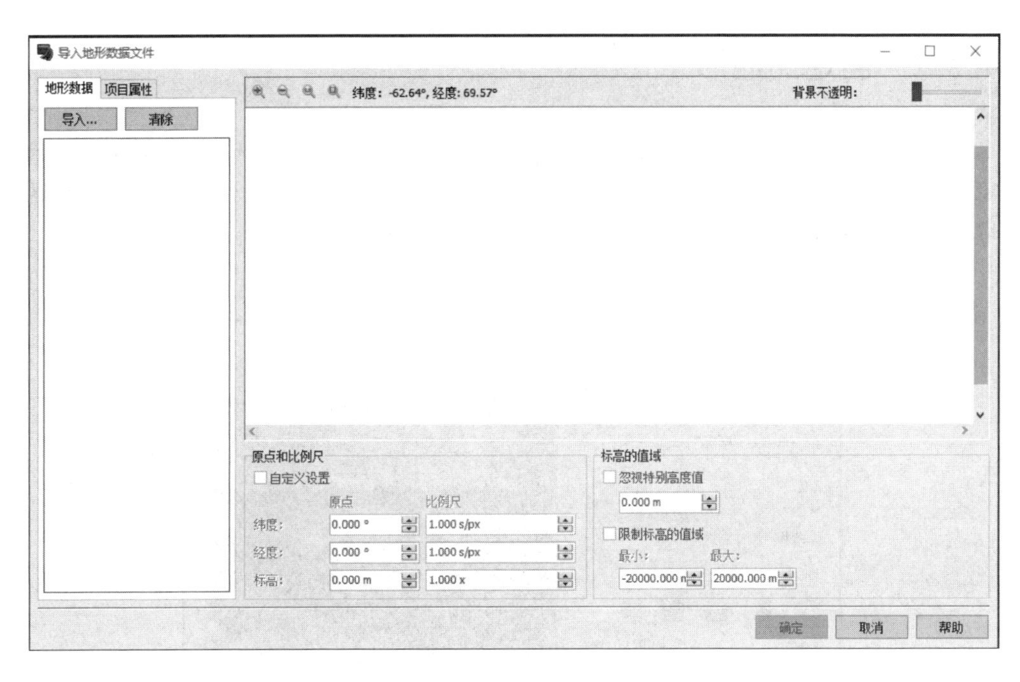

图 4.11　地形数据设置

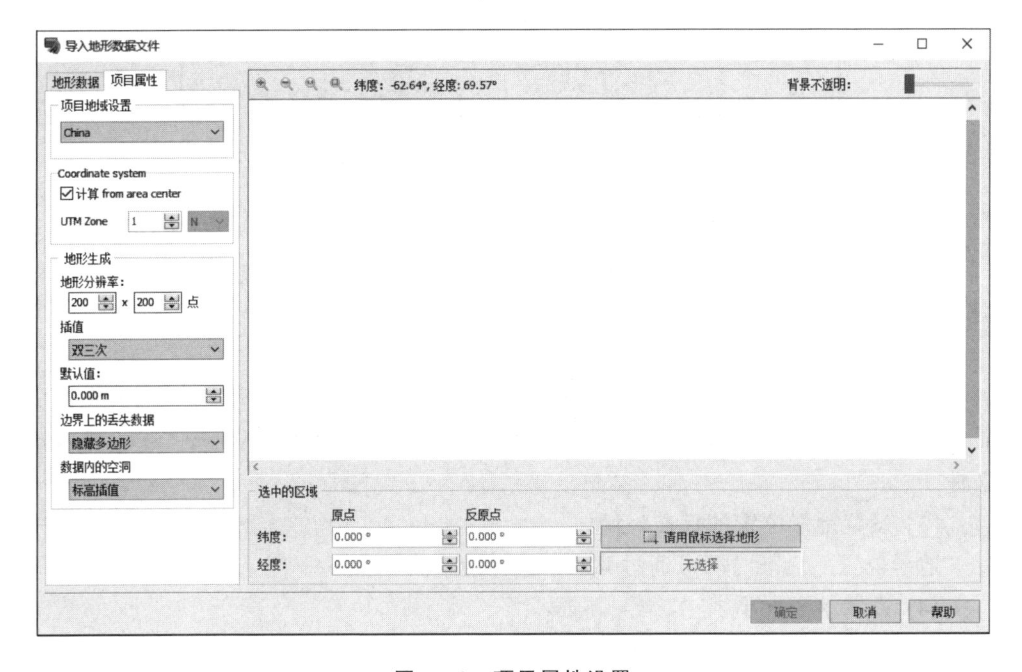

图 4.12　项目属性设置

4.2.2 自定义地形

自定义地形是指用户自行设计地形。依次单击菜单“文件”→“新建项目”→“自定义”,弹出新建项目地形编辑对话框,如图 4.13 所示。通过输入经度、纬度,地形区域的大小及设定时区来进行地形自定义。默认海拔为 0 m。具体步骤如下:

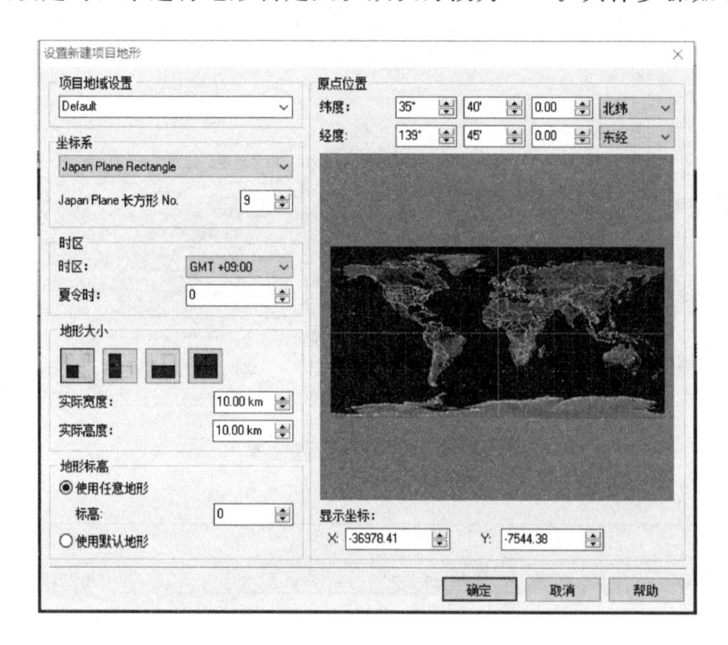

图 4.13 自定义地形

(1) 设置地形左下角的经度和纬度

单击世界地图的具体位置或直接输入纬度和经度,经纬度设定完成后,程序将根据太阳位置进行阴影模拟计算。

(2) 设置地形左下角的坐标

以 m 为单位设定基本地形左下角的坐标数值。X 轴为南北方向,Y 轴为东西方向的坐标。此处设置的数值,将是定义道路等线形变化点的“$X-Y$”坐标的基准坐标。

(3) 设置地形位置的标准时间

地形位置的标准时间可通过 GMT 进行设置。

(4) 设置地形大小

对于东西、南北各方向,地形大小均按照 0.1 km 单位的精度进行设置。

4.3　路网导入

4.3.1　导入 OSM 文件生成路网

百度搜索网址 https://www.openstreetmap.org，打开 OpenStreetMap，搜索栏输入“沙河 北沙河中路”，单击“提交”按钮即可查找到北京航空航天大学(沙河校区)位置，单击“导出”按钮。在导出对话框单击“手动选择不同的区域”按钮，地图界面出现选择框，选取北京航空航天大学(沙河校区)，选取完成后单击导出对话框中的“导出”按钮，将导出文件选择合适位置保存，如图 4.14 所示。

图 4.14　OSM 文件导出

打开 UC-win/Road，在开始界面单击菜单“文件”→“新建项目”，选择任意地形继续，下面仅以新建“初始地形”为例。单击菜单“初始地形”，在主界面单击菜单“文件”→“导入”→“OpenStreetMap 数据...”，弹出“导入 OpenStreetMap 数据”对话框，单击“下一步”按钮。单击选择文件按钮[...]，选择在前文中保存的 OSM 文件，选择完成后在“道路通行方向”一栏中选择右行，单击“下一步”按钮。在“定义参数”界面左侧“道路类型”菜单栏中可以任意选择需要保留的道路类型，如果需要保留某类道路，则勾选那一类道路，选择完成后，单击“下一步”按钮。在“连接”界面左侧“连接”菜单栏中可以任意选择道路之间的连接，如果有需要可以勾选以改变道路连接，更改完成后，单击“下一步”。“定义道路”界面左侧“道路”菜单栏可以针对每一条具体道路选择是否保留，如果需要保留某条道路，则勾选那一条道路，选择完成后，单击“下一步”。在“完成”界面单击“保存到 LandXML 文件”，选择合适的路径保存 XML 文件，保存完成后，窗口自动关闭，过程如图 4.15 所示。

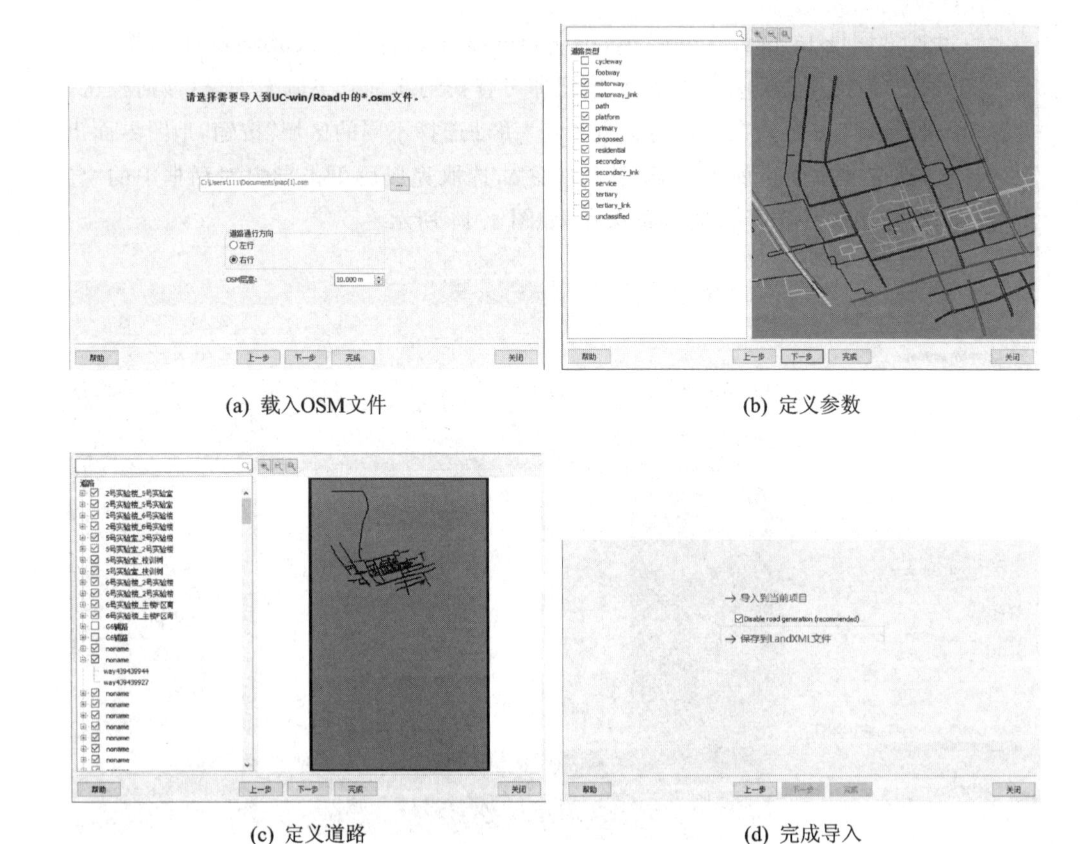

(a) 载入OSM文件　　(b) 定义参数

(c) 定义道路　　(d) 完成导入

图 4.15　导入 OSM 文件

单击菜单“文件”→“导入”→“导入 LandXML...”，弹出“导入 LandXML”对话框，单击“追加文件”按钮，选择前文中保存的 XML 数据文件，单击“导入新建”，在“要素选择”对话框中单击“确定”，至此，北京航空航天大学(沙河校区)路网导入完成，过程如图 4.16 所示，结果如图 4.17 所示。

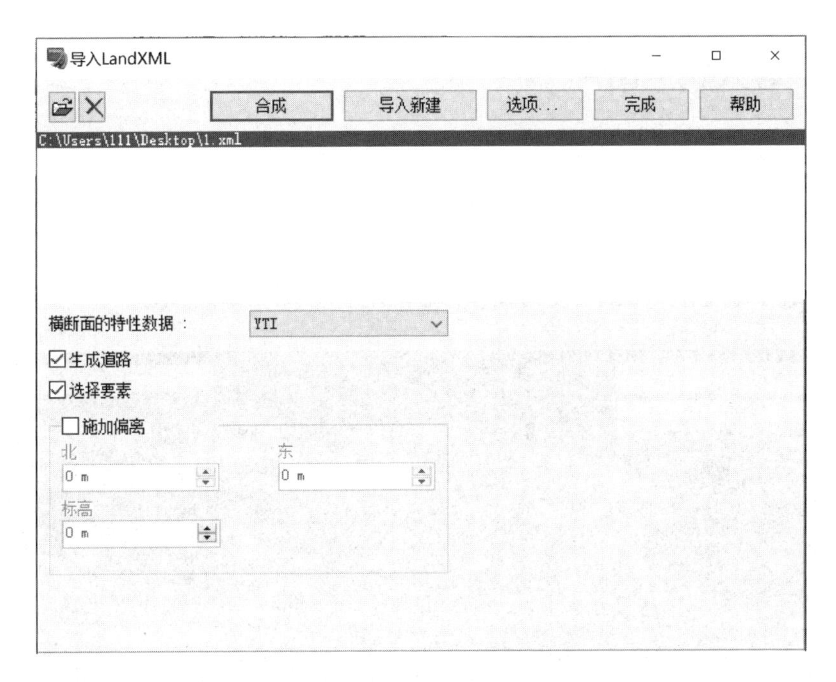

图 4.16　导入 XML 文件

图 4.17　导入完成结果

4.3.2 导入航空图片

百度地图搜索“北京航空航天大学(沙河校区)”,查找北京航空航天大学(沙河校区)卫星地图,使用截图软件截取北京航空航天大学(沙河校区)航空图片,选择合适位置保存。

获取北京航空航天大学(沙河校区)航空图片,如图 4.18 所示。

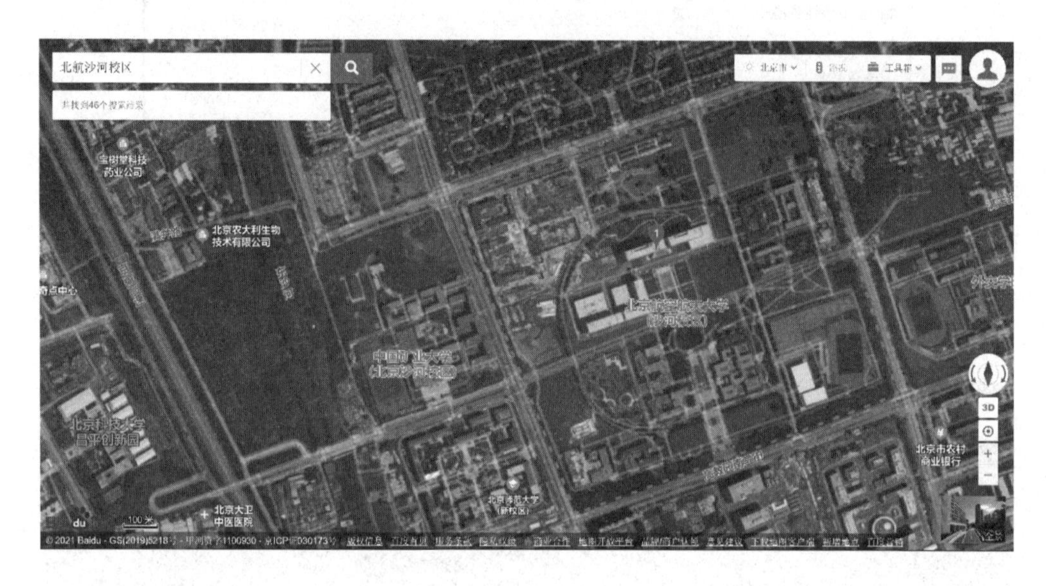

图 4.18 获取北京航空航天大学(沙河校区)航空图片

打开 UC-win/Road,在开始界面单击“文件”→“新建项目”,选择任意地形继续,下面仅以新建“初始地形”为例。

单击“初始地形”,在主界面中单击“编辑”界面下的“导入街区图”图标,弹出“导入街区图”对话框。单击“添加街区图栅格”图标,弹出“编辑街区图栅格”对话框,依次对对话框中的各参数进行设置,其中网格占地宽度、高度以及地理位置坐标均需要进行实际测量,设置完毕后单击“确定”(图 4.19 中各值仅供参考)。单击“确定”后弹出“导入卫星图片”,单击文件选择图标,选择前文中保存的航空图片,单击“确定”,即可完成航空图片的导入工作,至此可以参照航空图片上的道路描绘路网,如图 4.20 所示。

图 4.19　设置参数

图 4.20　导入结果

4.4 道路建模

4.4.1 平面线形设置

(1) 定义道路

单击"道路平面图"图标，弹出"道路平面图"对话框。单击"定义道路"图标，用鼠标依次在道路平面界面上输入起点、变化点、终点，完成道路定义时，再单击"道路定义"图标，或右键选择"完成道路定义"，如图 4.21 所示。

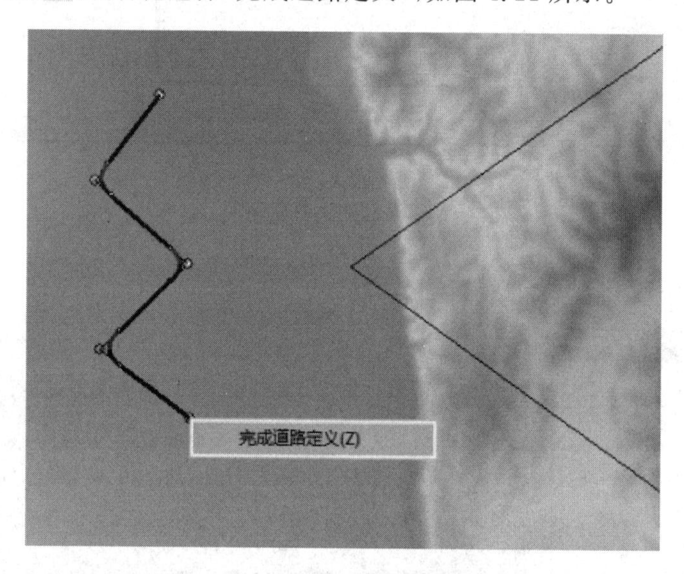

图 4.21 道路平面图及定义道路

(2) 修正道路变化点

最初输入的点为起点，最后输入的点为终点。起点与终点之间的点为方向变化点(Turning Point)。初始定义道路平面线形时不需要很准确，可以只输入一个大概的位置，最后再按实际需要输入准确的坐标点，或手动依次调整方向变化点的位置。在需要编辑的变化点上双击，或右键选择"编辑方向变化点"，设置变化点的位置、类型及其参数，其中参数编辑界面如图 4.22 所示。各方向变化点编辑完成

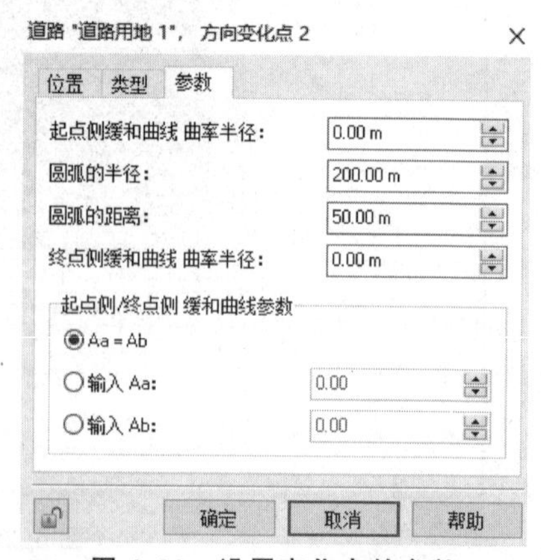

图 4.22 设置变化点的参数

后，单击界面左下角的锁定图标，选中后可防止鼠标误操作导致坐标点错位偏移。

4.4.2　纵断面设置

在平面线形的定义结束后，在线形上双击，弹出纵断面线形的编辑界面，如图 4.23 所示。灰色代表地形，红色表示道路的高架桥区段和立体交叉等，蓝色表示和其他道路立体交叉时高度的相互关系。刻度线：水平方向表示自线形起点的水平距离，垂直方向表示标高，单位为 m。状态栏：显示变化点、桥梁、隧道、断面的名称、位置坐标和曲线部分的参数等。

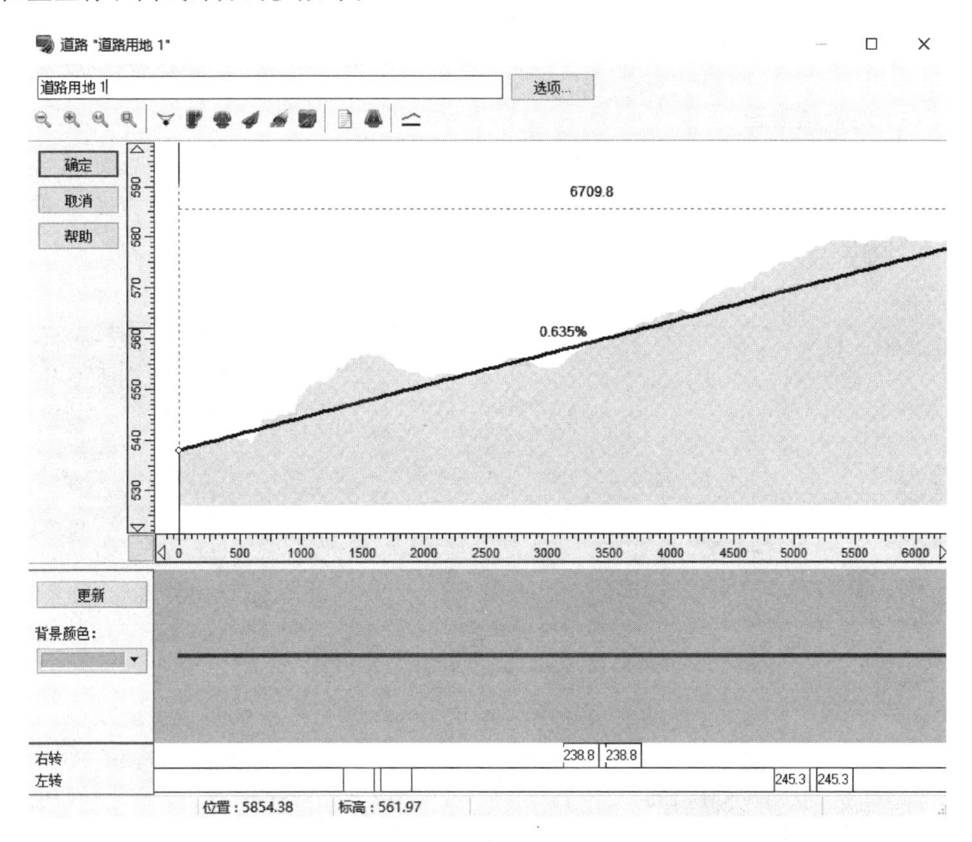

图 4.23　编辑纵断面线形

单击“添加纵断变坡点”图标或右键单击“添加纵断变坡点”菜单，单击添加变化点的位置，根据需要可重复此操作。在要编辑的纵断变化点上右键单击“编辑纵断变坡点”菜单，设置各纵断面方向变化点的参数。依次在起点（开始位置、标高）、变化点（倾角、距离、标高、VCL、曲线类型）和终点（倾角、距离、标高）处输入参数信息，由此确定纵断面线形，如图 4.24 所示。

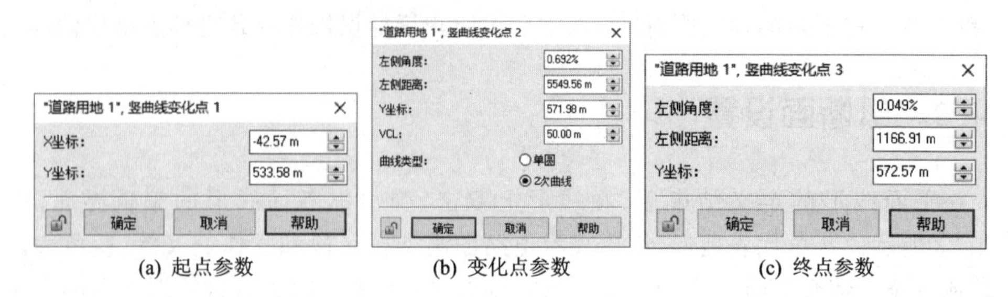

(a) 起点参数　　(b) 变化点参数　　(c) 终点参数

图 4.24　编辑纵断变坡点

4.4.3　横断面设置

(1) 定义横断面

单击“编辑道路断面”图标，弹出“登录道路界面”对话框，定义横断面，如图 4.25 所示。单击“新建”按钮输入断面数据，设置路面、桥梁、隧道、挖方、填方断面。单击“导入”按钮，可以导入预先准备好的横断面文件。

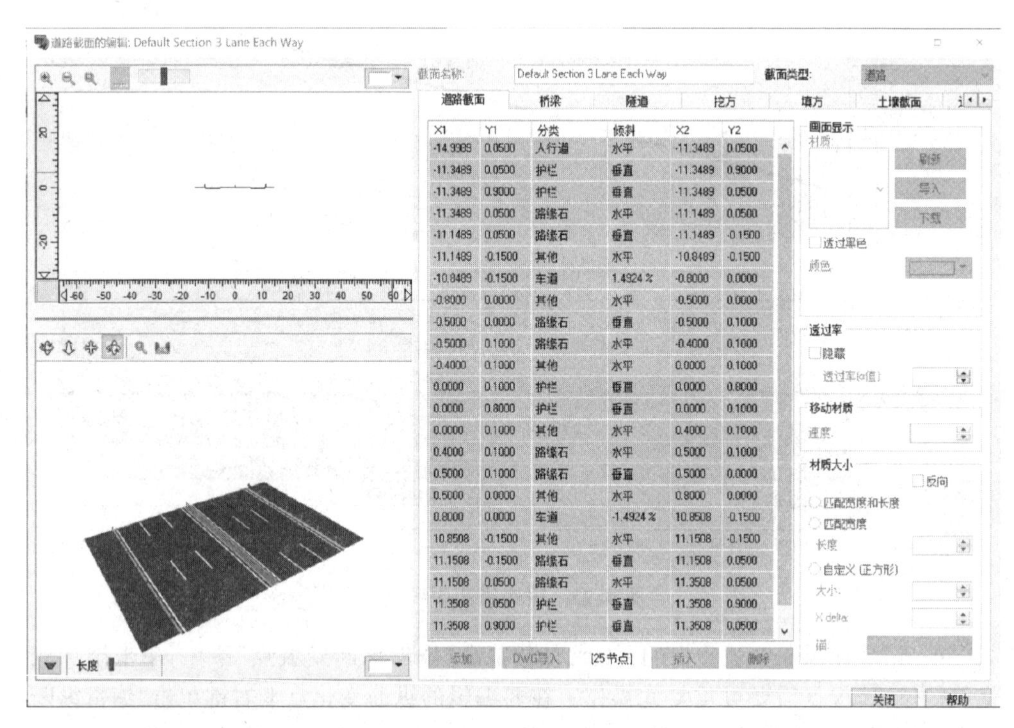

图 4.25　定义横断面

(2) 应用横断面

双击或右键单击起点处的蓝线，选择“编辑断面变化点”，将截面名称变更为需要

导入的断面名称。纵断面线形界面中，蓝线均表示断面变化点。变更断面后，放大编辑界面下部的“更新”按钮，可预览断面构成，如图 4.26 所示。

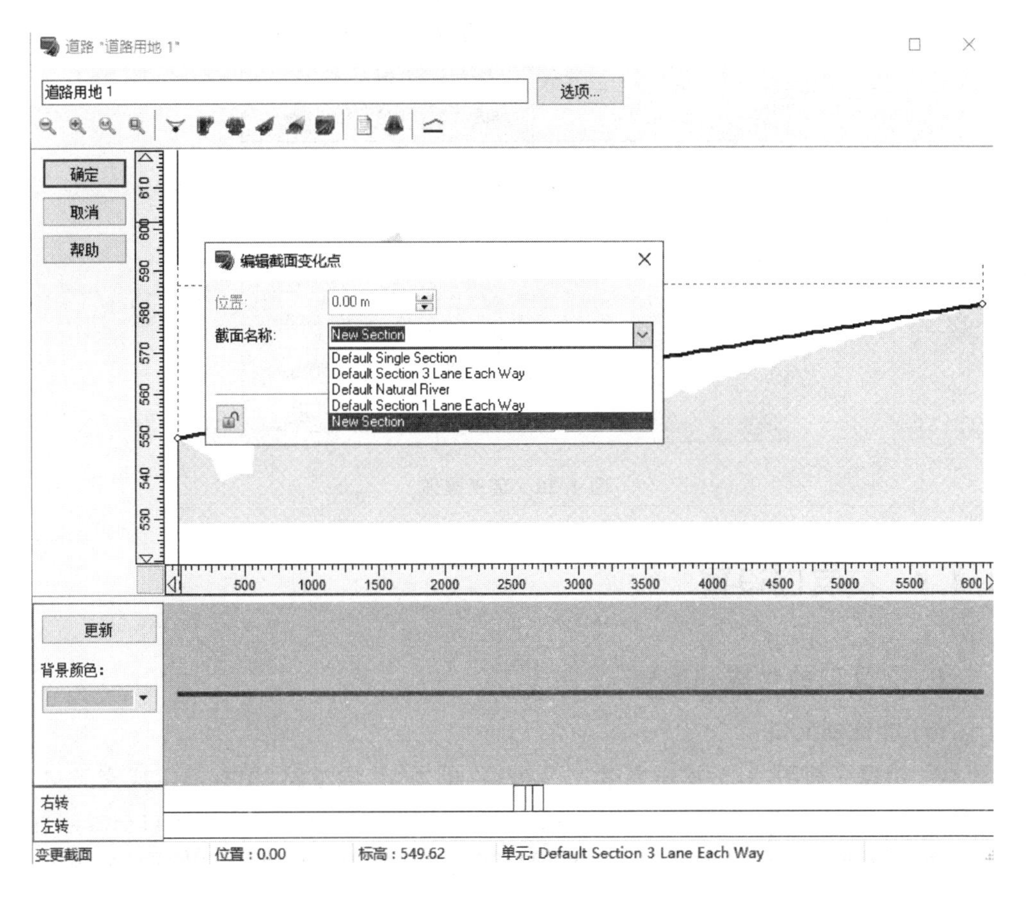

图 4.26　应用横断面

4.4.4　桥梁、隧道设置

(1) 定义桥梁

单击“添加桥梁”图标，选中道路，右键单击桥梁（浅蓝色），选择“编辑桥梁”，输入桥梁的起点、全长及斜桥的角度，如图 4.27 所示。

(2) 定义隧道

穿过山体的部分称为隧道。单击“添加隧道”图标，选中道路，右键单击隧道（深红色），选择“编辑隧道”，编辑隧道的起点、全长、起终点侧坑口覆土及隧道照明，如图 4.28 所示。

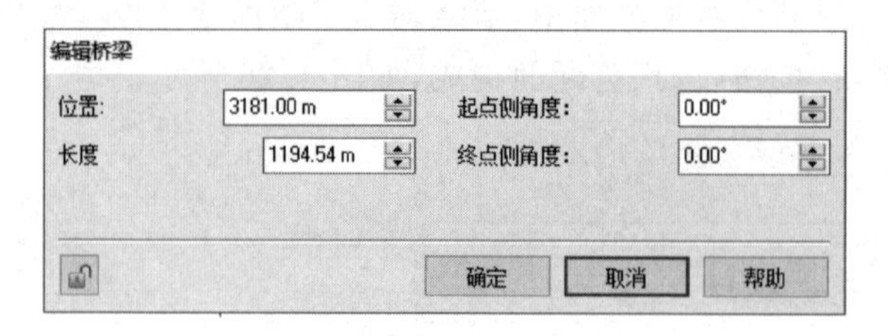

图 4.27　定义桥梁

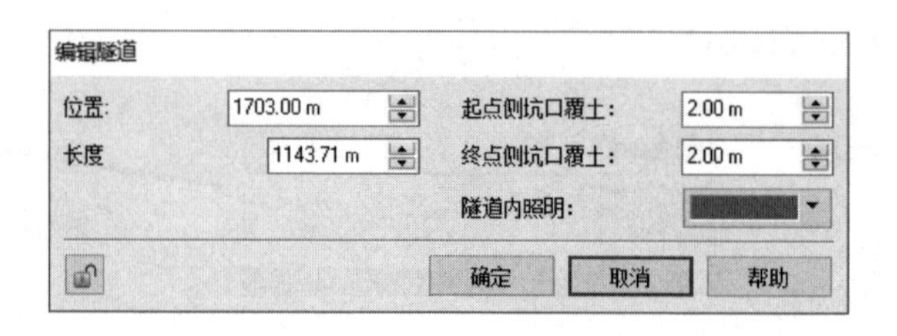

图 4.28　定义隧道

4.4.5　交叉口设置

1. 交叉口的生成和编辑

(1) 生成交叉口

在“道路平面图”对话框中新建交叉道路，单击“生成道路”图标生成交叉口。如果交叉口生成失败，会显示红色网格。单击图标，无效的平面交叉口会显示在界面中央，右键单击红色网格，选择“显示平面交叉口错误”，将显示解决问题的提示，如图 4.29 所示。

交叉口不能生成的原因：

① 平面交叉口内的道路标高相差太大；

② 交叉口内道路接近平行；

③ 填方土无法确定；

④ 计算平面交叉口时无法计算出交叉口中心点；

⑤ 交叉口的范围与桥梁、隧道重合。

为使得所建的交叉口成立，应检查交叉道路的标高；右键单击交叉口，选择“编辑”→“平面交叉口大小”，变更交叉口范围；检查交叉道路的横断面。成功生成交叉口后，右键选择“编辑”→“平面交叉口大小”，可以定义平面交叉口的大小，范围 6 m～250 m，可以 1 m 为单位输入。

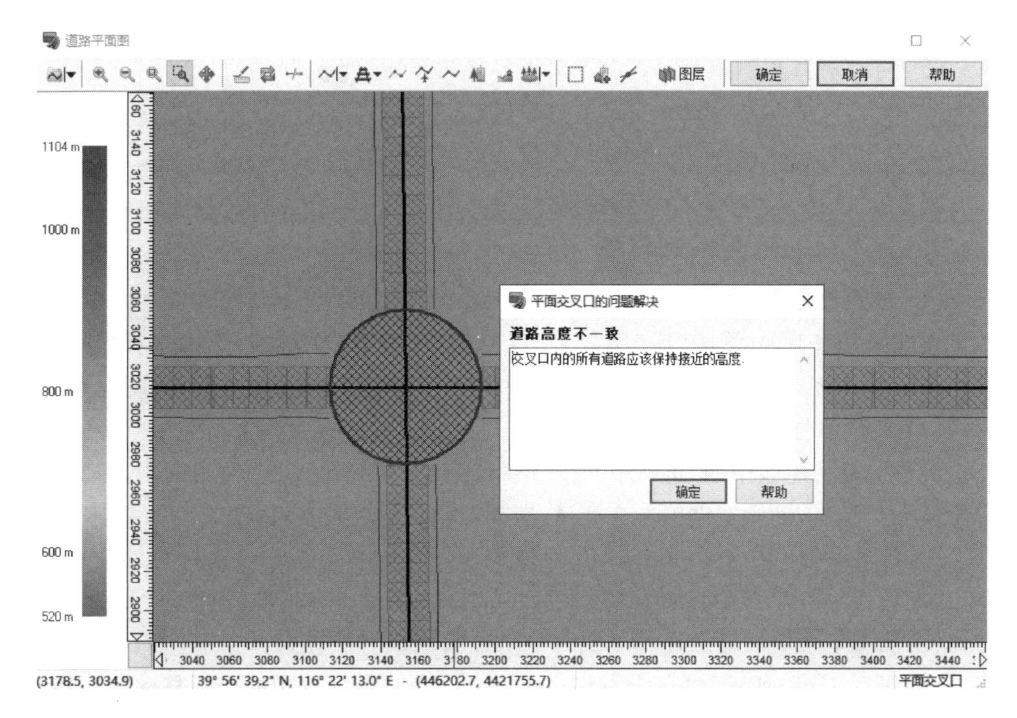

图 4.29　交叉口生成失败

(2) 编辑交叉口

右键单击交叉口，选择“编辑”→“平面交叉口大小”，弹出“编辑交叉口”对话框，如图 4.30 所示。

① 单击“交叉伸出长度”选项，勾选环岛，将在交叉口的中心配置中央岛，可自动将平面交叉变更为环岛型交叉。

② 单击“形状”选项，分别对道路截面、人行道、地面、环岛进行编辑，在边界线上单击右键可添加、删除控制点。

③ 单击“道路材质”选项，再单击“材质编辑”按钮，弹出“编辑交叉口材质”对话框。单击“自动生成标识”图标，打开“设置自动生成”窗口，自动生成停止线、车道端部线、轮廓线以及隙线的参数；单击“车道材质”图标，设置道路材质；单击“标识库”图标，添加道路标志；单击“人行横道”图标，可先对人行横道的参数进行调整，在界面设置起点后再单击终点以添加人行横道。

④ 单击“人行道和法面”选项，设置交叉口人行道和法面的参数。

⑤ 单击“行驶路径”选项，编辑交叉口的行驶路径及行驶的比例。单击交叉口进口道的箭头，显示行驶路径，设置车流分配(权重)比例。当输入 0 时，表示该方向不通过车辆。

⑥ 单击“停止位置”选项，设置车到交叉路口停止等待的位置。

⑦ 单击“滞留车辆数”选项，设置交叉口滞留车辆数。

⑧ 单击“交通控制”选项，设置信号相位。

⑨ 单击“信号阶段”选项，设置交叉口的信号相位分配。

⑩ 单击“阶段一览”选项，查看信号阶段。

2. 交叉口的信号控制设置

(1) 放置信号灯模型

在编辑功能区中单击“库”图标，再单击“信号灯”图标，单击选择“Traffic Light”模型，然后将其依次放置在交叉路口的4个拐角处，放置完成后，关闭模型库。

(2) 实现信号灯模型与道路匹配

单击编辑功能区中的“道路平面图”图标，在“道路平面图”对话框中滚动鼠标滑轮放大交叉口，鼠标右键单击交叉口，选择“编辑”→“编辑平面交叉口”，弹出“编辑交叉路口”对话框。在对话框中单击“交通控制”选项，单击选中1条绿色的横线，再单击“编辑列单”，弹出“交通信号模型”对话框，试探单击对话框内的4个信号灯坐标，直至单击某个信号灯坐标可以使选中绿色横线正对着的交叉口对面的蓝点变为绿点，如图4.41(b)所示，再单击右移按钮 › ，将前面选中的坐标移动到右边列表，移动完成后，绿点将变为红点。勾选对话框下方的“自动调整信号灯朝向”，单击“确定”，再单击红点，它会变为深蓝色，说明设置成功。

3. 十字交叉口完整设置流程演示

(1) 生成交叉口

在编辑功能区中单击“道路平面图”图标，弹出“道路平面图”编辑界面，单击“定义道路”图标设置两条相交道路，单击“生成道路”图标生成十字交叉口。如果显示无法生成交叉口，则可以按照前文所述方法进行调整，重新设置。

(2) 设置交叉口停止线、车道端部线、轮廓线以及隙线

滑动鼠标滑轮，将交叉口放大，右键单击交叉口，选择“编辑→编辑平面交叉口”，弹出“编辑交叉路口”对话框，如图4.30所示。

在对话框内单击“道路材质”选项，弹出“道路材质”编辑界面，再单击“材质编辑”按钮，弹出“编辑交叉口材质”对话框。单击左上角“自动生成标识”图标，弹出“设置自动生成”对话框，这里可以对即将自动生成的交叉口标线进行编辑，编辑完成后，单击“确定”，弹出“成功完成自动生成!”提示。最后，在自动生成标线后，也可以对某些标线进行修改，例如，可以将左侧道路车道中线都设为虚线：鼠标左键单击需要变更的车道线，右侧编辑栏中取消勾选“Dash 1”或“Dash 2”项，即可将车道线变更为虚线。设置过程如图4.31～图4.33所示。

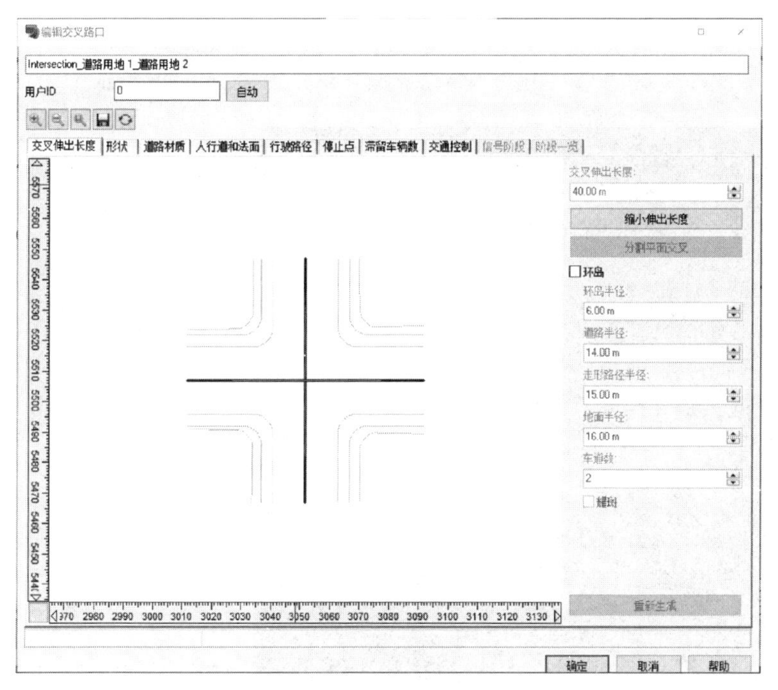

图 4.30　编辑交叉路口—“交叉伸出长度”选项卡

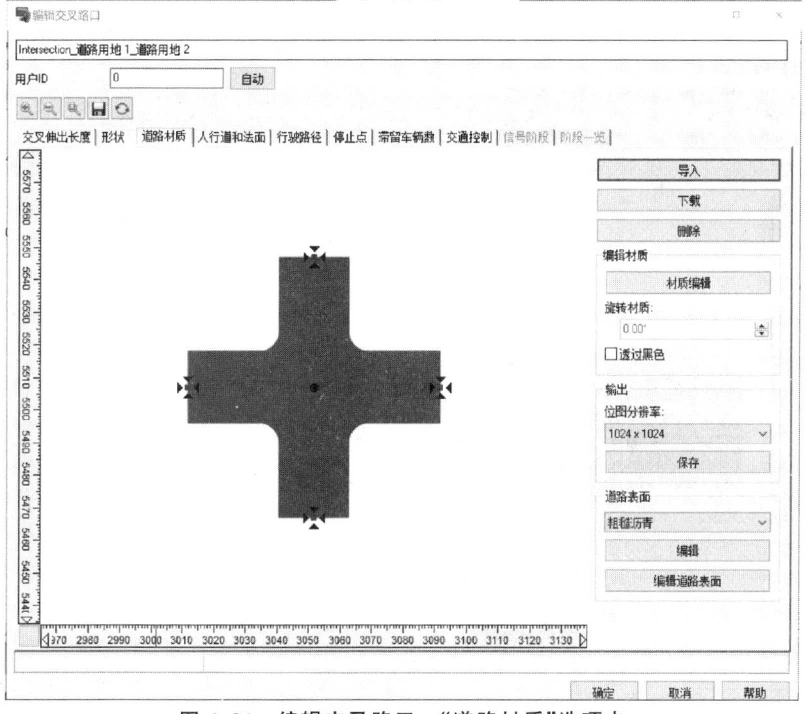

图 4.31　编辑交叉路口—“道路材质”选项卡

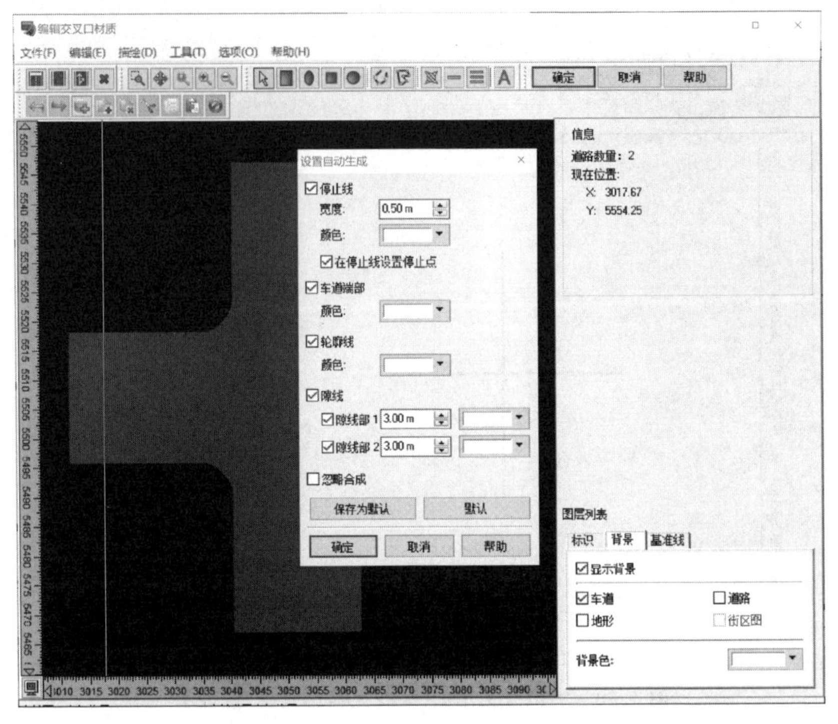

图 4.32　设置交叉口道路标线

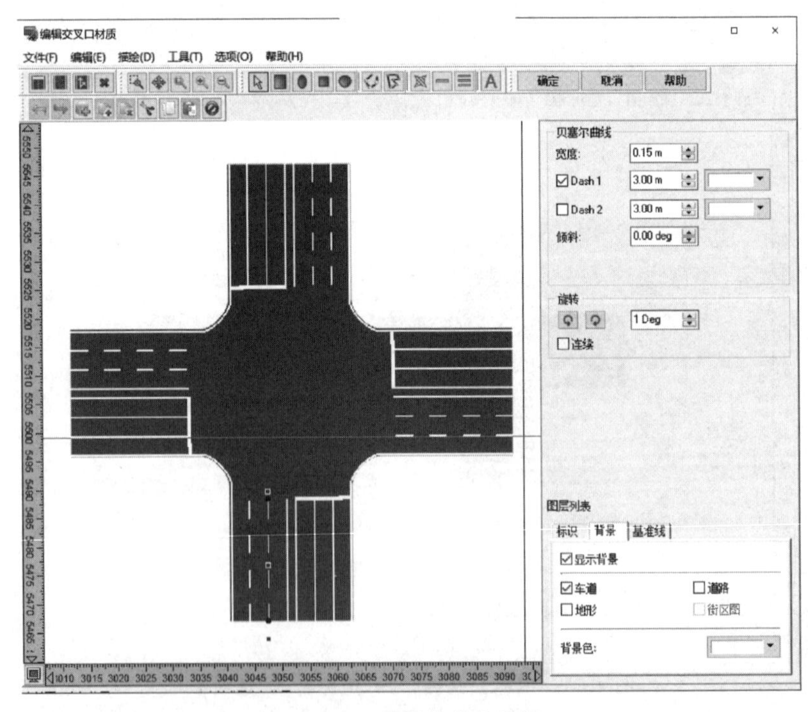

图 4.33　设置车道分界线

(3) 设置交叉口斑马线

在“编辑交叉口材质”对话框中单击上方“人行横道”图标，鼠标左键单击在图中选择起止点，即可完成绘制。如果绘制位置不满意，可以单击上方“编辑模式”图标，再单击绘制完成的斑马线，即可选中斑马线，并可以将其移动至正确的位置，如图 4.34 所示。

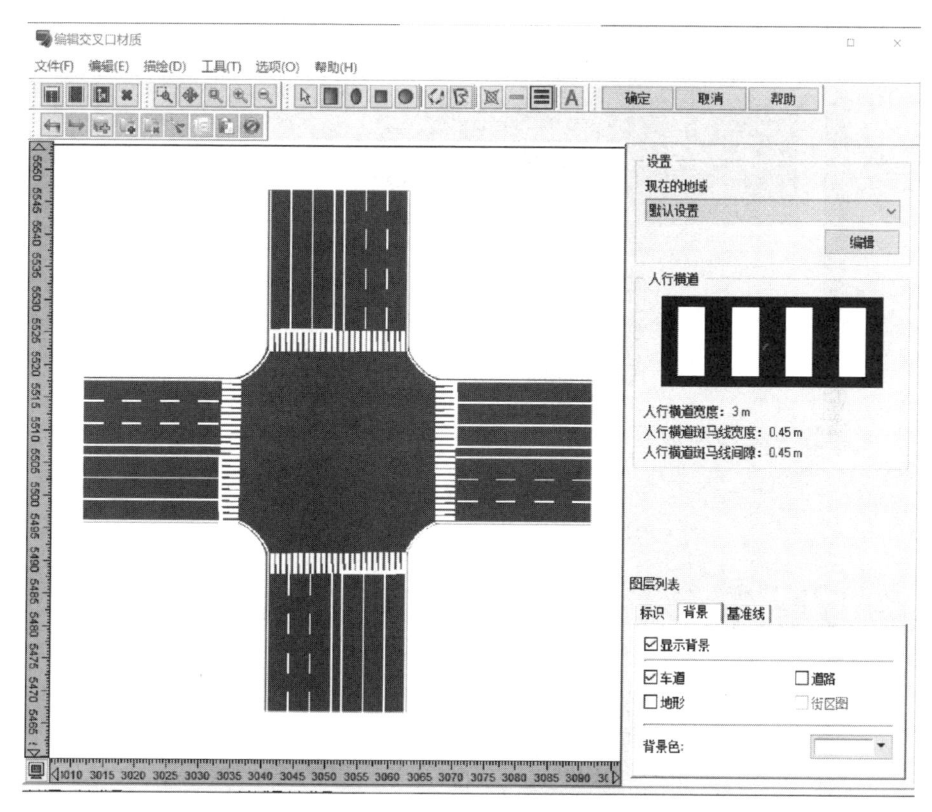

图 4.34　设置交叉口斑马线

(4) 设置交叉口标识

在“编辑交叉口材质”对话框中单击左上方“标识库”图标，右侧弹出“标识库”界面，标识右侧下拉选择需要添加的标识，选择完成后单击“取得”按钮，依次将各类标识放置在合适位置，暂时不需要进行调整，如图 4.35 所示。再单击“编辑交叉口材质”对话框中的“编辑模式”图标，单击选择上一步中放置的交通标识，即可进行旋转、移动调整，依次将上一步放置的各个标识进行调整移动，旋转时建议将角度调成 5°，勾选“连续”，连续进行旋转，如图 4.36 所示。

(5) 设置待转区

在“编辑交叉口材质”对话框中单击上方“贝塞尔折线”图标，鼠标左键依次单击，绘制待转区，绘制结束后右键单击“完成”，即可完成待转区的绘制。单击“编辑交

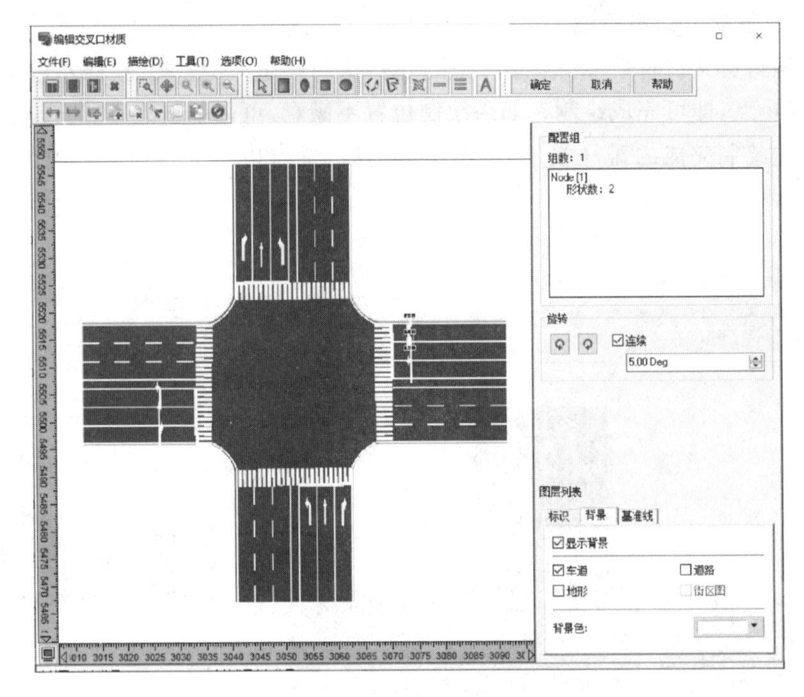

图 4.35　设置交叉口标识步骤 1

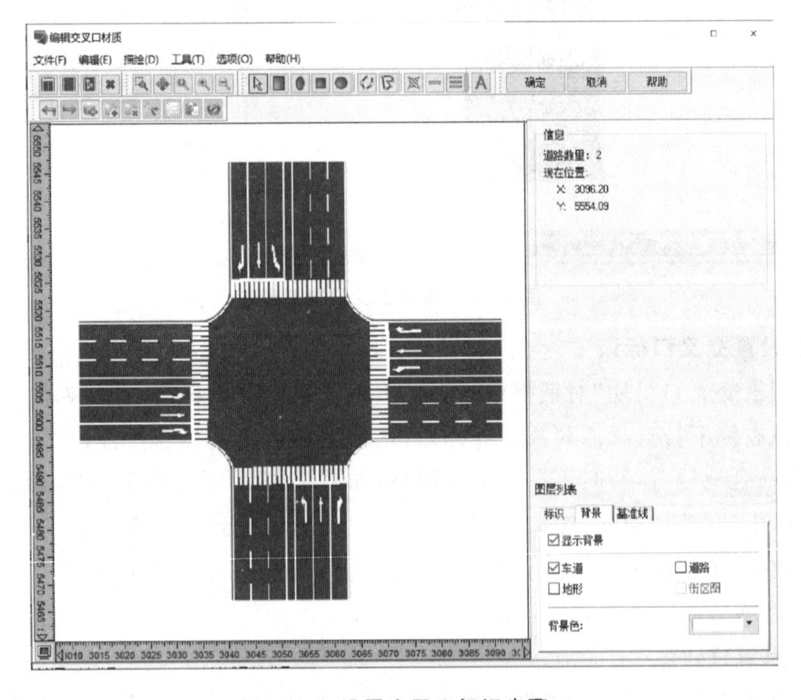

图 4.36　设置交叉口标识步骤 2

叉口材质”对话框中的“编辑模式”图标，单击选择上一步中绘制的待转区，即可进行宽度等调整。最后，单击“编辑交叉口材质”对话框上方的“文字 标识”图标，右侧编辑界面中将文字改为“待转区”，然后将文本框放置在待转区内，即可完成设置，如图4.37所示。待转区设置完成后，单击上方“确定”按钮，退出“编辑交叉口材质”对话框，回到“编辑交叉路口”对话框。

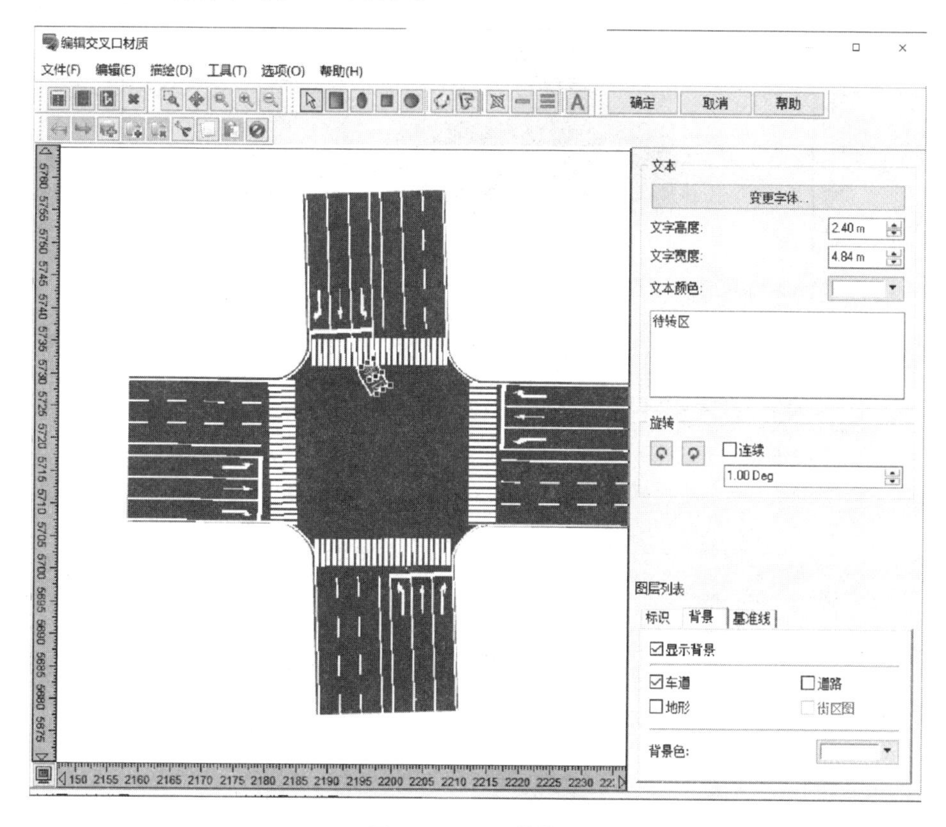

图4.37　设置待转区

(6) 设置人行道和法面材质

在“编辑交叉路口”对话框中，单击“人行道和法面”选项，此界面可以进行人行道和法面材质类型的编辑和选择。

(7) 设置行驶路径

在“编辑交叉路口”对话框中，单击“行驶路径”选项，即可显示所有路口的行驶路径。单击选中任意一个绿色箭头，即可在右侧编辑界面对选中的绿色箭头对应的行驶路径进行变更。以图4.38为例，如果需要增加一条通向J的行驶路径，那么需要在右侧编辑界面中的J后面设置一个比重，即可生成一条新的路径，同理，如果需要删除通向C的路径，那么只需要将右侧编辑界面中C后面的比重修改为0即可，变更后的行驶路径如图4.39所示。

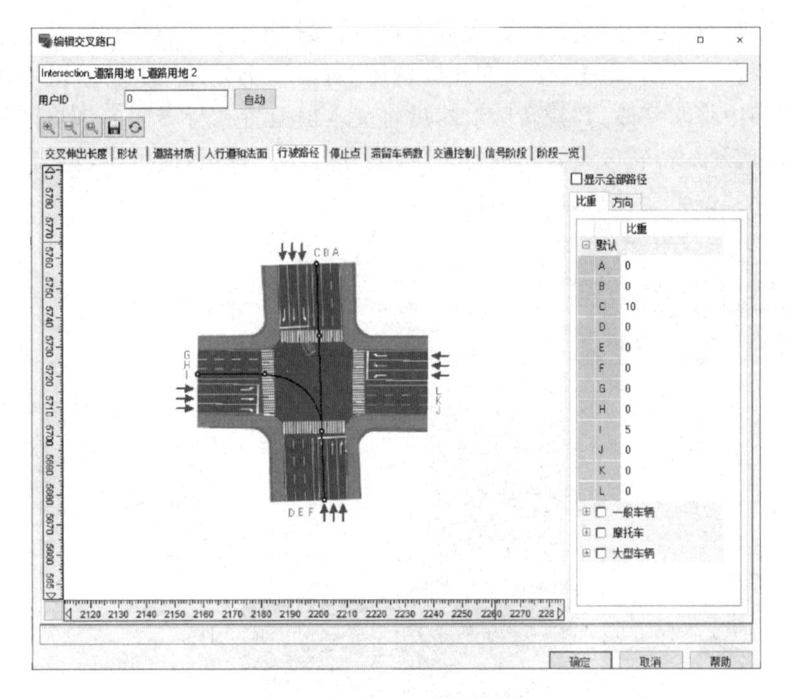

图 4.38　设置行驶路径步骤 1

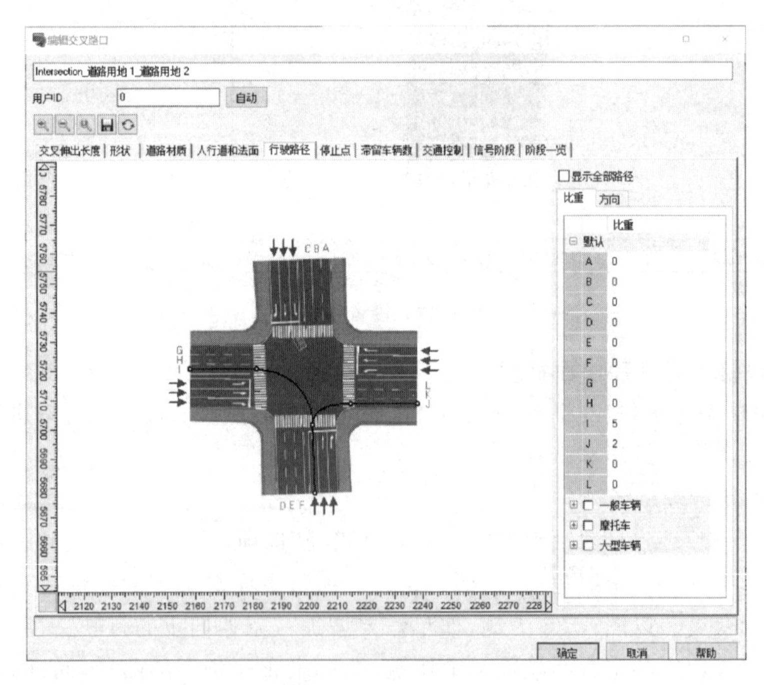

图 4.39　设置行驶路径步骤 2

(8) 设置停止点

在“编辑交叉路口”对话框中，单击“停止点”选项卡，单击选中任意一个绿色箭头，再单击绿色箭头对应的那一条行驶路径，路径上会显示一条红色横线和一个蓝色点，如图4.40所示。蓝色点表示停止点的最远距离，红色横线可以在起点和最远距离之间随意移动，移动到哪里，就代表停止点需要设置在哪里。

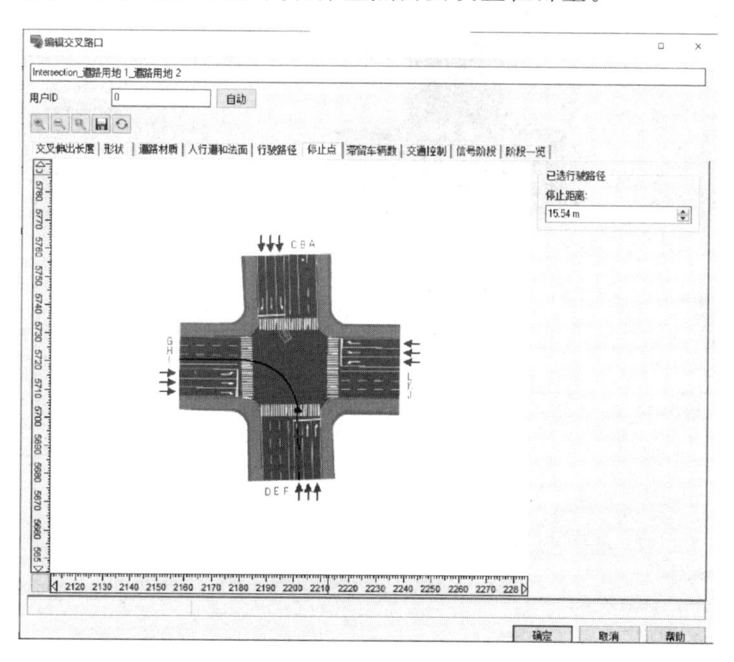

图4.40 设置停止点

(9) 设置滞留车辆数

在交叉口设置滞留车辆数的目的，是在起点设置的交通流还未到达交叉口之前，在交叉口设置好滞留车辆数，以尽量模拟真实的交叉口交通环境。在“编辑交叉路口”对话框中，单击“滞留车辆数”选项，单击选中任意一个绿色箭头，右侧编辑界面可以显示绿色箭头对应车道到不同方向的车辆滞留数目和类型，在这里可以进行设置，设置后如图4.41所示。

(10) 设置交通控制

在“编辑交叉路口”对话框中，单击“交通控制”选项，右侧编辑界面勾选“信号”，如果需要更改灯色显示时间，则首先需要取消勾选灯色后面的“缺省”，再直接修改时间，如图4.42所示。在“编辑交叉路口”对话框中，单击“信号阶段”选项，在右侧编辑界面中可以进行相位编辑，也可以新建相位，如图4.43所示。最后，设置结果可以在“阶段一览”选项中显示出来。以上设置全部完成后，单击“编辑交叉路口”对话框中的“确定”按钮，退回到“道路平面图”对话框，再次单击“确定”按钮，即可完成交叉口的道路编辑。

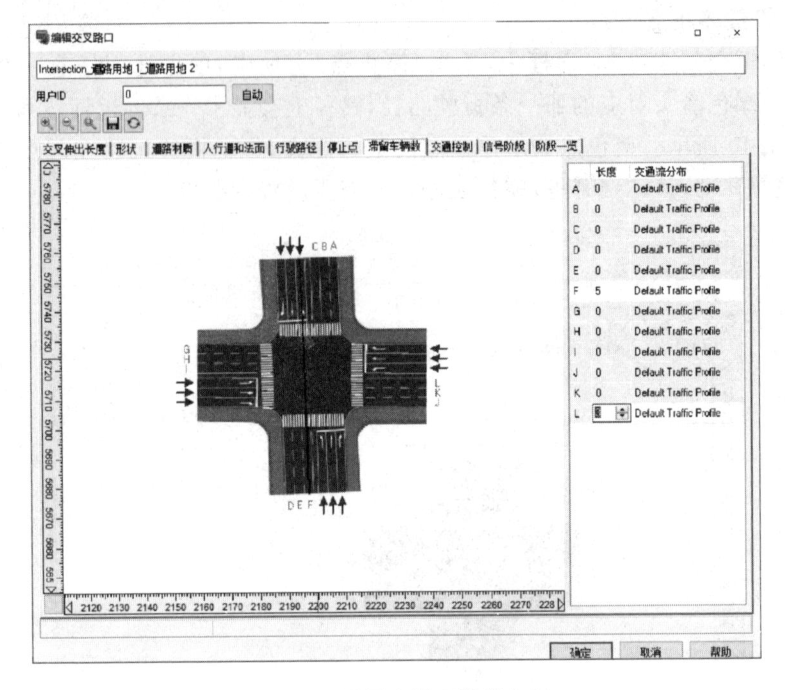

图 4.41 设置交叉口滞留车辆

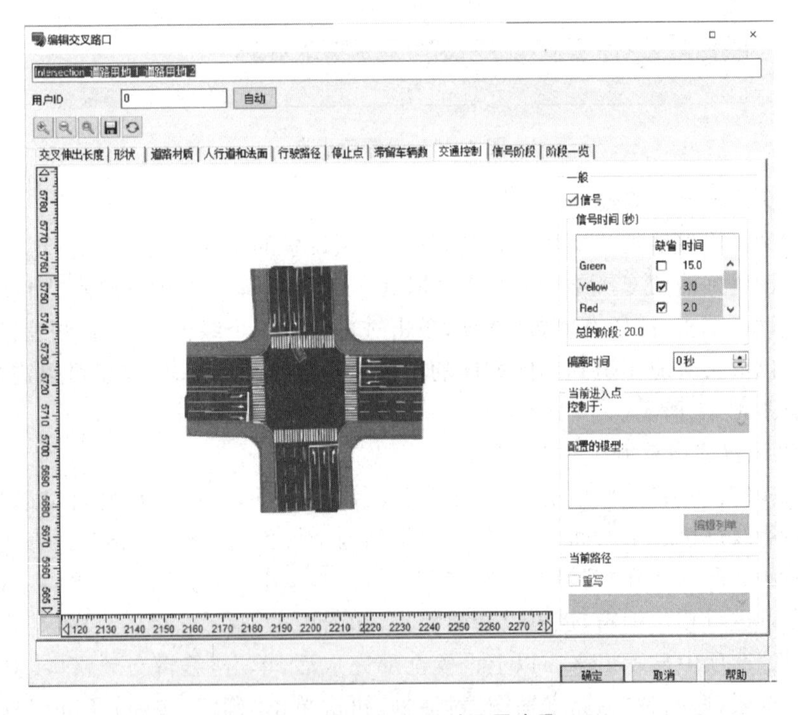

图 4.42 交通相位配时设置步骤 1

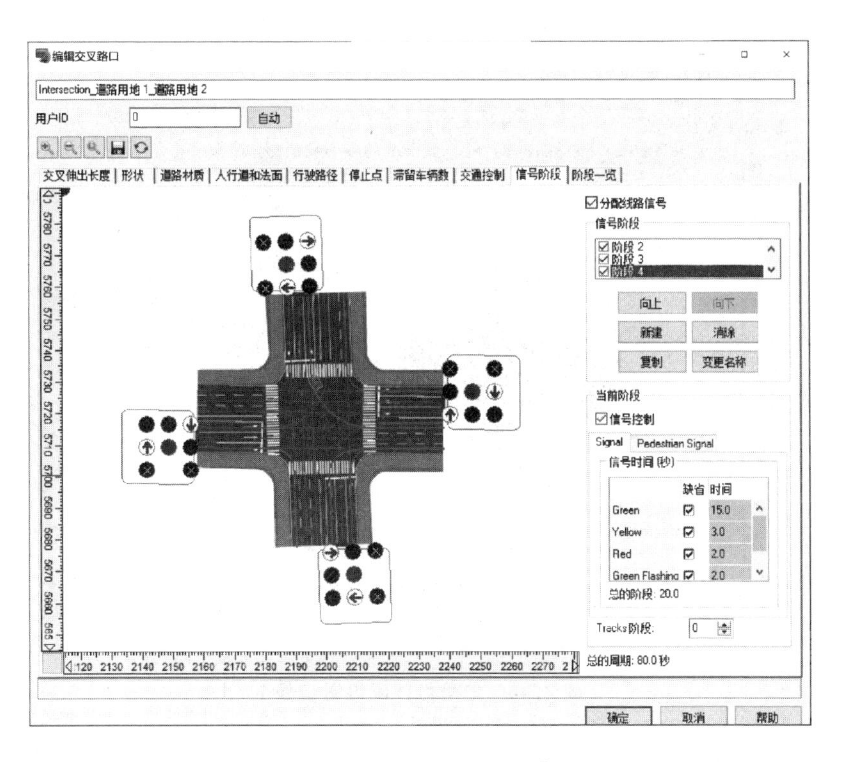

图 4.43　交通相位配时设置步骤 2

(11) 设置交通信号灯

在编辑功能区中单击“库”图标，再单击“红绿灯”图标，选择“Traffic Light”模型，然后将其依次放置在交叉路口的 4 个拐角处，放置完成后，关闭模型库。单击编辑功能区中的“道路平面图”图标，滚动鼠标滑轮放大交叉口，鼠标右键单击交叉口，选择“编辑”→“编辑平面交叉口”，弹出“编辑交叉路口”对话框。在对话框中单击“交通控制”选项，此时会发现交叉口比图 4.42 多了 4 个浅蓝色的点，如图 4.44 所示。其中，4 个点代表 4 个红绿灯，浅蓝色代表红绿灯未匹配道路。为了使红绿灯与道路匹配，选中 1 条绿色的横线，再单击“编辑列单”按钮，弹出“交通信号模型”对话框，试探单击对话框内的 4 个信号灯坐标，直至单击某个信号灯坐标可以使选中绿色横线正对着的交叉口对面的蓝点变为绿点，如图 4.45 所示，再单击右移按钮 > ，将前面选中的坐标移动到右边列表，移动完成后，绿点将变为红点，勾选对话框下方的“自动调整信号灯朝向”，设置完毕后，单击“确定”了，再单击红点，它会变为深蓝色，说明设置成功。之后再按同样的方法，设置匹配其余 3 个信号灯。全部匹配完成后，单击“确定”按钮，“道路平面图”对话框中也单击“确定”。此时，信号灯将会和道路完全匹配，生成交通流时，也会实时显示灯色信息，如图 4.46 所示。

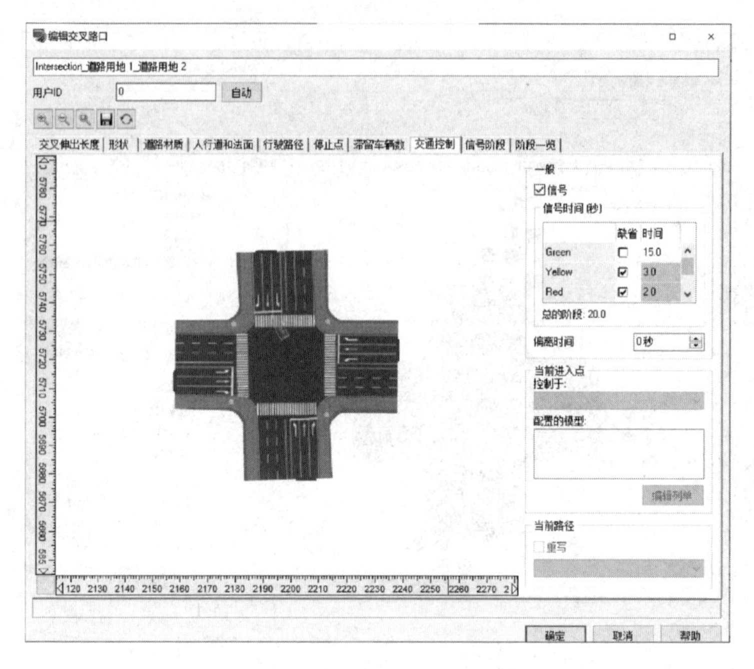

图 4.44　信号灯匹配设置步骤 1

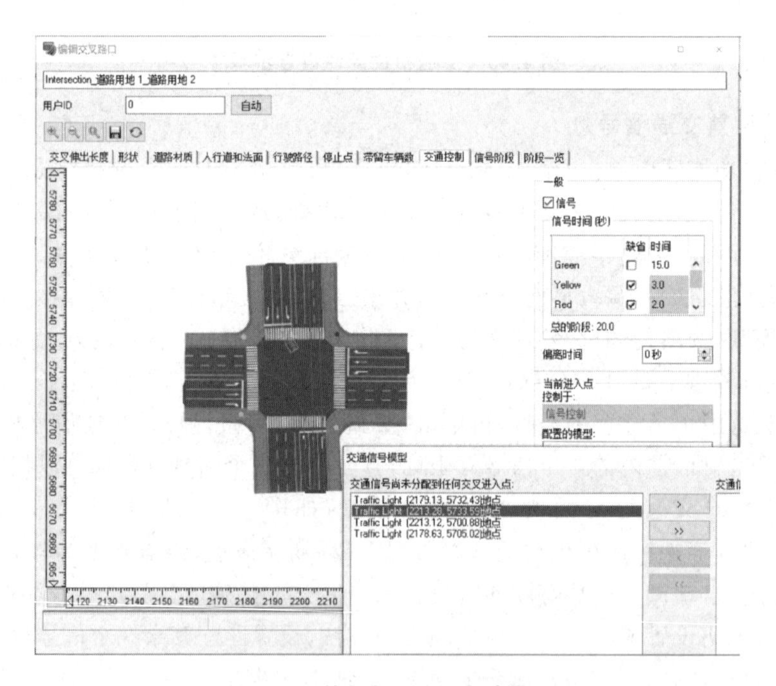

图 4.45　信号灯匹配设置步骤 2

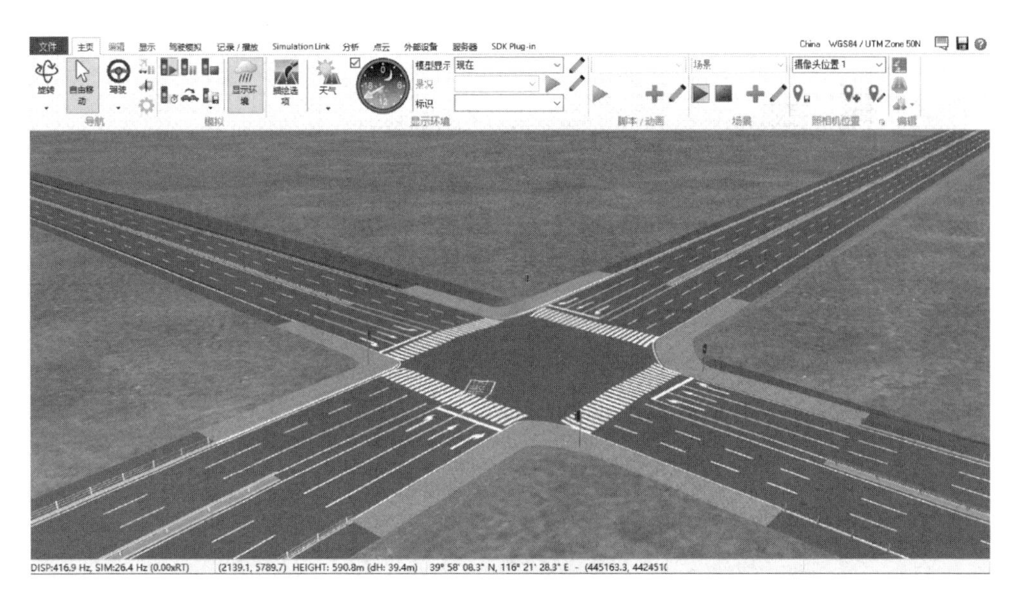

图 4.46　信号灯显示

课后习题

1. 简述 UC-win/Road 基本操作流程。
2. 简述地形建模的方法和基本步骤。
3. 如何定义及应用横断面?
4. 交叉口无法生成的原因有哪些?
5. 简述交叉口的设置过程。

第 5 章

交通流及景观模型

本章重点介绍了交通流的定义和设置、交通仿真数据导入(VISSIM 和 PAPAMICS 数据连接)、行人流设置和导入、模型数据库、交通标识设置、森林和河流设置、建筑物设置等内容。

5.1　交通流定义和设置

5.1.1　设置交通流

单击菜单栏"编辑"→"交通生成"图标 生成,弹出"登记交通流"对话框,如图 5.1 所示。

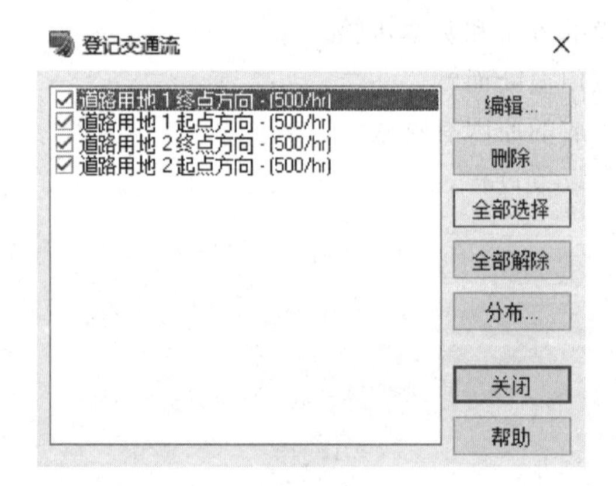

图 5.1　登记交通流对话框

选中某条道路后单击"编辑",弹出"编辑交通流"对话框,如图 5.2 所示。时间、交通量、初始速度、车辆比例设置完成后,单击"确定"按钮,即可自动生成交通流。

选中某条道路后单击"分布..."按钮,弹出"登记交通流分布"对话框,单击"新建"或"编辑"按钮,弹出"编辑交通流分布"对话框,如图 5.3 所示。在"名称"中输入

车辆比例名称,在“模型”中选择交通流的车辆模型,在“比例”中输入车辆的比例(0～99)。可单击“添加”按钮或“删除”按钮来添加或删除车种模型。

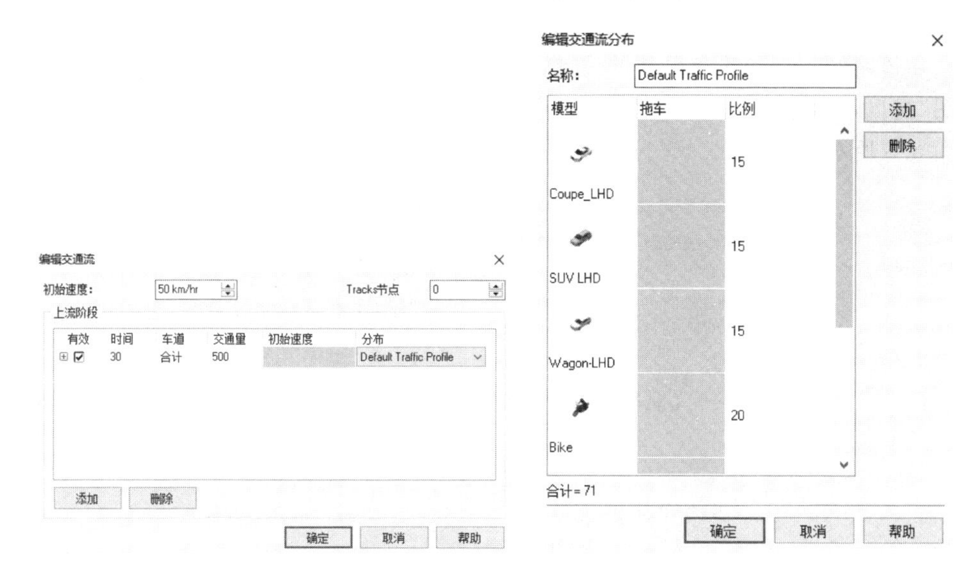

图 5.2　编辑交通流　　　　图 5.3　编辑交通流分布

5.1.2　生成交通流

单击“交通流高速生成”图标,弹出“高速生成交通流”对话框,如图 5.4 所示。设置“模拟限制时间”,单击“执行”按钮,即可生成交通流。单击“开始交通”图标,可播放生成的交通流,车辆按照事先设置好的交通量、信号、交叉口的行驶路径、方向和比例进行行驶。

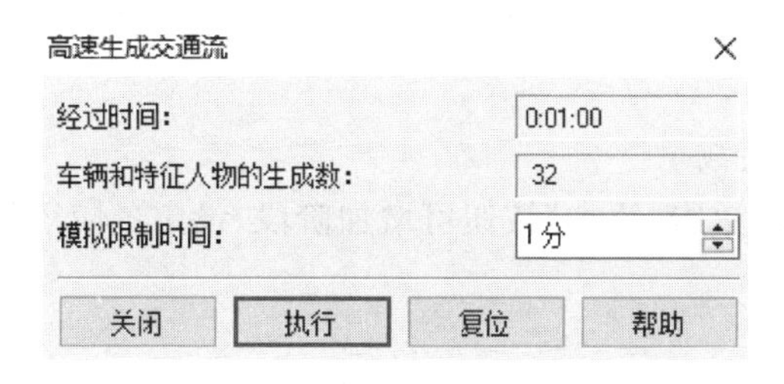

图 5.4　高速生成交通流窗口

5.1.3 任意位置交通流的生成与消失

在道路的起点和终点以外的位置，可以设定交通流的生成与消失。打开“道路平面图”窗口，在路线上的任意位置单击右键选择“添加”→“交通流消失/生成点(z)”，如图 5.5 所示。

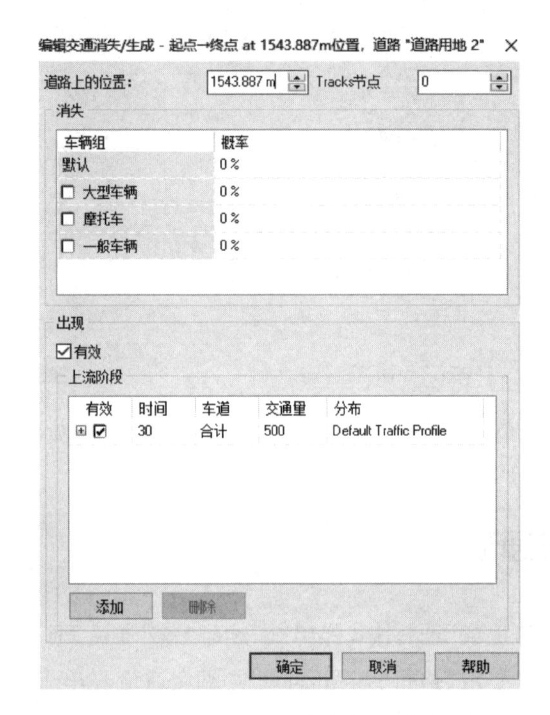

图 5.5 添加交通流消失/生成点

(1) 设置交通流消失

按照消失的比例输入百分率。例如：0，对应车辆组不消失；100，此组在该位置全部消失。

(2) 设置交通流生成

选中“有效”选项，单击“添加”按钮可增加阶段，设定各阶段的时间、交通量、交通流分布。

5.1.4 交通流快照

交通流快照功能可以保存某个时间点交通流的状态，之后重现该时间点的交通流。通过交通状况的保存和导入，记录当前的交通状况并可随时从该状态再现交通流。

(1) 保　存

单击“保存”图标，将此刻的交通流状态保存到文件(扩展名为.trs)。

(2) 再　现

交通流处于有效时先将交通流设为无效，并注意清空交叉口的滞留车辆。单击“复原”图标，导入保存的.trs文件，复原所保存时间点的交通状态。

5.2　交通仿真数据导入

5.2.1　VISSIM数据连接

有两种方式可以将VISSIM中的交通仿真数据导入UC-win/Road。一种方式是通过微观模拟播放器，另一种方式是通过插件与VISSIM实时连接。

第一种通过微观模拟播放器的方式是在菜单栏的“记录/播放→微观模拟”中单击“编辑画面/播放”按钮，单击“文件夹”可以导入VISSIM保存的文件，然后进行模拟，如图5.6所示。

图5.6　VISSIM播放导入

然而，通过这种方式导入数据会产生一个问题，即导入一个VISSIM交通计算的结果后，如果从软件中插入新数据，后续的驾驶条件会延续UC-win/Road的设定进行模拟，而不是继续使用VISSIM计算的数据。

通过使用实时插件导入数据可以解决上述问题，该方法将UC-win/Road与VISSIM通过COM口进行连接，在VISSIM中设置交通流，UC-win/Road会同时与VISSIM生成一比一的交通流，同样，在UC-win/Road中设置驾驶车辆时，也会映射到VISSIM中，VISSIM重新进行交通流计算再发送回UC-win/Road。

5.2.2 PARAMICS数据连接

与PARAMICS数据连接，即在PARAMICS项目和UC-win/Road项目间进行道路网络的交换。与PARAMICS进行数据连接的第一种方式与VISSIM的第一种方式相同，只是在文件夹选择时使用PARAMICS文件。第二种方式是在菜单栏的“Simulation Link→道路网络”中单击“PARAMICS”，如图5.7所示，可以进行数据的导入与输出。下面对导入和输出过程涉及的模块进行详细介绍。

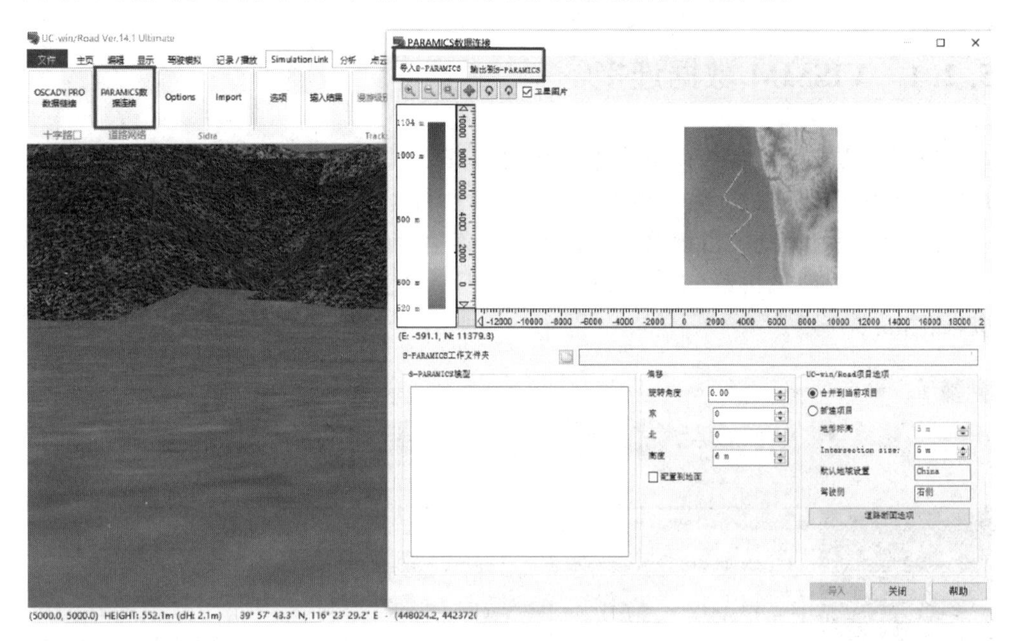

图5.7 PARAMICS数据连接

(1) 导入S-PARAMICS

导入S-PARAMICS中包含S-PARAMICS工作文件夹、S-PARAMICS模型、偏移以及UC-win/Road项目选项4个部分。

① S-PARAMICS工作文件夹：单击“文件夹”按钮，选择PARAMICS项目文件夹。

② S-PARAMICS模型：包括驾驶侧(PARAMICS项目的驾驶规则)、links(*连接文件)、nodes(*节点文件)、categories(分类数)、centres(中心线文件)。

③ 偏移：包括旋转角度(东西偏移、南北偏移、标高偏移)，选中“配置到地面”时将忽视PARAMICS项目的标高信息，在UC-win/Road地形上生成道路。

④ UC-win/Road项目选项：可选择“合并到当前项目”或者制作“新建项目”。可设置新建项目中的“地形标高”和“交叉口大小”。“默认地域设置”可显示应用

程序选项的默认地域。“驾驶侧”会显示默认地域设置的驾驶规则。单击“道路断面选项”,编辑用于连接 PARAMICS 的 UC-win/Road 道路断面的属性,如图 5.8 所示。

图 5.8 道路断面选项

(2) 输出到 S-PARAMICS

输出到 S-PARAMICS 中包含 S-PARAMICS 输出文件夹、导出 UC-win/Road 道路、生成 S-PARAMICS 文件 3 个部分。

① S-PARAMICS 输出文件夹:单击按钮,选择生成 PARAMICS 模型的文件夹。

② 导出 UC-win/Road 道路:“道路列表”中显示当前 UC-win/Road 项目中存在的道路名称列表。选中的道路将输出到 PARAMICS 项目。

③ 生成的 PARAMICS 文件:包括连接、节点、分类、中心线及左侧/右侧等文件。

5.3 行人流设置和导入

5.3.1 编辑网络列表

单击“步行者网络”图标,弹出“编辑网络列表”对话框,可制作人群移动时使用的网络、编辑并制作步行者分布,如图 5.9 所示。

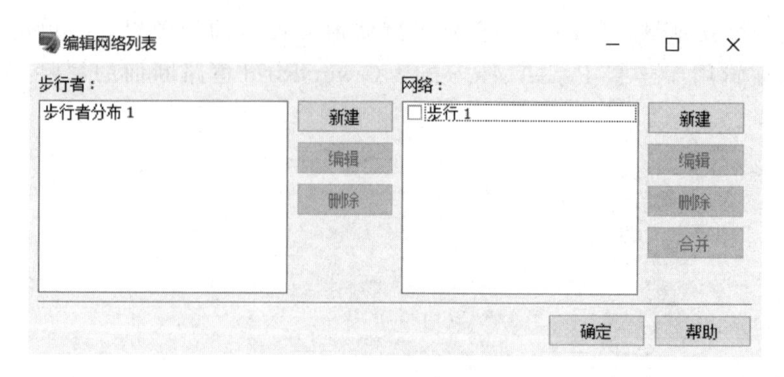

图 5.9　编辑网络列表

5.3.2　编辑步行者分布

在步行者列表下单击“新建”，弹出“编辑步行者分布”对话框，添加步行者分布。在事先登记的特征人物中选择“分布”里包含的特征人物，进行特征人物的设置，如图 5.10 所示。

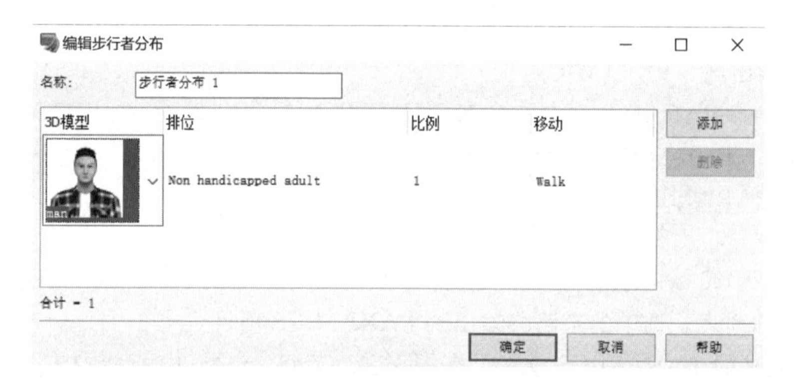

图 5.10　编辑步行者分布

5.3.3　编辑网格

在网络列表下单击“新建”，弹出“编辑网络”对话框，设置人群移动时使用的网络，设置完成后再对通道的构成和步行者生成进行设置，如图 5.11 所示。

(1) 网　络

单击“新建”添加通道。单击“通道”→“电梯”→“滞留空间”后，单击主界面添加通道，结束时单击“结束路径”。通过电梯添加链接接续的路径时选择“电梯”，通过候车室、洗手间等添加路径时选择“滞留空间”，其余条件下添加路径时都选择“通道”。

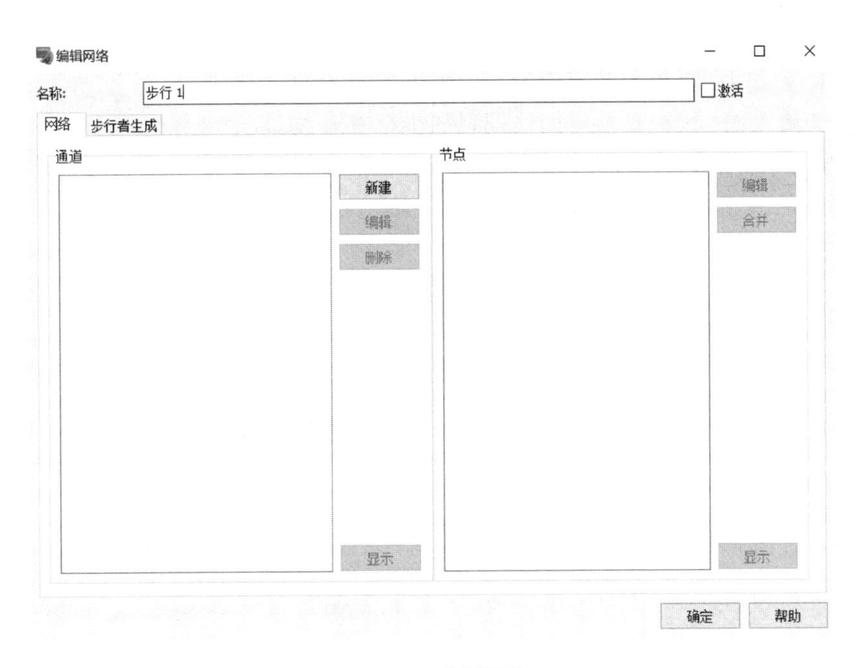

图 5.11　编辑网络

(2) 步行者生成

单击“添加新步行者生成”图标，新建添加步行者生成器。添加后设置名称，步行者的生成方法按照类型设置为“Normal”或“OD 矩阵”。

类型为“Normal”时：单击“添加”，在新建中添加分布，设置分布的比重、最大人数、比率及初始人数，如图 5.12 所示。

图 5.12　Normal 类型设置

① 最大人数：网络上步行者出现的最大人数。

② 比率：网络上每小时出现的步行者人数。

③ 初始人数：模拟开始时网络配置的步行者人数。

类型为“OD矩阵”时：设置节点的生成和消失，如图5.13所示。表格部分显示生成、消失的节点组合，蓝色为生成侧，绿色为消失侧。

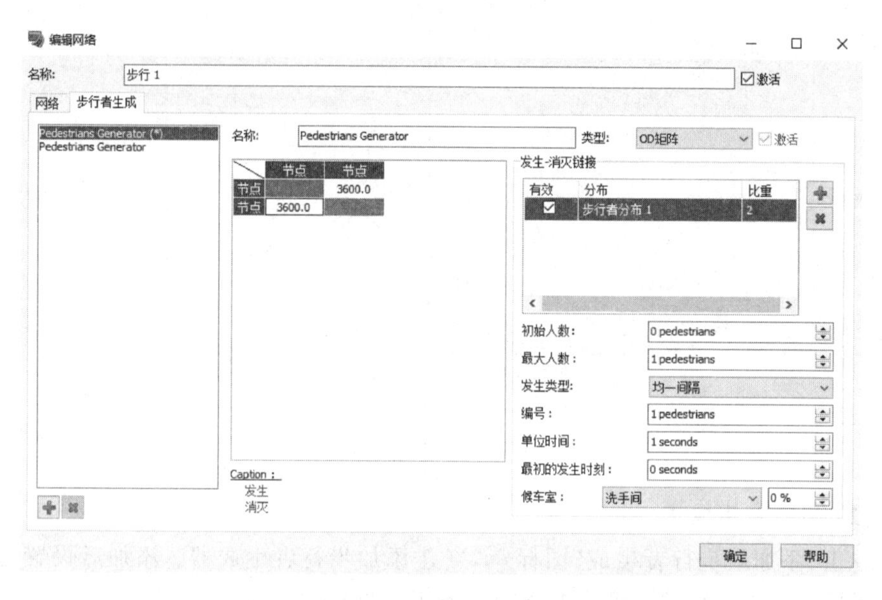

图5.13　OD矩阵类型设置

① 初始人数：设置模拟开始时网络上配置的步行者人数。

② 最大人数：设置允许存在的最大人数，通常输入足够大的值。

③ 发生类型：设置步行者的生成方式。均一间隔，按照均一间隔生成步行者；集中，一次性生成所有步行者。

④ 编号：设置单位时间的步行者生成人数。

⑤ 单位时间：设置步行者的生成间隔。

⑥ 最初的发生时刻：设置从模拟开始到生成该步行者所需的时间。

⑦ 候车室：前方如果是洗手间、售票机时，则需要在指定类型后设置相关人数的分配比例。

5.4　模型数据库

UC-win/Road模型数据库包含约8 600个模型，可以随时进行下载和应用。

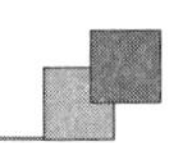

在编辑功能区中单击“库”图标，弹出“模型面板”界面，在这个界面中可以选择车辆、建筑物、植物、烟火特效等多个种类的部分模型，单击选中需要应用的模型，在主界面中单击模型需要放置的位置，即可应用模型，如图5.14所示。

图5.14　应用模型

在“模型面板”界面单击“菜单”→“新建”，可以按设计需要选择新建“建筑物模型”“3D文本”“流率测定面”“流动密度测定面”“坡台模型”“栅栏”“自动扶梯”“梯子”“多角柱”“标识”“台阶”“壁”“3DCAD Studio®模型”“3D树木”，单击需要新建的模型类型，在模型新建界面按需要编辑各类参数，如图5.15所示。

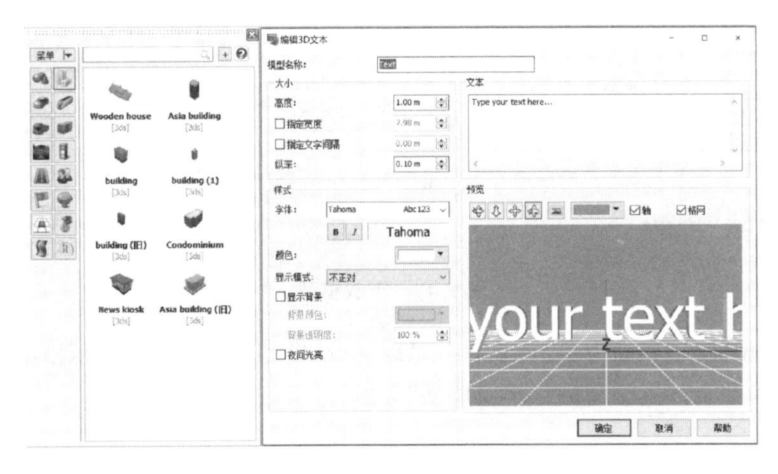

图5.15　新建模型(3D文本)

在“模型面板”界面单击“菜单”→“导入”，可以导入电脑中保存的模型数据文件，单击需要导入的模型数据类型，选择需要导入的数据文件，单击“打开”，即可完成模型数据的导入，如图 5.16 所示。

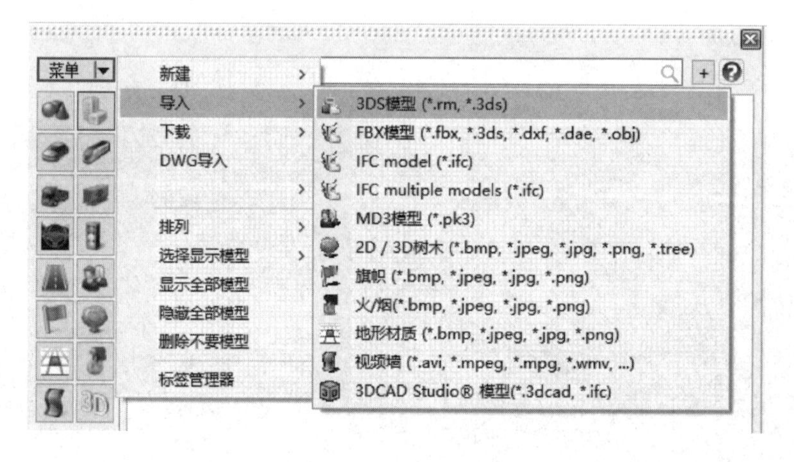

图 5.16　导入模型

在“模型面板”界面单击“菜单”→“下载”，可以选择需要下载的模型类型，弹出“Road DB”界面，在这里可以下载软件所支持的任何模型，在上方搜索框内可以输入需要的模型名称(支持中文输入)，输入完成后，单击“filtering”按钮，即可完成搜索，如图 5.17 所示。

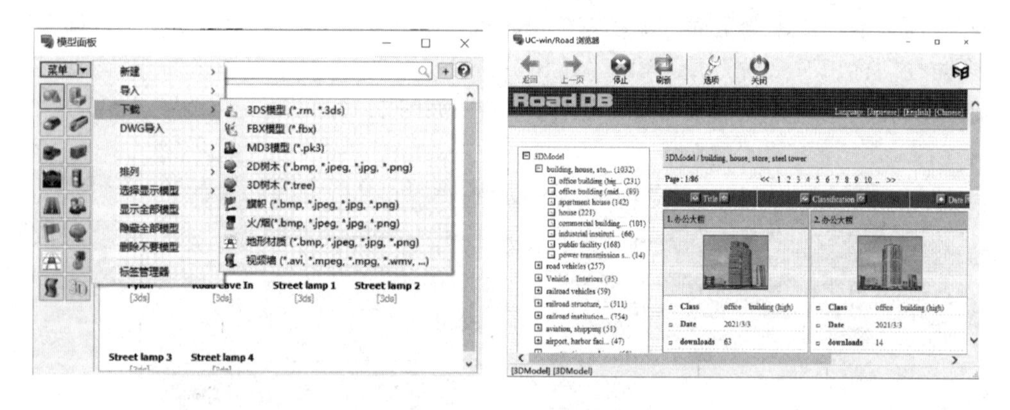

图 5.17　下载模型

在“模型面板”界面中单击“菜单”，可以进行“模型排列”“选择显示模型”“显示全部模型”“隐藏全部模型”“删除不要模型”等操作。

5.5　交通标识设置

5.5.1　路侧标识设置

在编辑功能区中单击“道路附属物”图标，弹出标识、标志配置界面，选择要添加的标志后单击“新建”，如图 5.18 所示。

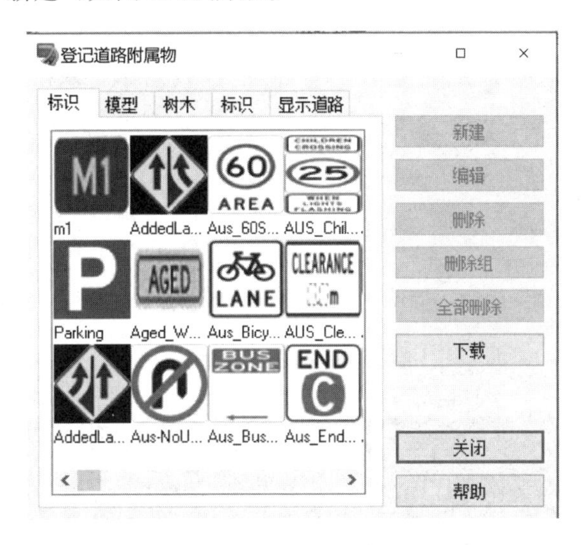

图 5.18　定义及设置标志

在弹出的“编辑道路标志”对话框中可以设置标志的相关参数，其位置参数编辑界面如图 5.19 所示。

① 单击“位置”选项，选择设置标志的道路名称，设置位置（距离起点的距离）、偏移（路边的偏移距离）、角度（0°为行车方向，90°为反方向，逆时针方向为正）、配置侧、道路上的覆盖形式等参数。

② 单击“标志”选项，分别对标志大小、柱杆偏移距离、显示板后面的颜色进行编辑。

③ 单击“电线杆”选项，对柱杆的高度、宽度、颜色及类型进行编辑。

④ 单击“配置组”选项，设置插入标志的数量、开始位置、配置间隔等参数。

在主界面中单击标志可以直接进入标志编辑界面，对标志进行修改后单击“应用”选项，可以在主界面中预览修改效果，如图 5.20 所示。在编辑道路标志界面中，单击“设置位置”选项中的“判读可能”按钮，可以记录标识视认性情况，如图 5.21 所示。

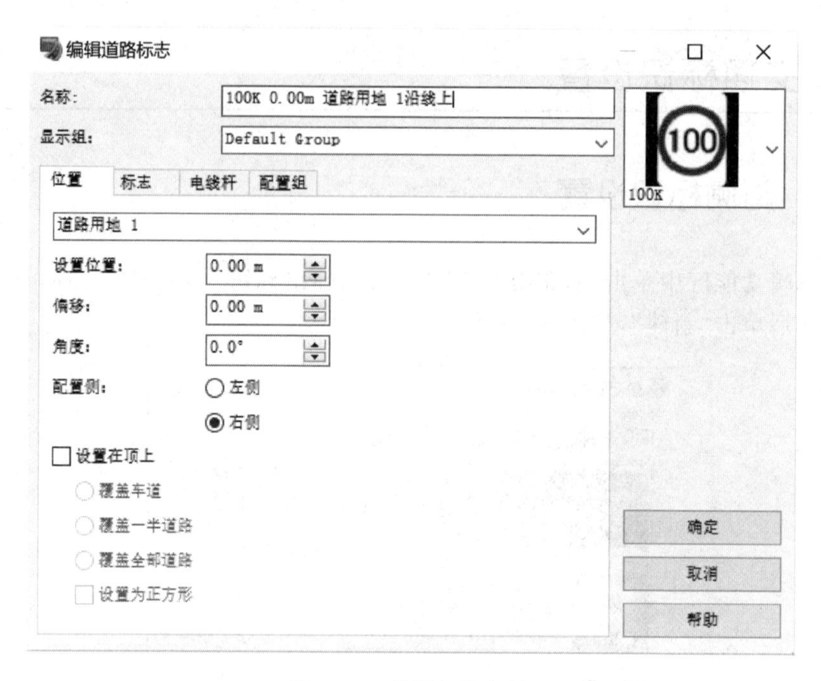

图 5.19 编辑标志参数

图 5.20 主界面显示

图 5.21　编辑道路标志

5.5.2　路面标识设置

在编辑功能区单击“道路附属物”图标，进入标识、标志配置界面，单击“标识”选项，选择需要使用的道路标识后单击“新建”，如图 5.22 所示。

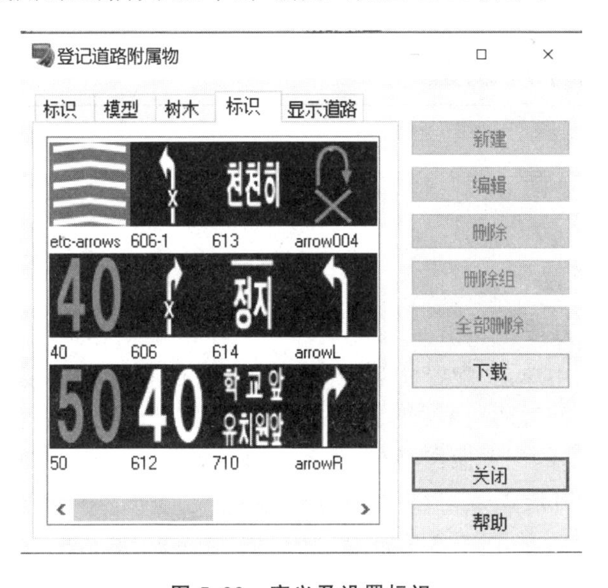

图 5.22　定义及设置标识

在弹出的对话框中可以设置标识的相关参数，如图 5.23 所示。

图 5.23　编辑标识位置参数

单击“位置”选项，选择要设置标志的道路名称，设置位置(距离起点的距离)、偏移(路边的偏移距离)、车道(需要配置在一条车道内时选中该选项，跨车道配置时，取消该选项)、配置方向等参数。

单击“配置组”选项，输入配置标识的数量、开始位置、配置间隔等参数。

5.6　森林、河流设置

5.6.1　树木设置

1. 树木的配置

(1) 树木配置方法 1

在编辑功能区中单击“配置模型”图标，弹出“配置模型”对话框，下拉选择“2D树木”，可以选择要配置的树木类型和树木高度，选择完成后，单击主界面需要插入树木的位置，完成树木的配置操作，如图 5.24(a)所示。

(2) 树木配置方法 2

在编辑功能区中单击“库”图标，弹出“模型面板”对话框，在这里可以进行树木的下载和插入操作，选择树木类型后，单击主界面需要插入树木的位置，完成树木的配置操作，如图 5.24(b)所示。值得一提的是，“库”图标与“配置模型”图标

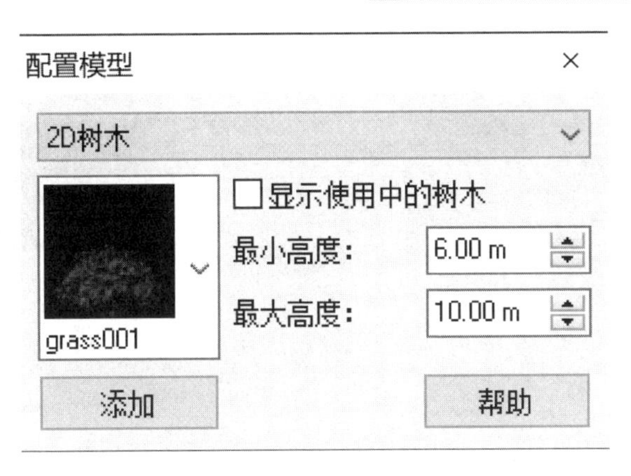

(a) 树木配置方法1

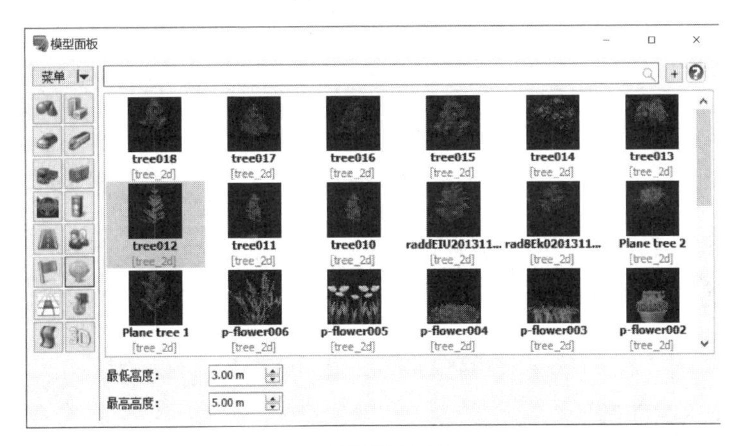

(b) 树木配置方法2

图 5.24　定义及编辑树木

在编辑功能区的同一位置，只需要单击下方倒三角就可以进行自由切换。

(3) 路侧树木的配置

在已经定义完成道路的前提下，进行以下操作。在编辑功能区单击“道路附属物”图标，弹出“登记道路附属物”对话框，单击“树木”，选择要插入的树木类型，单击“新建”，弹出“编辑道路侧面树木”对话框，在这里可以编辑树木名称、开始位置、插入数量、树木间距等，编辑完成后，单击“确定”→“关闭”，完成对路侧树木的配置，如图 5.25 所示。

2. 3D 树木的编辑和制作

单击“文件”，选择“导入”，导入 3D 树木对应的文件，或者在编辑功能区单击“树木”图标，弹出“编辑树木列表”对话框，就可以进行 2D 树木的导入和下载，3D 树木的制作、导入、下载和编辑操作。

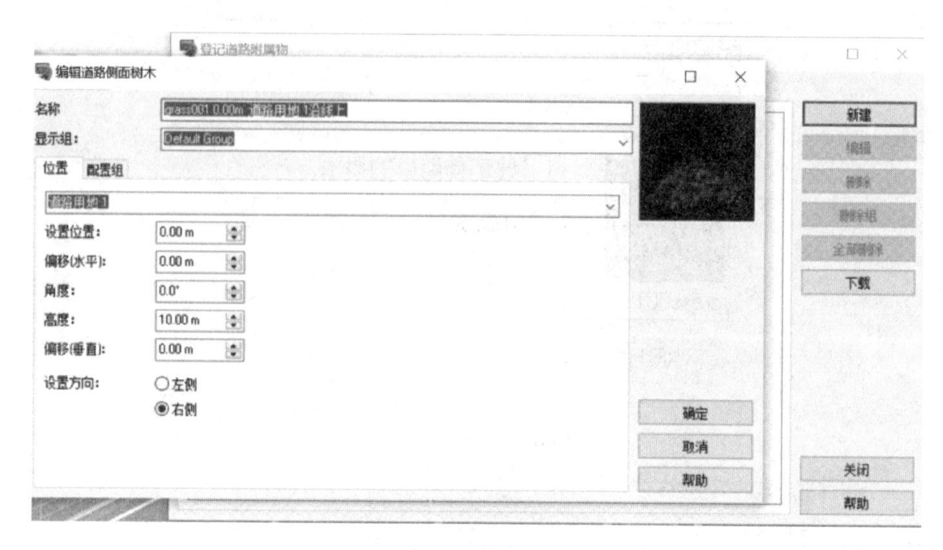

图 5.25 路侧树木配置

在“编辑树木列表”对话框中单击“树木(3D)”→“新建”,弹出“编辑 3D 树木”对话框,可以对 3D 树木进行树木、树干、树枝、树叶和花的编辑操作。

在编辑功能区中单击“配置模型”图标,弹出“配置模型”对话框,下拉选择“3D 树木”,可以找到前文中新建的 3D 树木,选中后单击 3D 界面插入树木的位置,完成树木的配置操作。

5.6.2 森林设置

(1) 森林的生成方法

在编辑功能区中单击“编辑区域”图标→“开始制作森林”图标,在 3D 空间中左键依次单击,选择想要放置森林的位置,最后按“Enter”结束制作。按“Escape”可取消制作,按“Backspace”将删除最后所选地点,按“V”可切换到卫星视点。结束制作后将弹出“制作森林”对话框,在这里可以进行森林中树木种类、数目、高度、配置比例的编辑,可以单击“追加”或“删除”来增加、减少或者更换树木的种类,如图 5.26 所示。

还有另一种生成森林的方法,具体步骤为:按住“Ctrl”键,在主界面中左键单击需要添加森林的区域,右键单击“生成森林”,弹出“编辑森林”对话框,在这里可以进行森林中树木的数量、种类、高度等属性的编辑,此外,可以单击下面的“添加森林类型”图标和“删除”图标来进行树木的添加、删除和更换操作,如图 5.27 所示。

(a) 位置选取

(b) 树木分布设置

图 5.26 定义及编辑森林(方法 1)

(2) 树木的删除

删除树木时,可按住“Ctrl”键,选择要删除的树木占据的地形,右键选择“选择地形上的对象”,再右键选择“删除选择对象”→“删除树木”,完成对树木的删除操作,可批量删除树木。

(a) 位置选取

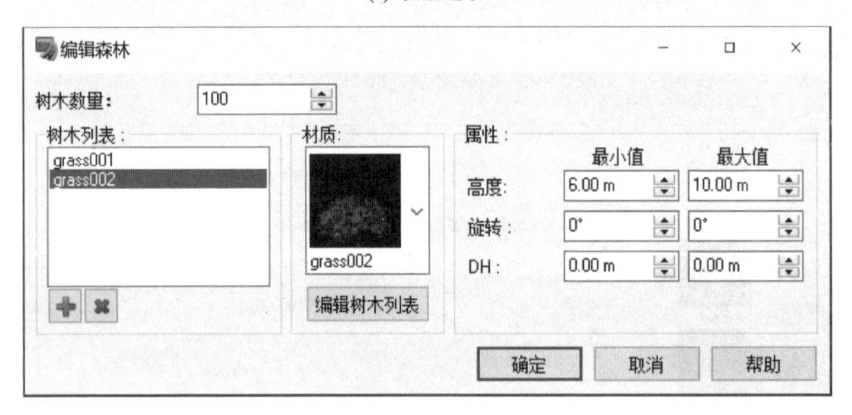

(b) 数量及种类设置

图 5.27 定义及编辑森林(方法 2)

5.6.3 河流设置

(1) 定义河流线形

在编辑界面中单击“道路平面图”图标，进入道路平面图界面。单击“定义河流”图标，用鼠标依次在道路平面图界面输入起点、变化点、终点，完成河流定义时，再单击“定义河流”图标，或右键选择“完成河流定义”，如图 5.28 所示。

(2) 河流线形或位置的精确调整

双击需要编辑的变化点，或者右键单击需要编辑的变化点，选择“编辑”→“方向变化点”，在弹出的对话框内设置变化点的位置、类型和参数，如图 5.29 所示。各方向变化点编辑完成后，单击对话框左下角的锁定图标，可以防止鼠标误操作导致的坐标点错位偏移。

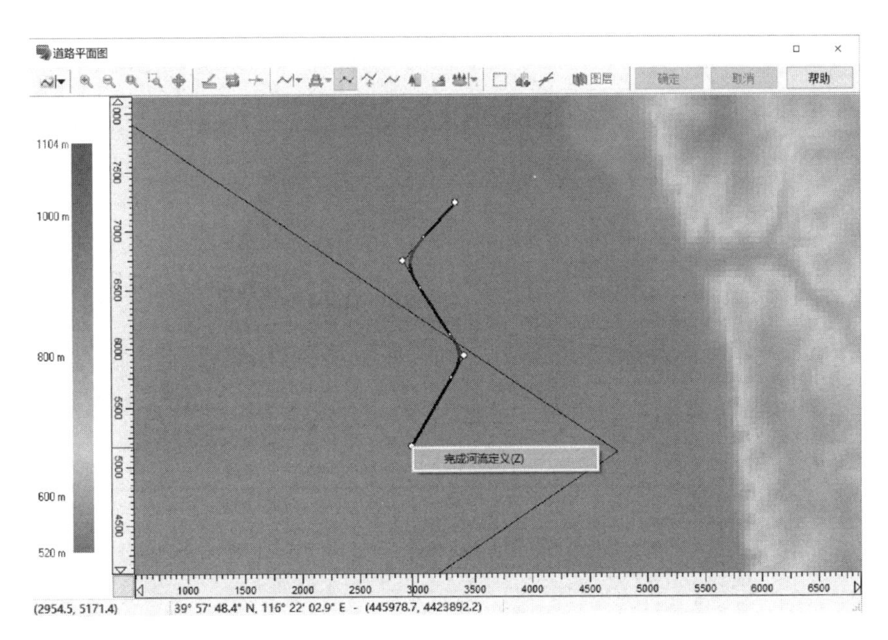

图 5.28　定义河流

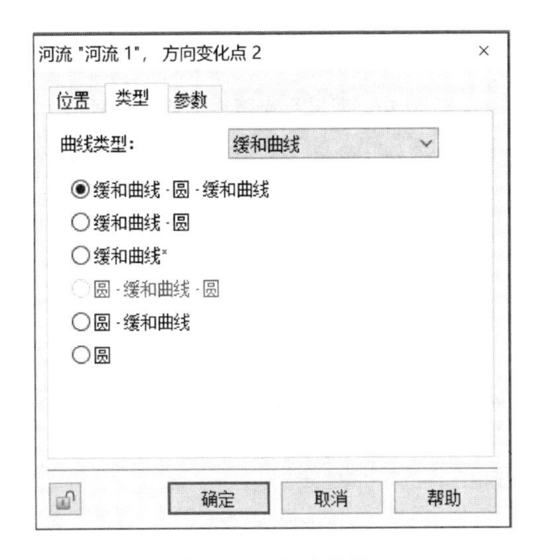

图 5.29　河流设置

(3) 河流纵断面设置

在河流线形定义结束之后，就可以进行河流纵断面的设置。双击线形，或者右键单击线形，选择“编辑”→“道路‘河流’”，弹出纵断面线形的编辑界面，如图 5.30 所示。

单击“添加纵断变坡点”图标或右键选择“添加纵断变坡点”，单击添加变化点的位置，根据需要可重复此操作。在需要编辑的纵断变化点上右键选择“编辑纵断变坡点”，设置各纵断面方向变化点的参数。依次在起点(开始位置、标高)、变化点(倾

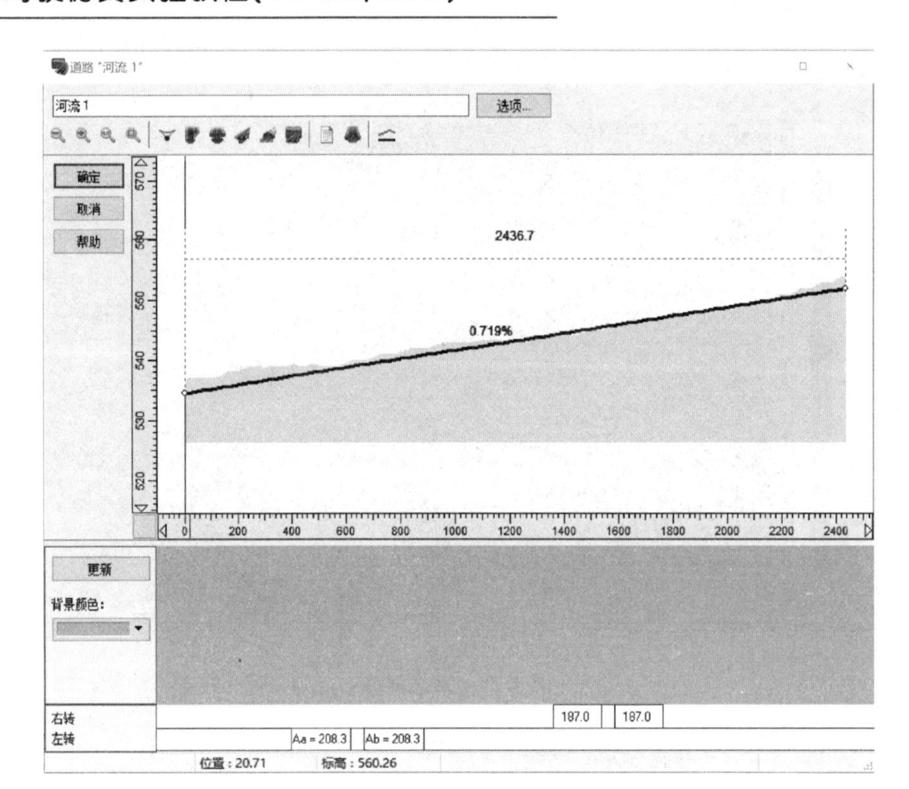

图 5.30 河流纵断面线形编辑界面

角、距离、标高、VCL、曲线类型)和终点(倾角、距离、标高)处输入参数信息,由此确定纵断面线形,如图 5.31 所示。

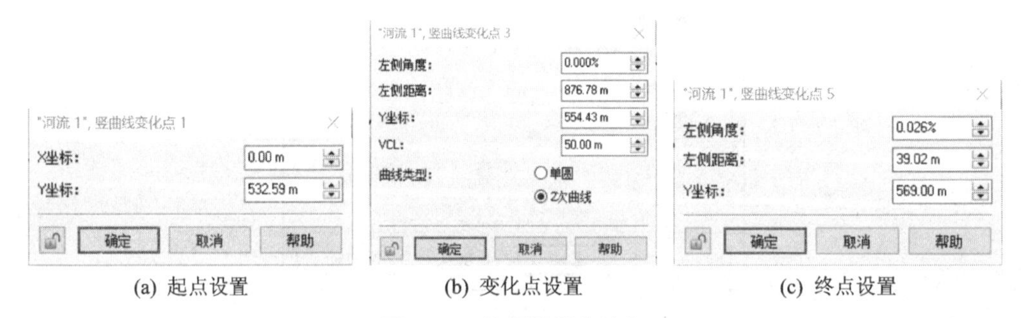

(a) 起点设置　(b) 变化点设置　(c) 终点设置

图 5.31 编辑纵断变坡点

(4) 河流横断面设置

单击“编辑道路截面”图标,弹出“登记道路截面”对话框,定义横断面。单击“新建”按钮输入断面数据,设置道路截面、桥梁、隧道、挖方、填方、土壤截面、道路附属物。单击“导入”按钮,导入预先准备好的横断面文件。在“道路截面的编辑”对话框中,单击界面左上角中的蓝线,在右侧菜单栏中可以进行材质、颜色、透过率、水流移动速度、材质大小、抛锚方向等编辑,编辑完成后单击“确定”,如图 5.32 所示,回到纵断面线形编辑界面,单击编辑界面下部的“更新”按钮,可以预览断面构成,如图 5.33 所示。

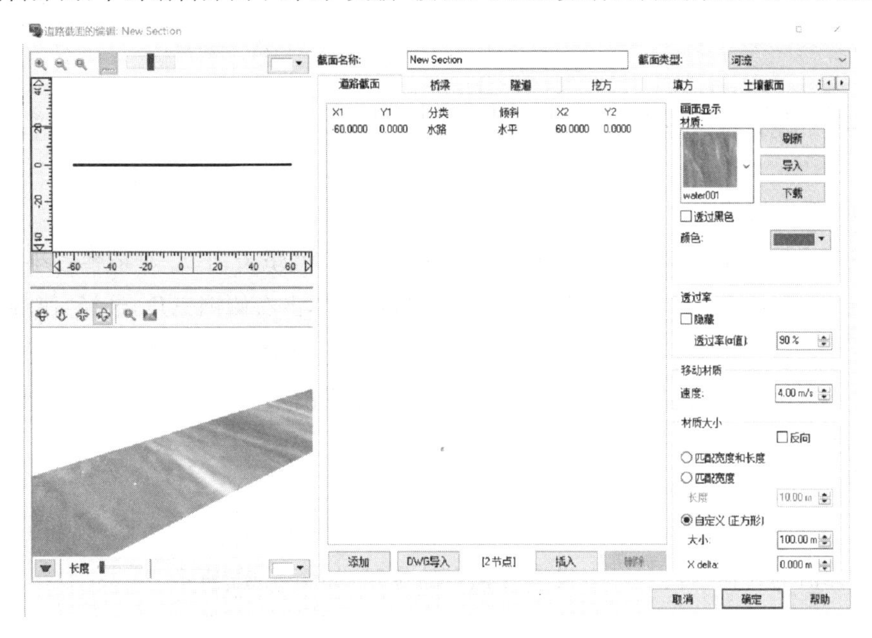

图 5.32　河流横断面定义

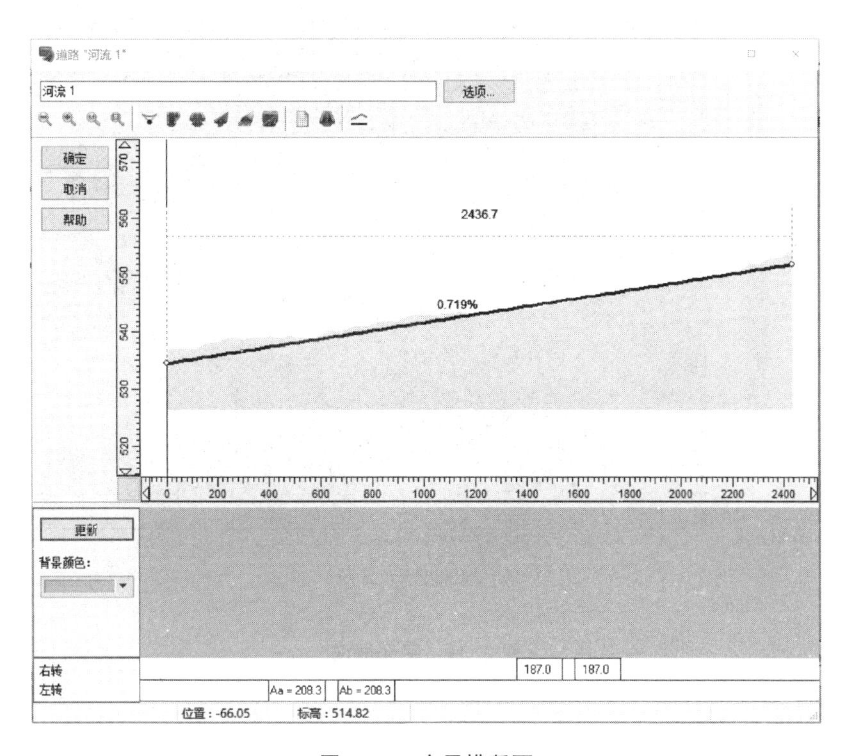

图 5.33　应用横断面

河流横、纵断面编辑完成后,回到主界面,单击"显示环境"图标,可以清楚地展示出河流的流动。

5.6.4 湖泊设置

(1) 定义湖泊

在编辑界面中单击"道路平面图"图标,弹出"道路平面图"对话框。单击"定义湖泊"图标,默认绘制的湖泊端部圆滑,也可以单击右侧倒三角,选择"使端部圆滑"图标或"使端部呈直线"图标,从而绘制不同边缘形状的湖泊。用鼠标依次在道路平面图界面输入起点、变化点、终点,完成湖泊定义时,再单击"定义湖泊"图标,或右键选择"完成湖泊定义",如图 5.34 所示。

(2) 湖泊线形或位置的精确调整

双击需要编辑的变化点,或者右键单击需要编辑的变化点,选择"编辑"→"顶点",在弹出的对话框内就可以设置变化点的位置,如图 5.35 所示。

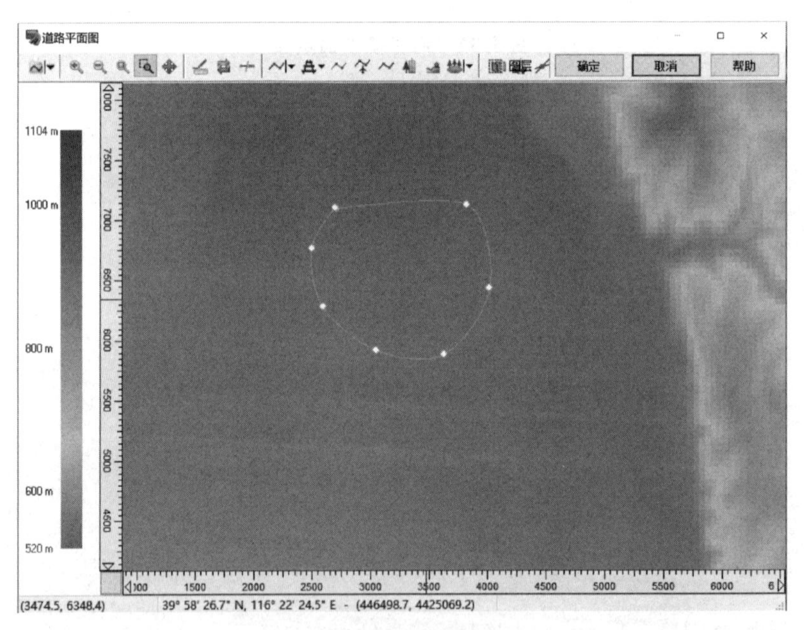

(a) 端部圆滑示意图

图 5.34 定义湖泊

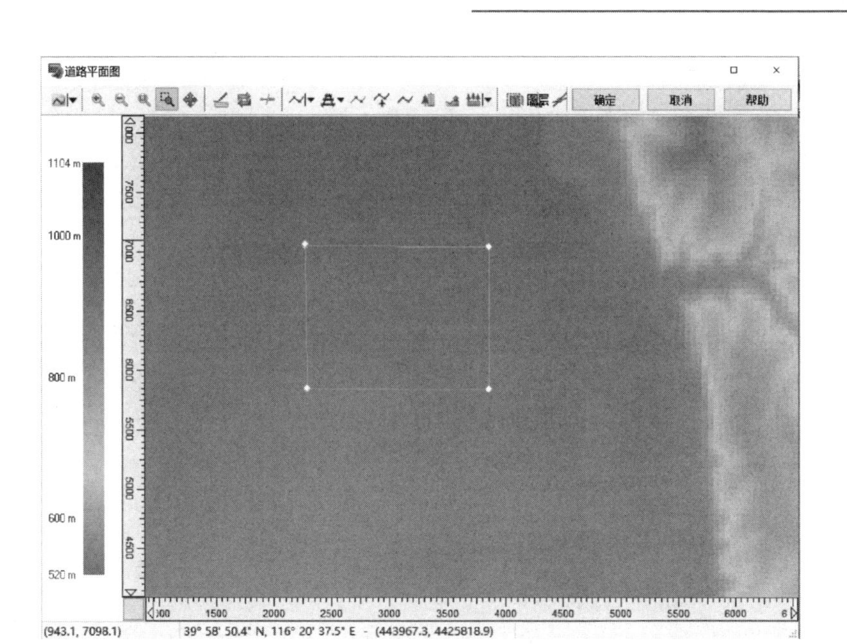

(b) 端部呈直线示意图

图 5.34　定义湖泊(续)

图 5.35　编辑变化点

(3) 湖泊编辑

湖泊定义完成后，双击湖泊边缘水色线，或者在水色线上右键单击“编辑”→“湖泊”，在弹出的“编辑湖泊”窗口中可以进行湖泊基本设置和阴影设置的各种编辑操作，在“编辑湖泊”窗口的显示模式一栏中，选择“Texture”，可以进行材质的设置，如图 5.36 所示。

湖泊定义、编辑完成后，回到主页界面，单击“显示环境”图标，可以清楚地展示出湖面的波动。在主页界面中，单击“显示环境”图标→“描绘选项”图标→“风”，可以对风的各种参数进行更改，从而影响湖面的波动情况。

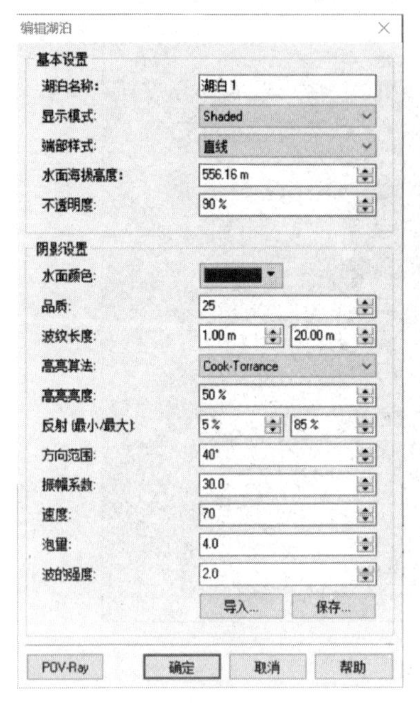

(a) 湖泊基本设置和阴影设置

(b) 湖泊材质设置

图 5.36　编辑湖泊

5.7　建筑物设置

5.7.1　建筑物设置基本操作

在编辑功能区中单击"模型"图标，弹出"登记 3D 模型"对话框，下拉选择"建筑物"选项。对话框右侧按钮中，"新建大楼"按钮用于制作简单形状的模型，"Road 模型"按钮用于导入 3DS 格式(.3ds)或 Road 格式(.rm)的模型文件，"下载"按钮用于利用 Road DB 下载模型，"保存"按钮用于以 Road 格式保存可动模型，"编辑"按钮用于编辑模型，"LOD"按钮用于设置 LOD，"复制"按钮用于改变模型的大小以及在贴图时复制模型，"删除"按钮用于删除模型，"添加行驶车"按钮用于添加行车模型，"添加飞行体"按钮用于添加飞行体模型。对话框下方的"清理模型"按钮用于自动清理未使用的模型。下面具体介绍建筑物的基本设置步骤。

在"登记 3D 模型"对话框中单击"新建大楼"按钮，弹出"编辑 3D 模型"对话框，在这里可以编辑新建大楼的数据、材质、光源、参考点、音源信息，如图 5.37 所示。

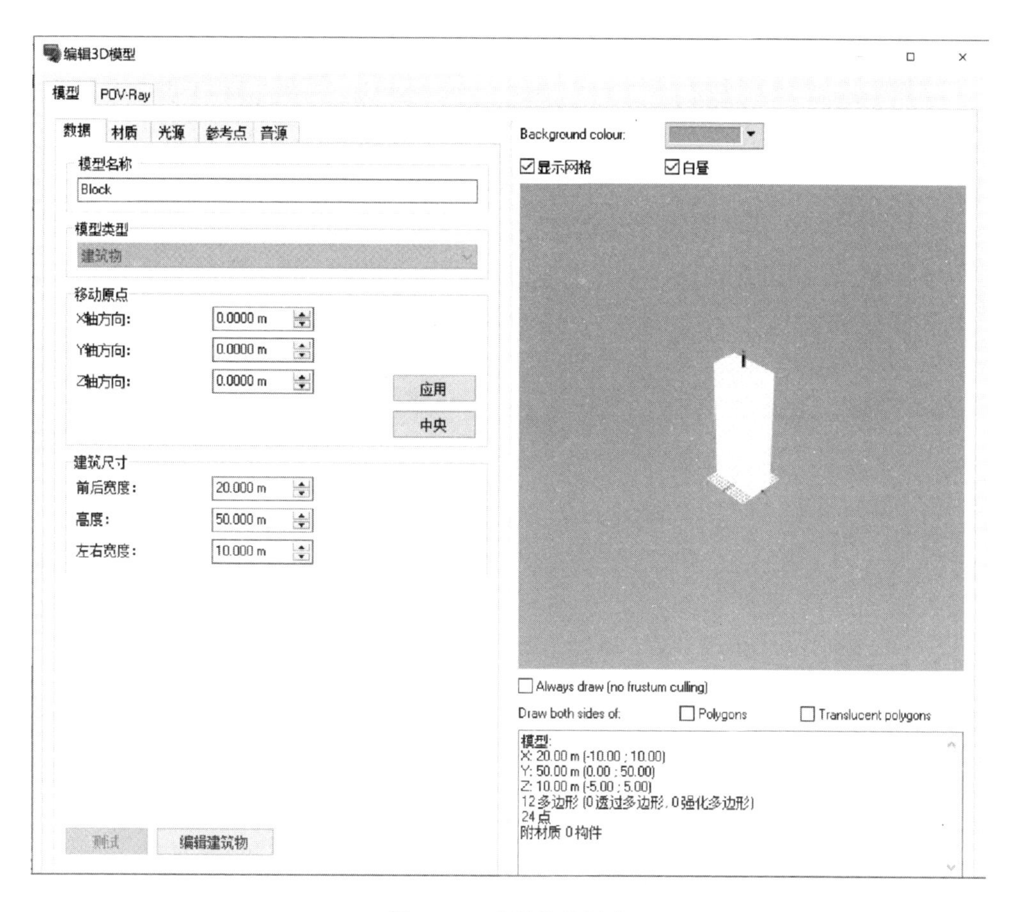

图 5.37 建筑物的新建

在“登记3D模型”对话框中单击“Road模型”按钮，下拉菜单中可以选择“导入3D Studio文件(＊.3ds)”或“导入UC-win/Road 3D模型文件(＊.rm; ＊.rmc)”，需要导入3DS格式模型(扩展名：＊.3ds)时，选择“导入3D Studio文件”，需要导入UC-win/Road保存的3D模型文件(扩展名：＊.rm; ＊.rmc)时，选择“导入UC-win/Road 3D模型文件”。如果导入模型时，Viewer中无法预览，可能是由于导入的模型非常大或非常小，这时需重新确认并设置比例尺寸，如图5.38所示。导入3DS模型时没有附带材质，如果是.3DS格式，可能是由于材质的图像文件与模型文件没有放在同一个文件夹里，请将材质文件和模型文件保存在相同文件夹中重新导入；如果是其他3D建模软件输出的文件，请确认输出方法是否正确。

在“登记3D模型”对话框中单击“下载”按钮，可以登录模型数据库Road DB，下载3D模型、材质、Road模型(可动模型)、道路断面、MD3人物模型等UC-win/Road内置的素材，UC-win/Road数据库将不断更新，如图5.39所示。

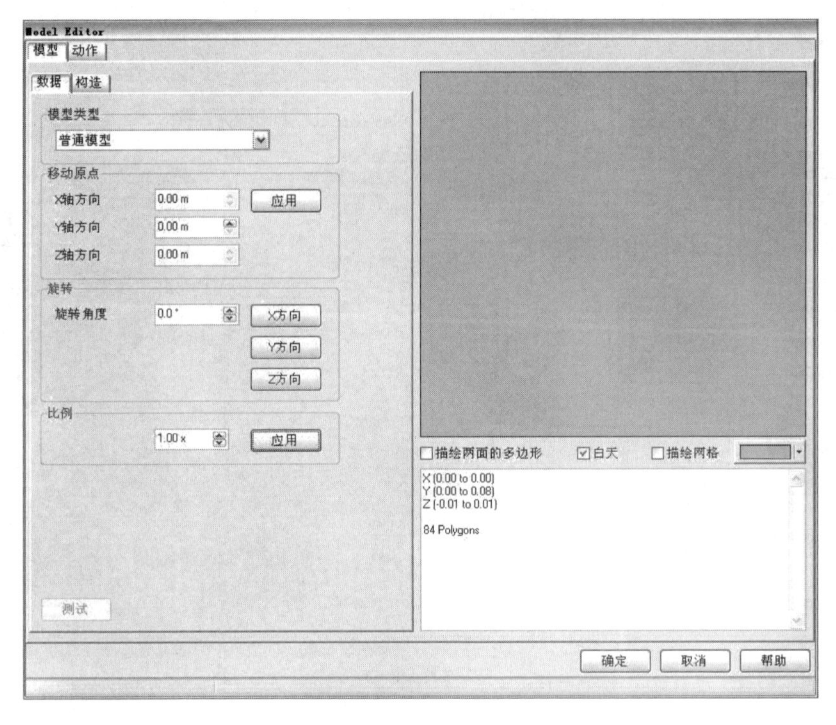

图 5.38　建筑物的导入

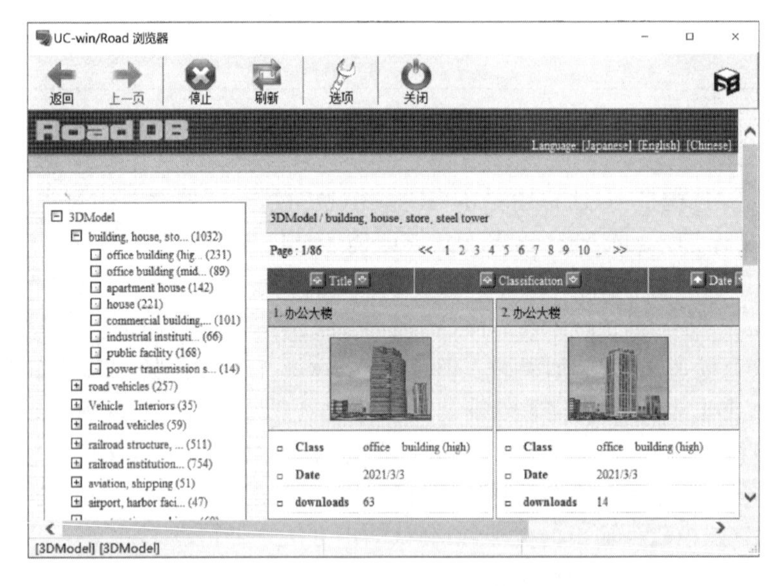

图 5.39　建筑物的下载

5.7.2 复杂建筑物设置

(1) 绘制建筑物形状

在编辑功能区中单击“模型”图标，弹出“登记 3D 模型”对话框，单击“新建大楼”按钮，弹出“编辑 3D 模型”对话框，在“数据”界面中单击下方的“编辑建筑物”，弹出一个新的对话框。单击对话框中的“绘制长方形”图标、“绘制椭圆”图标和“绘制多边形”图标，可以制作建筑物的外形，如图 5.40 所示。

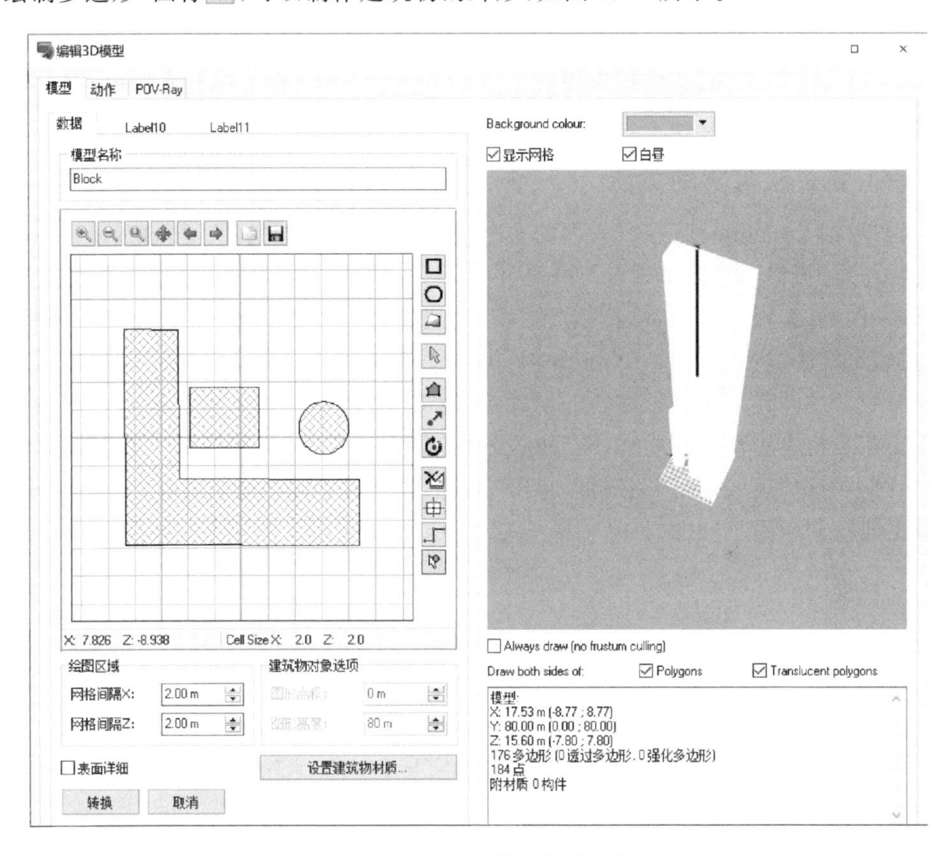

图 5.40 复杂建筑物图形绘制

(2) 修正建筑物形状

单击“编辑顶点”图标可以移动各个顶点，单击“移动图形对象”图标可以移动形状，单击“旋转图形对象”图标可以旋转形状。修正时，如果需要形状标准直角或者指定顶点到网格上，则可以选择单击“捕捉网格”图标或单击“捕捉直角”图标，也可以同时单击两个图标以施加约束，再进行上述 3 种修正操作。需要去掉约束时，可以再次单击想要去掉的约束对应的图标，也可以单击“解除捕捉”图标，解除捕捉约束。

(3) 删除已经编辑完成的建筑物形状

如果需要删除个别形状,单击“选择图形对象”图标,单击需要删除的图形,选中后右键单击“删除图形”,即可完成单个形状的删除。如果需要删除所有形状,单击“删除图形对象”图标,弹出“确认是否要删除所有对象”对话框,单击“是”,即可完成对所有形状的删除操作。

(4) 变更建筑物开始和结束的高度

单击“选择图形对象”图标,单击需要变更高度的建筑物形状,选择要应用的形状,在界面下方“建筑物对象选项”对话框中进行编辑。“图形高度”可以输入建筑物开始时的高度,例如,距离建筑物底面 5 m 的阳台,可以输入 5,注意此时假定建筑物自身的形状标高为 0 m。

(5) 变更建筑物的材质

对“数据”→“编辑建筑物”界面的所有形状自动适用相同材质时,直接单击“设置建筑物材质”按钮,弹出“编辑 3D 模型”设置建筑物材质对话框,在对话框中选择材质、输入比例,编辑完成后,单击“应用”按钮。如果需要根据不同形状应用不同材质时,在建筑物的编辑结束后,单击“编辑 3D 模型”中的“模型”→“材质”,在“材质”界面中按照上述同样方法进行材质的设置,如图 5.41 所示。如果希望针对各个壁面,按不同建筑物应用不同材质时,需要在“数据”界面单击“编辑建筑物”,在“编辑建筑物”界面中勾选“表面详细”复选框,单击“确定”,之后再单击“材质”,在“材质”界面可针对不同壁面应用不同的材质,如图 5.42 所示。

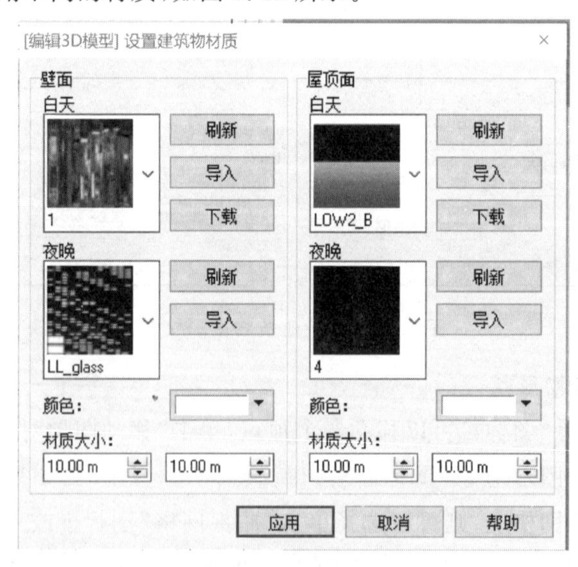

图 5.41　复杂建筑物墙体材质设置

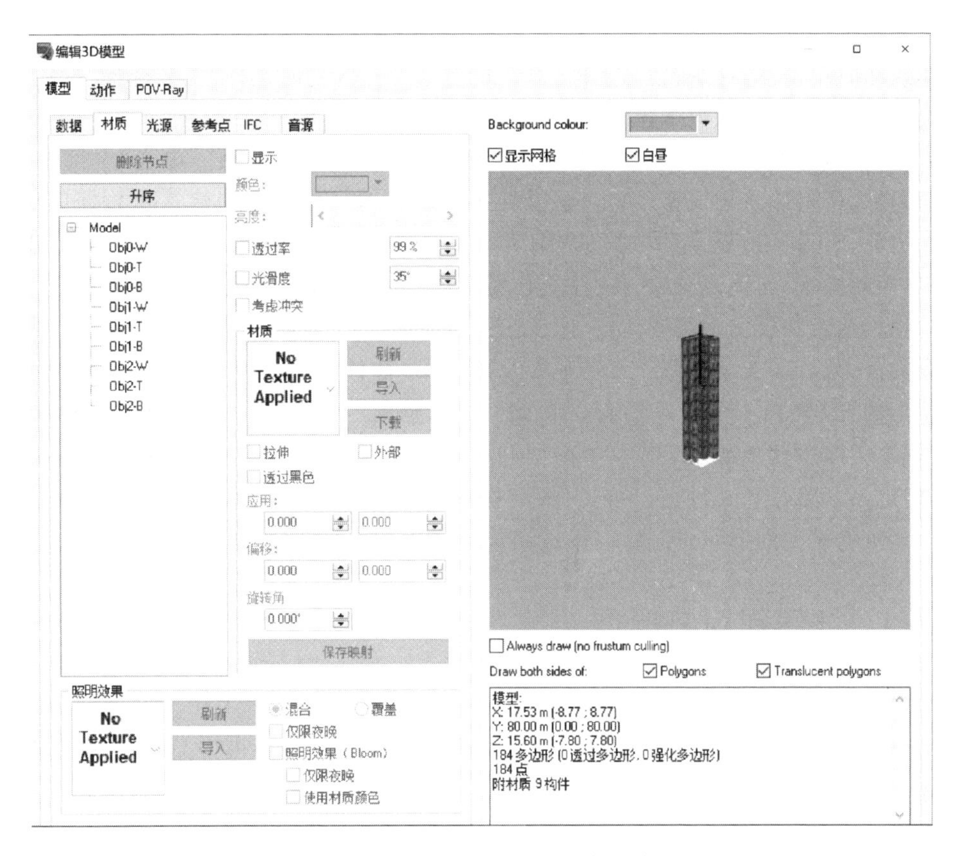

图 5.42　复杂建筑物不同壁面的材质设置

上述编辑完成后，单击“编辑建筑物”界面下方的“转换”按钮，转换结果可在“数据”界面进行确认。如果需要进一步编辑建筑物，可以重新单击“编辑建筑物”按钮，根据需要进行编辑。

5.7.3　使用 Shapefile 建筑物数据生成建筑物 3D 模型

Shapefile 插件有效时，可导入 Shapefile 数据。在“编辑”界面中单击“模型”图标，弹出“登记 3D 模型”对话框，单击“新建大楼”按钮，弹出“编辑 3D 模型”对话框，单击“模型”→“数据”→“编辑建筑物”按钮，弹出“编辑建筑物”对话框，单击“导入 Shapefile”图标。

在打开文件对话框中指定要导入的 Shapefile，单击“打开”按钮。

在 Shapefile 导入界面中，选择希望导入 Shapefile 的区域。需要注意的是，仅可以导入包含有多边形建筑物数据的 Shapefile 格式文件，导入 Shapefile 中包含全部的建筑物数据时，按以下步骤操作。

从高度区域列表中选择包含建筑物高度信息的有效的 Shapefile 区域。选择单个建筑物时单击“选择”按钮,选择区域内的复数个建筑物时选择“复数选择”按钮,按住“shift”键,可选择复数个建筑物或复数个区域。

标高区域列表中选择包含建筑物开始高度的 Shapefile 区域。单击“全部转换”按钮,导入所有建筑物模型;单击“选择转换”按钮,对选中部分的建筑物数据进行导入。由此,Shapefile 建筑物数据从“编辑 3D 模型”→“模型”→“数据”→“编辑建筑物”界面被导入,其他复杂的 3D 建筑物模型也可按照同样的方法进行继续编辑。

使用建筑物模型编辑制作的 3D 模型,还可作为 Shapefile 格式进行输出。需要注意的是,只有在安装有许可证另售的 Shapefile 插件的情况下,使用建筑物模型编辑制作的 3D 模型才可作为 Shapefile 格式进行输出。在“编辑 3D 模型”→“模型”→“数据”→“编辑建筑物”界面中单击“导出 Shapefile”图标,在文件另存为对话框中,指定保存路径和文件名,单击“保存”按钮,文件即被输出,返回 3D 模型的编辑界面。建筑物模型的形状、标高、高度的各属性作为 Shapefile 数据被保存。

5.7.4 编辑建筑物模型

在上述建筑物形状构建完成后,可以进行更加精细的编辑工作。选择“编辑 3D 模型”→“模型”→“数据”命令,可以显示或变更模型名称、选择模型类型、移动原点位置等,如图 5.43 所示。

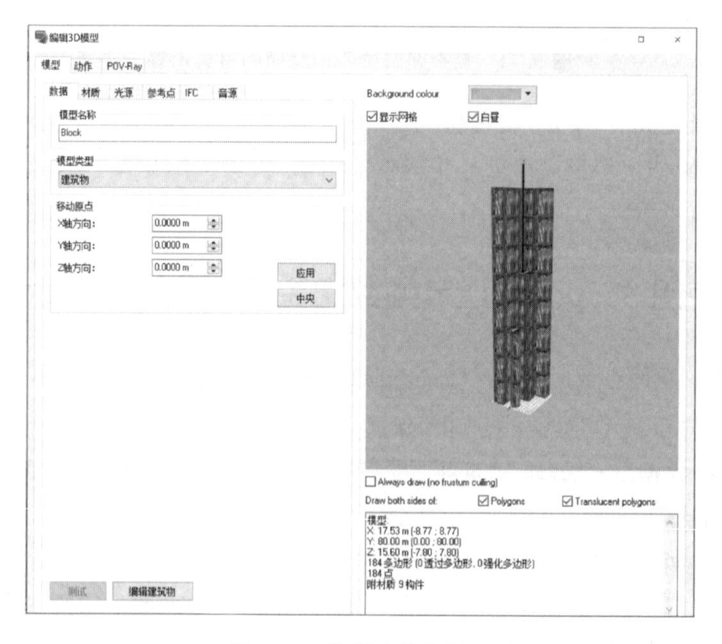

图 5.43　编辑建筑物界面

单击“材质”按钮，选择“编辑 3D 模型”→“模型”→“材质”命令，可以对各个图层进行墙面材质的变更，如图 5.44 所示，选中“Model”下的任意节点，就可以在右边菜单栏中对其进行精确地编辑，例如，通过率、材质类型、光滑度等都可以在这里进行精确地编辑。如果有需要，可以编辑或删除“Model”下的任意节点。单击“Model”下想要变更的节点，按下“F2”键可变更节点名称；单击“升序”按钮，节点将按照名称的升序重新排列；选中任意节点，再单击“删除节点”按钮，就可以删除选中的节点。

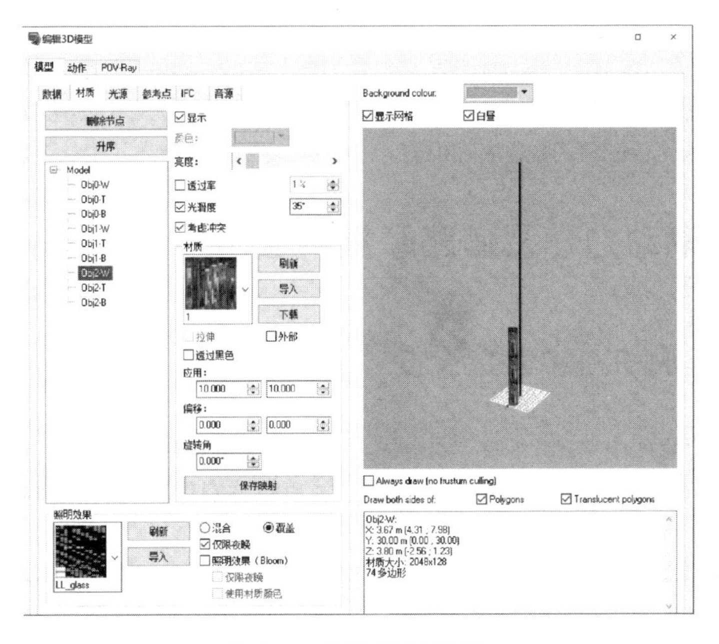

图 5.44　精确编辑建筑物

课后习题

1. 如何定义及设置交通流？
2. 简述 UC-win/Road 与外部软件进行数据连接的方法。
3. 如何在 UC-win/Road 中导入及设置行人参数？
4. 简述 UC-win/Road 中模型的新建、下载及导入过程。
5. 简述路面标识和路侧标识的设置过程。
6. 简述复杂建筑物的定义和设计过程。

第6章 驾驶模拟

本章重点介绍车辆动力学及道路摩擦系数、光线设置、天气设置、障碍物及交通事故设置、场景设置及数据记录等内容。

6.1 车辆动力学及道路摩擦系数

6.1.1 车辆动力学参数设置

在主页功能区中单击“交通”图标，下拉单击“车辆组”图标，弹出编辑车辆组界面，如图 6.1 所示。界面中的图标、和分别代表编辑、复制和删除(车辆组名称、分布、声音配置)功能。

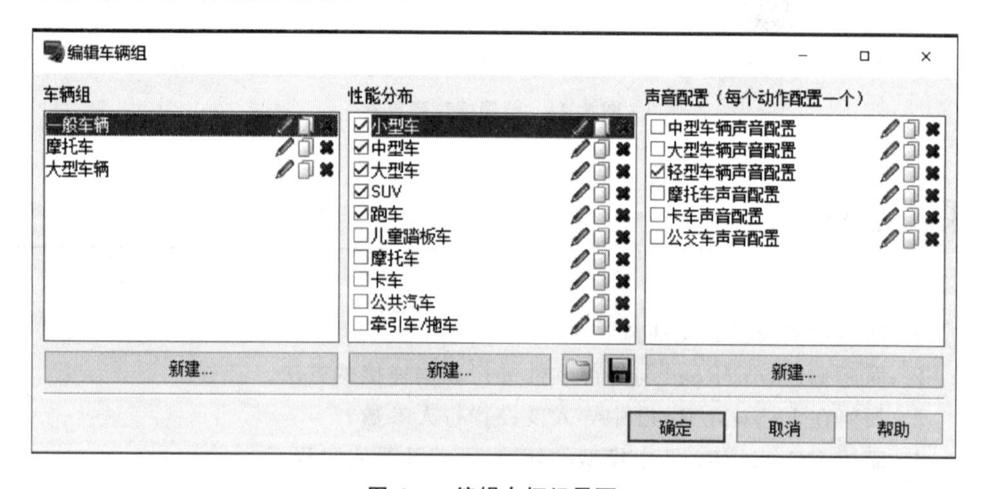

图 6.1 编辑车辆组界面

在“车辆组”菜单中选择需要的车辆组名称，然后在“性能分布”菜单中选择要编辑的车型，以小型车为例，单击小型车后的图标来设置小型车的动力学参数，如图 6.2 所示。

图 6.2　车辆性能分布编辑界面

① 在“全局参数”界面可以对动力学模型(高级动力学包含 UC-win/Road 中导入的轮胎滑动)、车辆类型、驾驶配置、估计加速度、设计速度系数进行编辑。

② 在“动力学参数”界面设置车辆使用的动力学参数,如车辆重量、惯性力矩、空气摩擦系数、刹车系统等。

③ 在“引擎”界面可以对引擎的各参数进行设置。

④ 在“变速装置”界面进行变速装置、挡位的设置,如设置变速箱的齿轮比、惯性力矩、效率值等。

⑤ “悬挂”界面是在“全局参数”界面勾选“悬挂动力学”时才显示,在该界面可以设置弹簧 Roll/刚性、回弹率、弹簧压缩值及阻尼系数。

⑥ “车轮”界面是在“全局参数”界面勾选“高级动力学”时才显示,在该界面可以设置车轮的相关参数。

⑦ 在“仪表盘”界面设置行驶画面上仪表盘要显示的项目。

单击“库”图标，在弹出的模型面板中双击选择要使用的车型，如图 6.3 所示。在弹出的窗口中选择“设置汽车”，单击“性能分布”显示下拉菜单栏，然后选择需要应用的车辆动力学模型，即可将设置好的车辆动力学模型应用到所建车辆模型中，如图 6.4 所示。

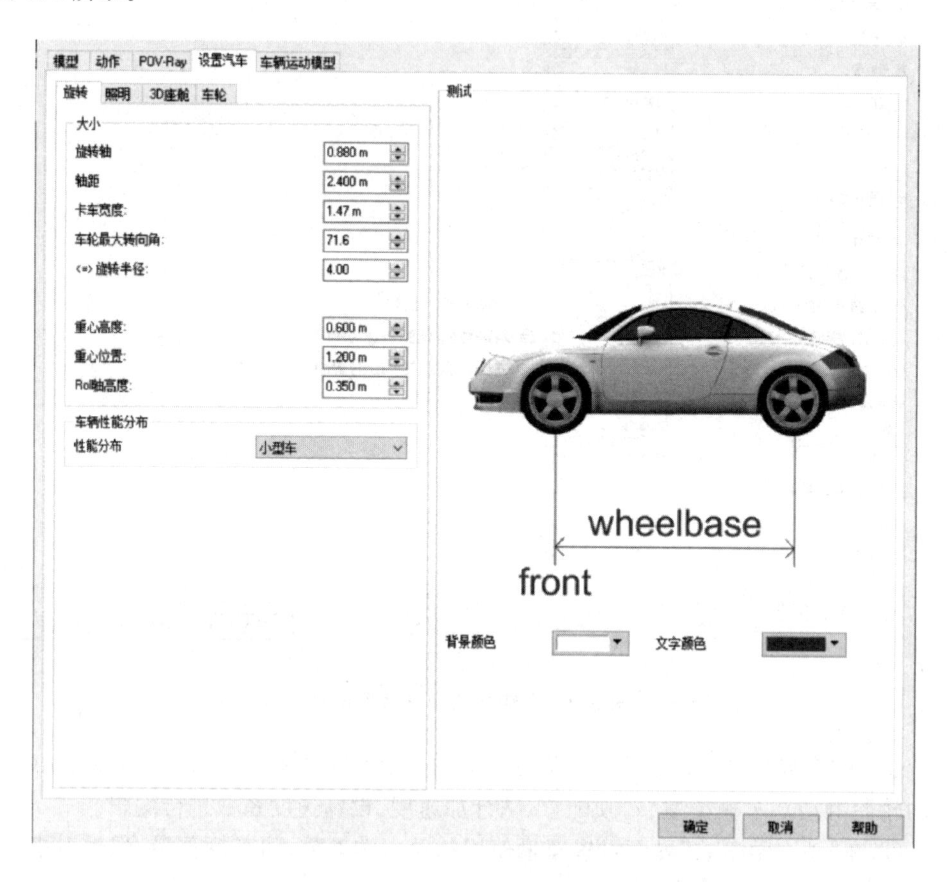

图 6.3　设置车辆模型

车辆性能分布
性能分布　小型车
小型车
中型车
大型车
SUV
跑车
儿童踏板车
摩托车
卡车
公共汽车
牵引车/拖车

图 6.4　应用动力学模型

6.1.2　道路摩擦系数设置

1. 基本操作介绍

(1) 编辑道路路面

单击编辑功能区的“编辑道路路面”图标，在弹出的窗口中可以编辑和设置道路路面，如图6.5(a)所示。单击“新建”按钮可以新建制作道路路面；单击“编辑”按钮可对选中道路路面进行编辑；单击“复制”“删除”按钮可复制、删除所选道路路面；单击“默认”按钮可将选中的道路路面作为默认道路路面。

(2) 路面材质的分配

单击“编辑路面材质”按钮可以为道路路面分配材质，在弹出窗口中选择材质和道路路面，单击“确定”即可将所选材质分配给道路路面，其中未使用的材质将被关联到默认的道路路面，如图6.5(b)所示。

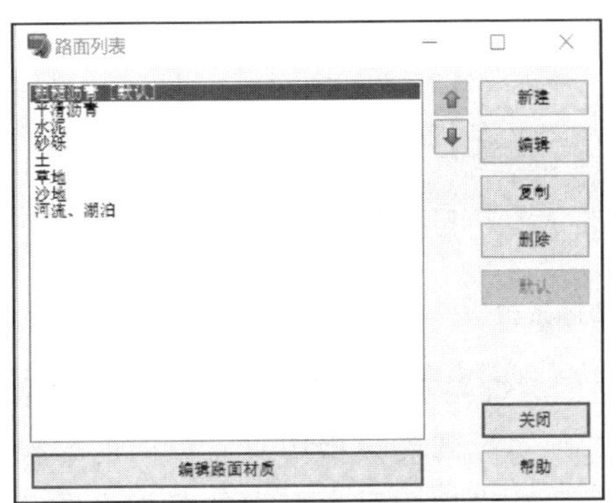

(a) 路面列表界面

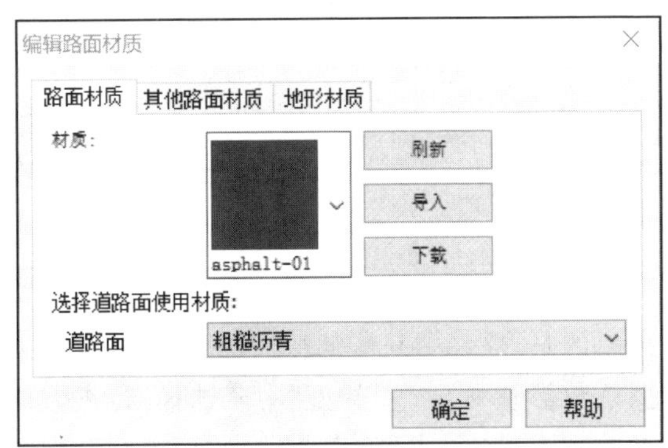

(b) 编辑路面材质界面

图6.5　编辑道路路面

(3) 编辑路面特性

在路面列表界面选择要编辑的路面，单击“编辑”按钮，在弹出的窗口中可以编辑路面的特性，如轮胎的摩擦、声音等，如图6.6所示，对路面的不同状态(干燥、潮湿、降雪、冻结)可以设置不同的值。

单击“添加新建点”按钮，可添加任意点，单击各点数值可对打滑率和摩擦系数进行编辑，从而正确定义曲线。单击各点对应的图标可进行删除点操作。

2. 冰冻路面摩擦系数设置

(1) 新建路面并设置摩擦系数

单击编辑功能区的“编辑道路路面”图标，在弹出的“路面列表”窗口中单击“新建”按钮，然后修改路面名称和摩擦系数并单击“确定”，如图6.7所示。需要重点

图 6.6　设置路面摩擦系数

指出的是，软件中只能修改单方向(横向或纵向)的摩擦系数。例如，将纵向和横向摩擦系数都改为 0.4，“类型”中若选择“行进方向”，则实际驾驶模拟中只有纵向的摩擦系数变为 0.4，“类型”中若选择“横方向”，则实际驾驶模拟中只有横向的摩擦系数变为 0.4。

(2) 将设置的摩擦系数加载到某材质上

在“路面列表”窗口中单击“编辑路面材质”，在弹出窗口中为新建的“冰冻路面”选择所需材质，如图 6.8 所示。

(3) 设置道路材质为修改过摩擦系数的材质

单击编辑功能区的“截面”图标，单击“新建”按钮，在弹出窗口修改界面名称；然后选择要编辑的道路截面，单击“车道详细”按钮，在弹出窗口中选择修改过摩擦系数的材质，如图 6.9 所示。

(4) 加载横断面至道路

单击“道路平面图”图标，双击所要修改的道路任意位置，弹出道路编辑窗口；在需要修改道路摩擦系数的位置单击右键，然后单击“添加截面变化点”，右键单击截面变化点对该点进行编辑，选择“冰冻”截面，如图 6.10 所示。

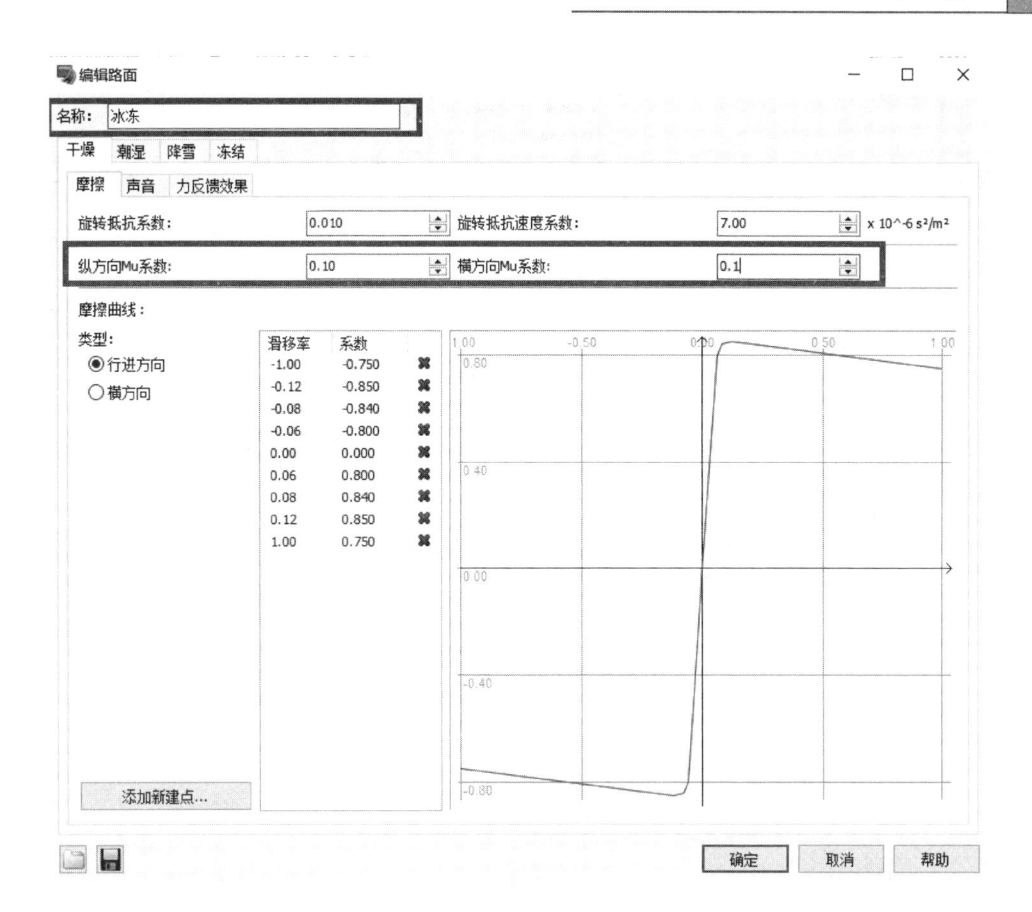

图 6.7　设置摩擦系数

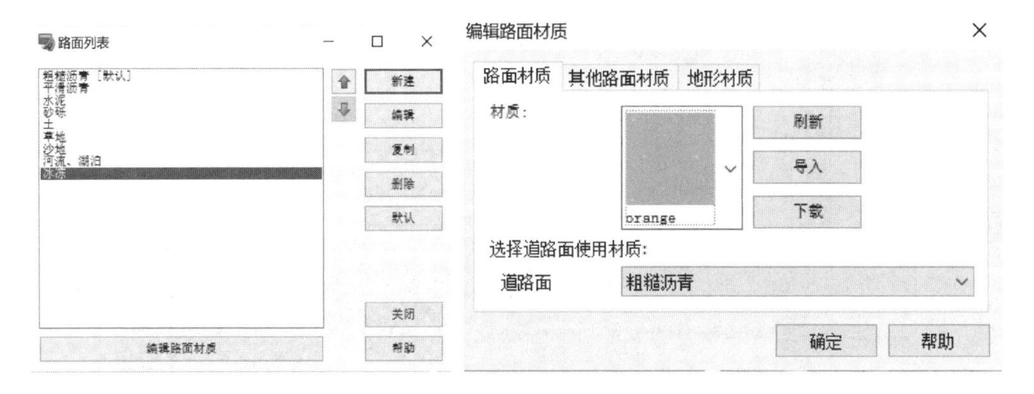

图 6.8　设置路面材质

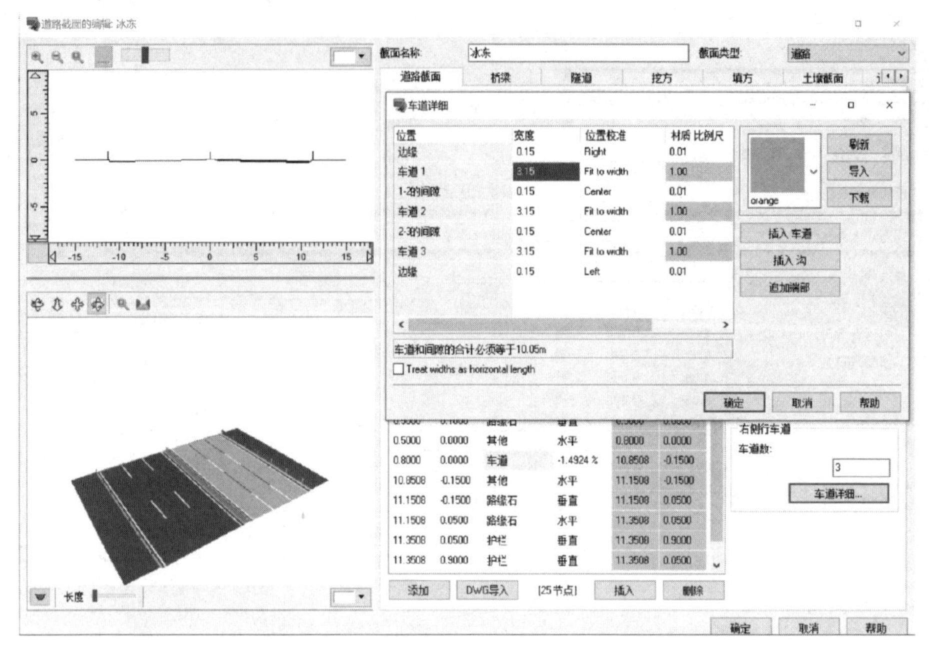

图 6.9　选择修改过摩擦系数的材质

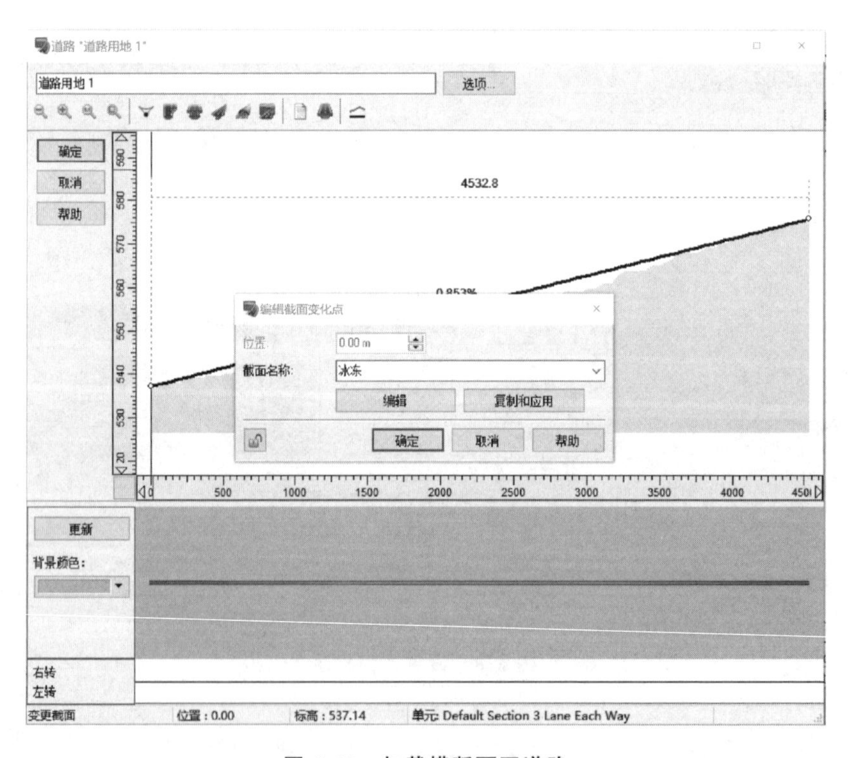

图 6.10　加载横断面至道路

6.2　光线设置

6.2.1　日照设置

在主页功能区中单击“描绘选项”图标，弹出“描绘选项”对话框。单击“时间和照明”选项卡，可以选择日期和时间，勾选“根据日期、时间改变太阳、月亮的位置”后，主界面中太阳、月亮的位置将根据时间实时变化。在“照明强度”栏中，可以对“太阳/月亮光的获取”比例进行调整，如图 6.11 所示。单击“画面显示”选项卡，找到“照明”栏，勾选“影子”“太阳/月亮光”后在主界面可显示光照和模型影子。单击“影子”选项卡，可以选择各类具体模型以及是否显示影子，如图 6.12 所示。

图 6.11　时间和照明设置

在主页功能区中勾选表盘状图标，鼠标拖动时针变化即可快速更改时间，从而快速改变太阳/月亮的位置，模型的影子也会随之变化。

图 6.12　影子设置

6.2.2　灯光设置

1. 街灯设置

进行街灯设置之前,在主页功能区中单击"描绘选项"图标,弹出"描绘选项"对话框,单击"画面显示"进入编辑界面,勾选"高级照明"选项,并确保"高级照明"下的"街灯""模型灯"也处于被勾选状态。如果"高级照明"选项无法勾选,则取消勾选"照明"选项下的"影子"选项,之后再勾选"高级照明"选项即可,设置完成后单击"关闭"。

在编辑功能区中单击"街灯"图标,弹出"设置街灯"对话框,勾选"单击添加"选项后,单击地形或车道,便可在单击位置配置光源,单击地形进行配置时,所配置街灯的参数将与前一个配置的街灯相同。在这个对话框中可对光源进行编辑,对光色、光强度、光源位置和照射方向进行设置。具体来说,光色通过 RGB 设置;光强通过亮度设置;光的扩散呈圆锥状,可指定角度;光源的位置可从 $X-Y$ 坐标和地面的高度进行指定;照射方向可通过来自垂直方向和水平面的角度进行设置。设置光源时,光源的配置数量没有限制,但实际场景中进行渲染的数量最多为 50 个,均在最接近主照相机的位置。

在主页功能区中单击"描绘选项"图标,弹出"描绘选项"对话框,单击"画面显示"进入编辑界面,勾选"高级照明"选项下的"街灯位置",将显示光的位置及扩散角

度。在“设置街灯”对话框中选择列表中已配置完成的光源时，选中的灯光的线条会显示为黄色。

配置好的街灯没有显示时，有可能是景观模型显示中“街灯”处于 OFF 状态。在主页功能区，单击显示环境中的“编辑模型显示”，弹出“显示景观模型”对话框单击“街灯选项”。街灯设置过程如图 6.13 所示。

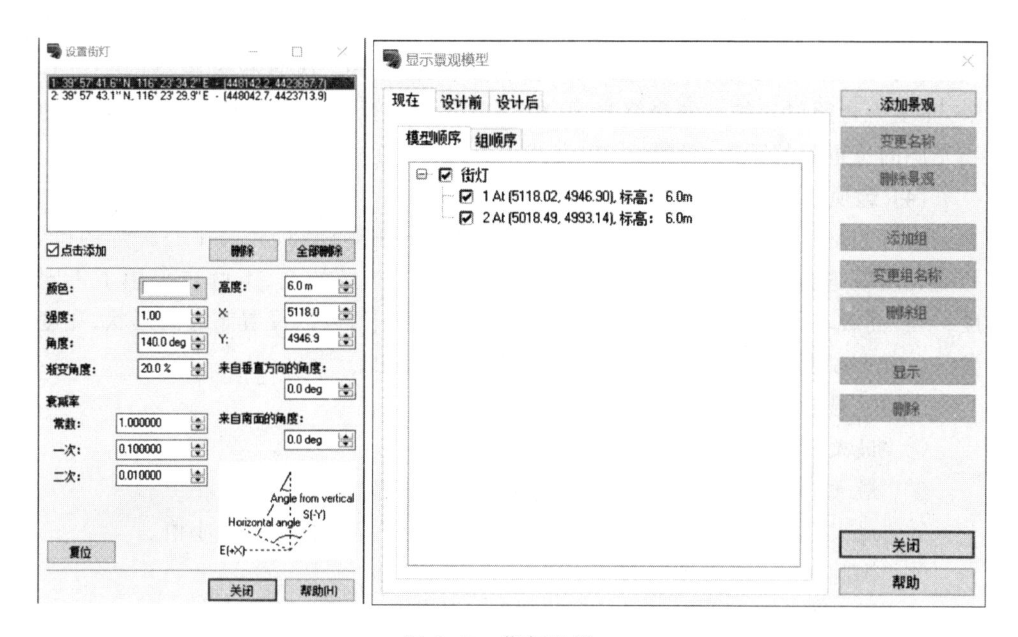

图 6.13　街灯设置

2. 车灯设置

(1) 选择车辆

在设置车灯之前，需要像设置街灯一样，在主页功能区中单击“描绘选项”图标，弹出“描绘选项”对话框，单击“画面显示”进入编辑界面，勾选“高级照明”选项之后，车头灯和街灯的设置效果才可以显示。在主页功能区中单击“驾驶”图标，选择合适的车辆作为自车，自车的车头灯将会被点亮。在生成交通流后，按下 Ctrl+Alt 键，单击乘入车辆，即可点亮车头灯。从车辆外部对车头灯进行确认时，通过“移动”图标或其他任意工具，可将视点移动到车外。

(2) 车前灯 1 设置

在编辑功能区中单击“车前灯选项”图标，弹出“高级车前灯选项”对话框，可以对车前灯选项进行设置。“车前灯 1”编辑栏中的各参数具体含义为：“颜色”可以选择车头灯的颜色；“左侧/右侧车头灯”勾选框可以设置左/右位置车头灯的有无；“高度”可以在相对车辆 3D 模型最下面，设置车头灯的相对高度；“宽度”可以在相对车辆 3D 模型中心，设置车头灯的相对横偏移；“移动”可以在相对车辆 3D 模型前面，设置车头灯前后位置;“偏摆”可以更改相对车辆3D模型水平面的左右方向;“俯仰”可以更改相对车辆3D模型水平面的上下方向;“翻滚”可以更改相对车辆3D模型前后轴的绕轴角度。

(3) 光线衰减设置

在“高级车前灯选项”对话框上方的“光线衰减”编辑栏中可以定义光的衰减程度,这需要根据光照射到的点与光源的位置距离来定义。光的衰减程度按照下述公式计算:亮度=中心亮度/(常数+一次衰减×距离+二次衰减×距离的平方),其中,亮度为光照射到的点的最终亮度,中心亮度为光源的亮度,距离为光照射到的点和光源的位置间的距离,常数、一次衰减、二次衰减为用户界面设置的参数。

(4) 选项和反射设置

街灯的基本形状是以光源位置为中心的椭圆,在离椭圆、光源中心越远的位置,照明亮度就越弱,因此,为了更加真实地表现车灯,车灯的上、下两半采用了不同亮度。在“高级车前灯选项”对话框中单击“选项”选项卡,可以设置车灯的形状、亮度等参数。需要说明的是,车灯左、右两侧的参数是相同的。

“选项”选项卡中,各参数具体含义如下:

① “最大亮度”指椭圆形状中心的亮度。

② “最大/最小垂直角”指设置光所显示的垂直范围的最大/最小值。

③ “最大/最小水平角”指设置光所显示的水平范围的最大/最小值。

④ “椭圆 X/Y”指设置椭圆中心的水平/垂直坐标。

⑤ “椭圆发亮区域大小”这一参数值影响椭圆最亮的区域的大小。

⑥ “椭圆衰减”值会根据光照射到的点和椭圆中心的距离越大,亮度逐渐减少的方法进行设置。

⑦ “椭圆纵横比”是指设置椭圆纵横半径的比率。

在“高级车前灯选项”对话框中单击“反射”选项卡,可以设置每个部位的反射系数。车灯设置过程如图6.14所示。

图 6.14 车灯设置(车前灯 1、选项、反射)

6.3　天气设置

6.3.1　基本操作介绍

(1) 快捷方式

在主页功能区中单击“天气”图标，在下拉选项中单击“雨”图标或“雪”图标，即可立即生成“雨”或“雪”天气。此时单击“显示环境”图标或再次单击“天气”图标，即可终止“雨”或“雪”天气。

(2) 天气设置

在主页功能区中单击“描绘选项”图标，弹出“描绘选项”对话框，单击“风”选项卡进入风的编辑界面，可以对风的各个参数进行设置，例如，风中漂浮物的种类和数量等，最后单击勾选“描绘风粒子”选项即可应用；单击“雷”选项卡进入雷的编辑界面，可以对雷的各个参数进行设置，可以编辑雷电的大小和方向，最后勾选“显示雷电”选项即可应用；单击“雾”选项卡进入雾的编辑界面，可以对雾进行描绘，编辑完成后勾选“显示雾”选项即可应用；单击“温度”选项卡进入温度的编辑界面，可以设置温度值，设置完成后单击“显示温度”选项即可应用；单击“天气”选项卡进入天气的编辑界面，可以对路面状态、雨、雪和风进行编辑。以上各因素均设置完成后，回到主页功能区，单击“显示环境”图标即可生成相应的天气效果，如图6.15所示。

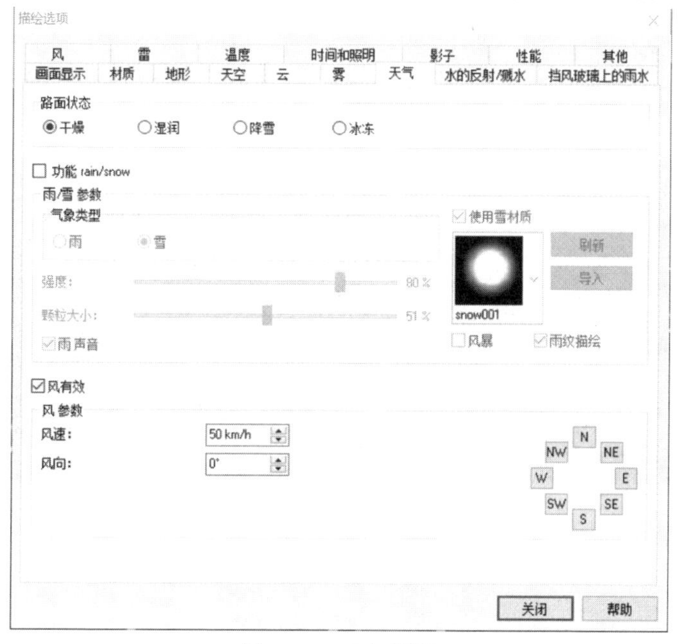

图6.15　天气设置

6.3.2 路面显示设置

(1) 雨天路面显示设置

单击主页功能区“描绘选项”图标,单击“水的反射/溅水”选项卡,勾选“显示路面积水”,并通过调节反射率以达到期望的路面反射效果,如图 6.16 所示。

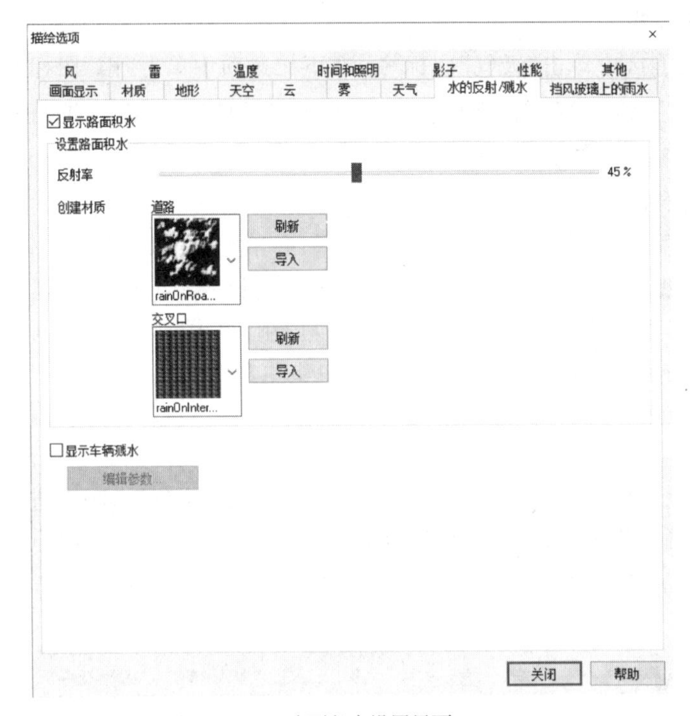

(a) 路面积水设置界面

(b) 积水设置效果

图 6.16 路面积水设置

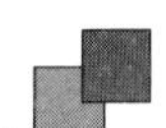

(2) 雪天路面显示设置

单击“编辑截面”图标，在弹出的对话框中单击“新建”按钮，与前文所述编辑路面材质步骤相同，为车道选择雪天材质(若材料库中没有雪天材质，单击“下载”按钮，在模型库中下载雪天材质)，单击“确定”按钮。单击“道路平面图”图标，双击需要设置雪天材质的道路，在弹出的对话框中单击蓝线，为道路更改截面，单击“确定”按钮即可生成雪天的路面材质，如图6.17所示。

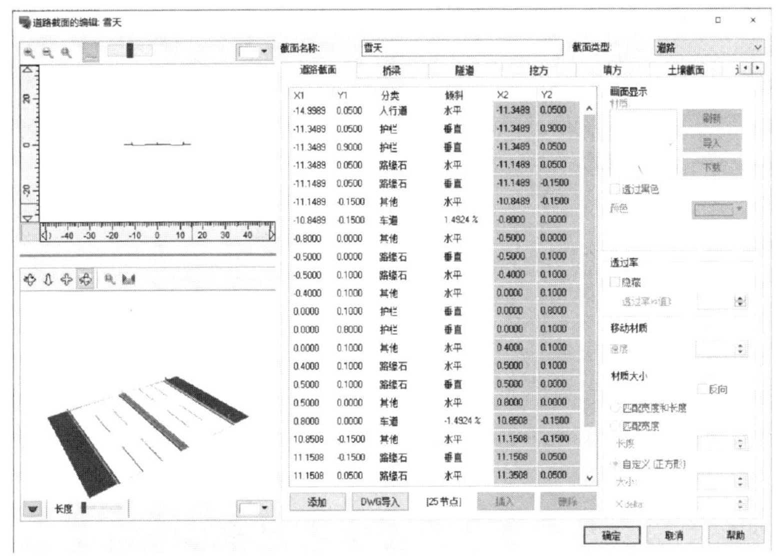

(a) 雪天材质设置

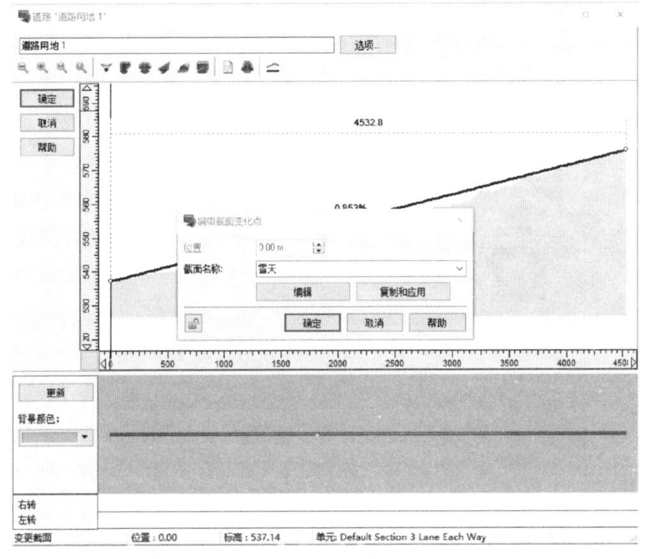

(b) 修改道路材质

图6.17　雪天路面显示设置

6.3.3 雨雪天气车辆驾驶场景设置

在主页功能区中单击“描绘选项”图标，弹出“描绘选项”对话框，单击“天气”选项卡，勾选“功能”，在这里可以对雨/雪类型进行选择，也可以设置雨/雪的强度；勾选“风有效”，可以对风的方向、强度进行调整，如图 6.18(a)所示。

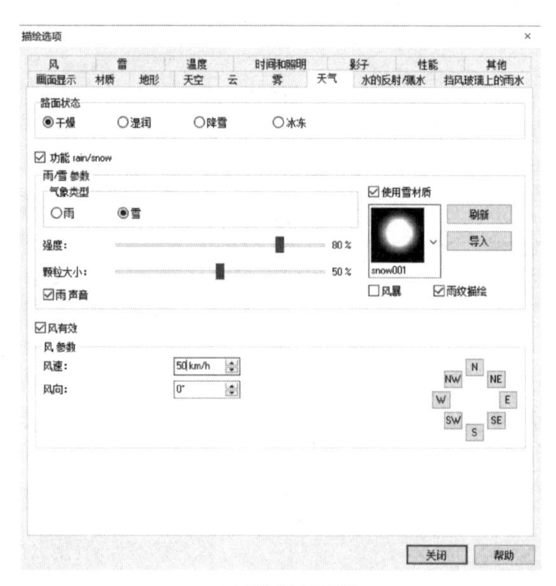

(a) 雨雪场景设置

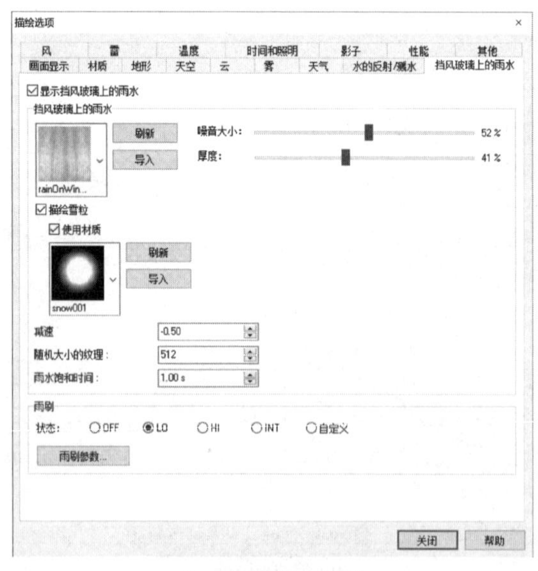

(b) 挡风玻璃雨水设置

图 6.18 雨雪天气驾驶场景设置

在“描绘选项”对话框中单击“挡风玻璃上的雨水”选项卡，勾选“显示挡风玻璃上的雨水”，可以编辑雨水的厚度以及噪声大小，在下方雨刷栏单击勾选“L0”或“H1”等，可以更改雨刷的运动速度，如图 6.18(b)所示。

以上设置完毕后，单击“关闭”按钮退出。然后，单击主页功能区的“驾驶”图标，选择车辆模型，单击“确定”按钮。再次单击“显示环境”按钮，即可显示所设置的雨雪天气驾驶场景，如图 6.19 所示。

图 6.19　雨雪天气驾驶场景

6.4　障碍物及交通事故设置

6.4.1　路面障碍物设置

设置路面障碍物后，车辆只能绕开障碍物行驶或停车等待，下面介绍两种路面障碍物的设置。

(1) 设置凹凸障碍

按下 Ctrl＋Shift＋Alt 组合键的同时，单击路面，路面上将出现凹凸障碍。单击障碍物，或者单击编辑功能区的“障碍物”图标，单击“编辑障碍物”→“道路用地”→“道路障碍物”，在弹出的“路面障碍物编辑”对话框中，可设置障碍物的长度、迂回距离、左右车线和障碍物的显示方式等。如果需要变更障碍物所处的车道，则可以在对话框下方的左右阻塞车线设置中勾选不同的车分线进行修改，如图 6.20(a)所示。

(2) 设置施工模型

在编辑功能区中单击“库”图标，在模型面板中选择合适的路障、挖掘机等模型，放置在路面凹凸障碍周围，如图 6.20(b)所示。

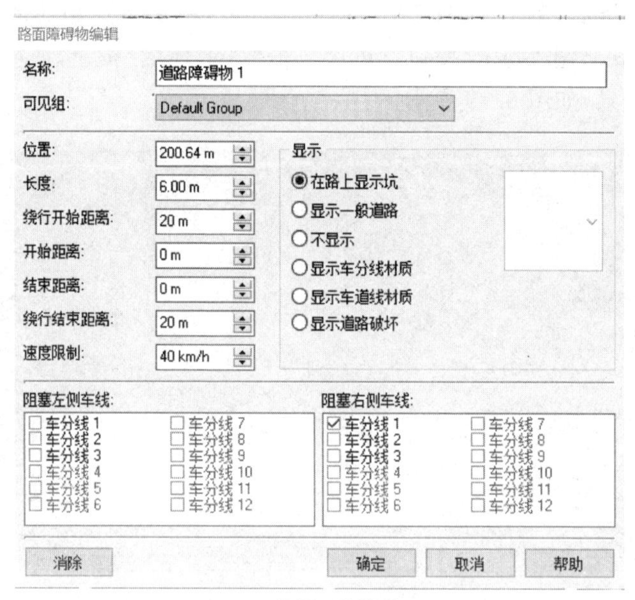

(a) 设置凹凸障碍

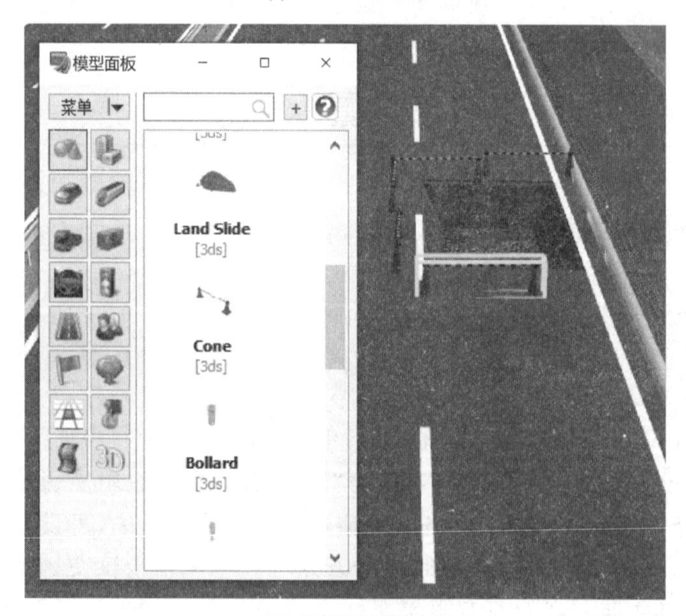

(b) 设置施工模型

图 6.20 路面障碍物设置

6.4.2　交通事故设置

1. 交通事故设置

(1) 设置凹凸障碍

按下 Ctrl+Shift+Alt 组合键的同时,单击路面,路面上将出现凹凸障碍。

(2) 设置事故场景模型

在编辑功能区中单击“库”图标,在模型面板中选择合适的车辆模型,将其放置在(1)中设置的凹凸障碍的上方,调整位置。车辆设置完毕后,再单击“库”图标,在模型面板中选择合适的“火”和“烟”模型,放置在车辆模型上,如图 6.21 所示。

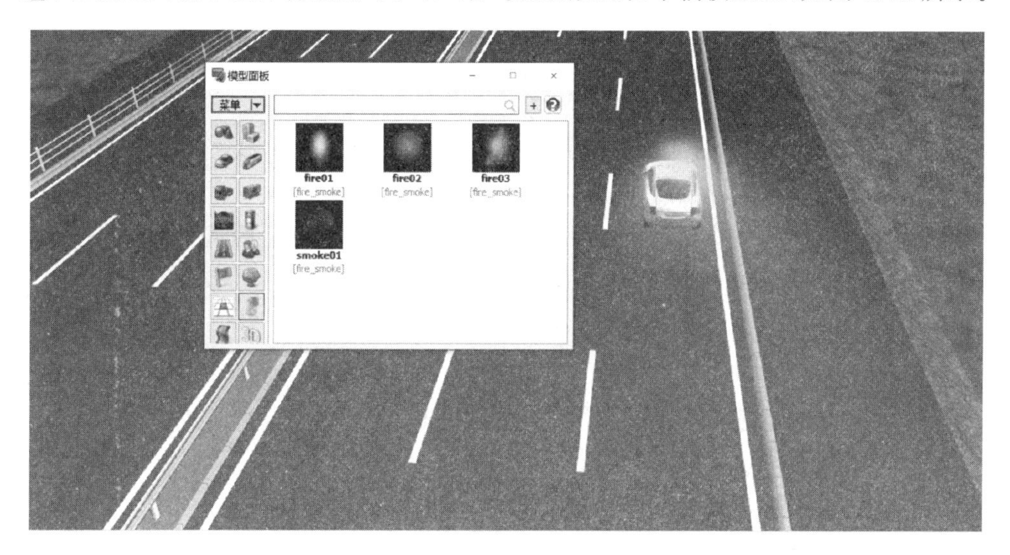

图 6.21　设置事故场景

(3) 隐藏障碍

单击障碍物,或者单击编辑功能区的“障碍物”图标,单击“编辑障碍物”→“道路用地”→“道路障碍物”,弹出“路面障碍物编辑”对话框,在该对话框中,选中“显示一般道路”,单击“确定”按钮,即可完成道路障碍的隐藏,如图 6.22 所示。

2. 道路坍塌模型设置

(1) 设置凹凸障碍

按下 Ctrl+Shift+Alt 组合键的同时,单击路面,路面上将出现凹凸障碍。

(2) 设置道路破损障碍

单击障碍物,或者单击编辑功能区的“障碍物”图标,单击“编辑障碍物”→“道路用地”→“道路障碍物”,弹出“路面障碍物编辑”对话框,在该对话框中,单击“显示

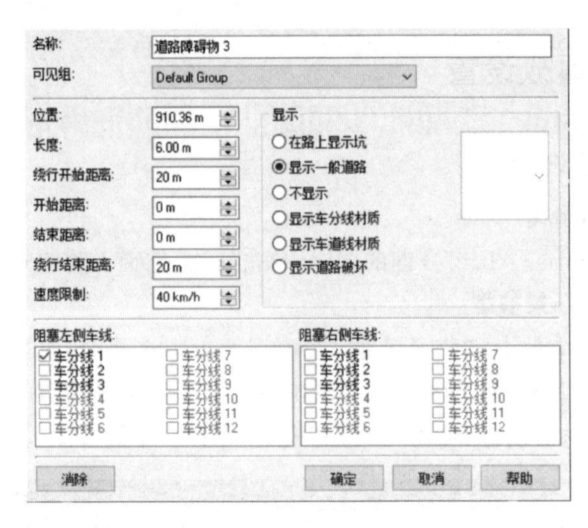

图 6.22　隐藏障碍

道路破坏”,单击“确定”,即可完成道路整个断面破损的设置,如图 6.23(a)所示。

(3) 设置坍塌模型

在编辑功能区中单击“库”图标,在模型面板中选择合适的道路模型,将其放置在上一步骤设置的障碍中,调整位置,即可完成设置,如图 6.23(b)所示。

(a) 坍塌模型设置界面

图 6.23　道路坍塌设置

(b) 道路坍塌设置效果

图 6.23　道路坍塌设置(续)

6.5　场景设置及数据记录

6.5.1　交通接续设置

设置交通接续可以使车辆在道路行驶时,实现从某道路向其他道路瞬间移动的功能。

(1) 添加交通接续点

在编辑功能区中单击“道路平面图”图标,弹出“道路平面图”对话框。鼠标右键单击需要设置交通接续点的位置,选择“添加”→“添加交通接续点在道路‘道路用地’”,即可完成交通接续点的添加,如图 6.24 所示。

(2) 编辑交通接续点

右键单击需要编辑的交通接续点对应的道路,选择“编辑”→“编辑交通接续”,弹出“编辑交通接续”对话框,单击“设置交通接续点”按钮,在弹出的“编辑交通接续点”对话框中可以对列表中的交通接续点的路径、方向、位置进行调整,也可以添加或删除某些交通接续点。

精确编辑完成后,单击“确定”,回到“编辑交通接续”对话框,此时单击对话框下方的“添加”按钮,即可添加一个有效接续,列表中可以对接续的名称、入口接续点、出口接续点、移动模式进行调整,其中,入口接续点需要选择瞬移的起始点,出口接续点

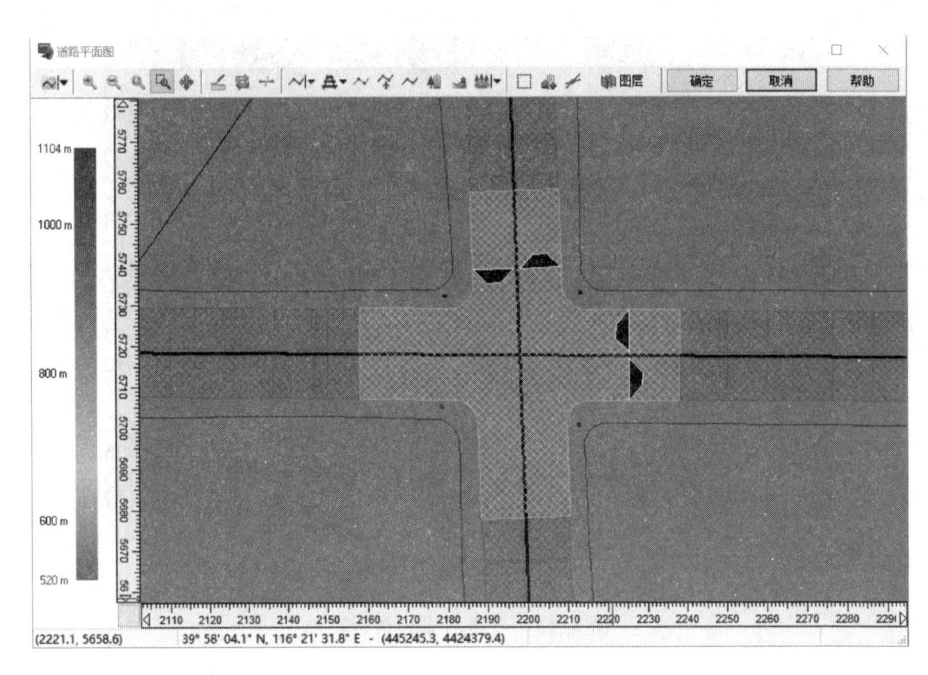

图 6.24 添加交通接续点

需要选择瞬移的终止点,如图 6.25 所示。交通接续设置完成后,可以检查另一条道路是否也设置完成,正常情况下两条道路是相同的接续控制,编辑完成后单击“确定”,即完成交通接续的设置,如图 6.26 所示。

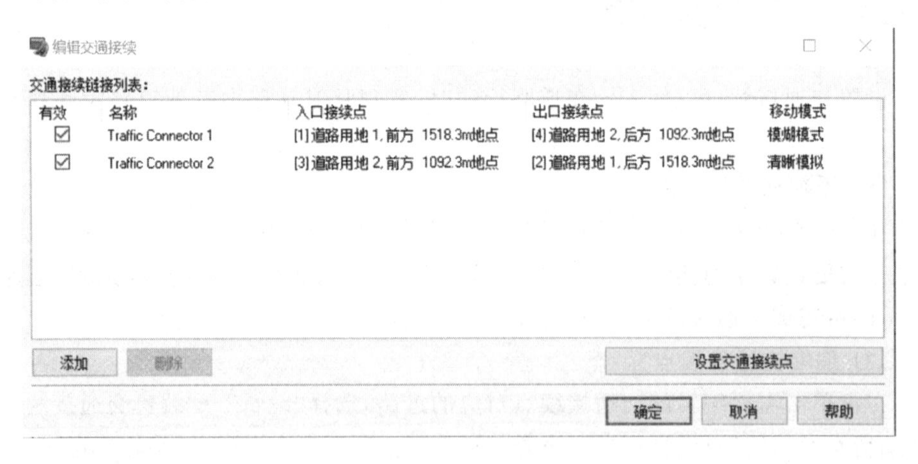

图 6.25 编辑交通接续点

(3) 延伸应用

在设置交通流时,可以将两条道路起终点利用交通接续连接起来,以实现交通流的循环流动,如图 6.27 所示。

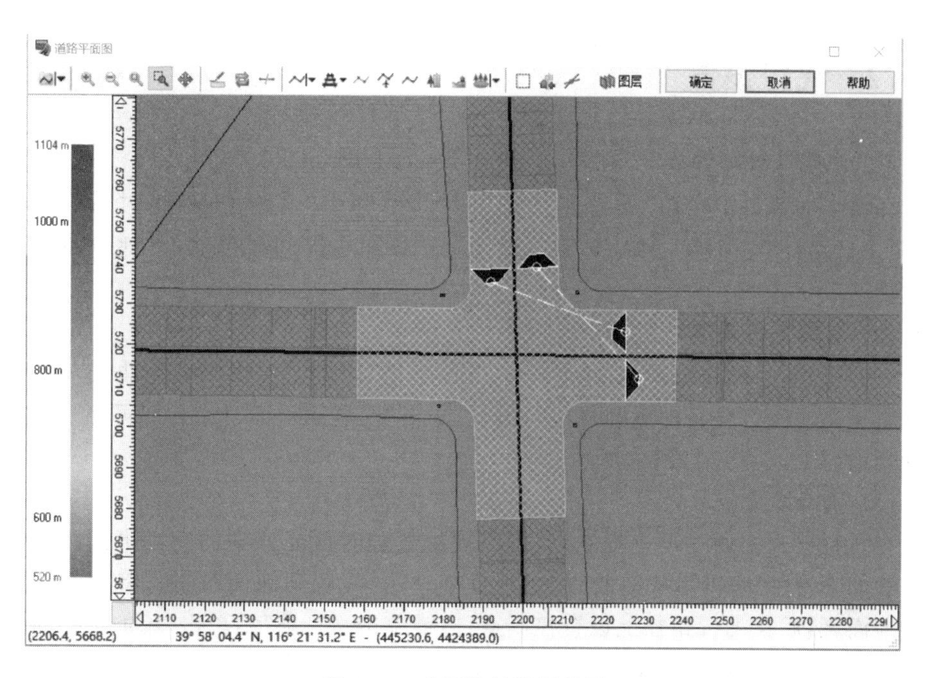

图 6.26　交通接续设置结果

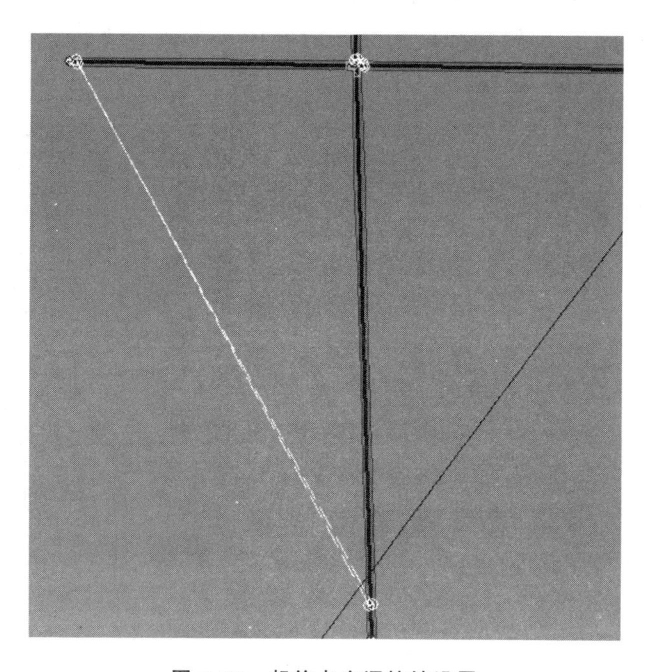

图 6.27　起终点交通接续设置

6.5.2 飞行设置

(1) 生成飞行路径

在编辑功能区中单击“道路平面图”图标，弹出“道路平面图”对话框。单击“定义飞行路径”图标，单击道路平面图可选择起终点，单击完成后，飞行路径即定义成功。

(2) 编辑飞行路径

右键单击飞行路径，单击“编辑”→“飞行路径”，弹出“编辑纵截面曲线”对话框，在这里可以对飞行路径的纵断面进行编辑，单击“配置到地面”按钮，即可将飞行路径配置到地面上，如图 6.28(a)所示。

(3) 飞行设置应用

在飞行模式中通过设置控制点，可以模拟驾驶时可能遇到的突发事件。具体实现方法如下：在“编辑纵截面曲线”对话框中单击“配置到地面”按钮，将飞行路径配置到地面，然后在飞行路径上设置控制点，右键单击飞行路径，单击“添加”→“动作控制点-飞行路径”，弹出“动作控制点编辑”对话框，单击“添加”按钮，即可成功添加一个飞行路径控制点，之后可以对其进行编辑，编辑完成后单击“确定”，如图 6.28(b)所示。回到主界面，在编辑功能区的飞行路径中也可以对飞行路径直接进行编辑修改。

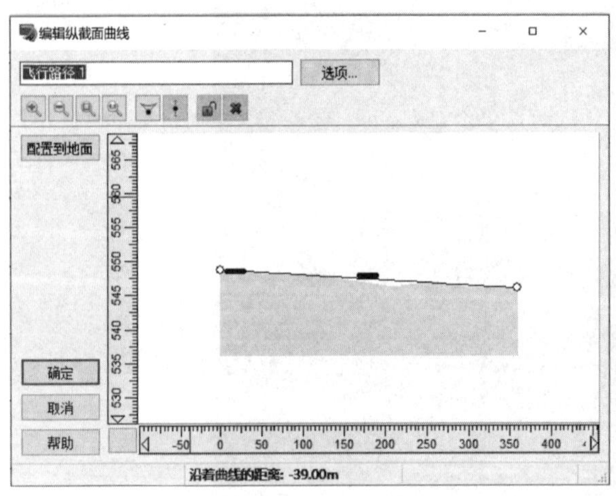

(a) 编辑飞行路径

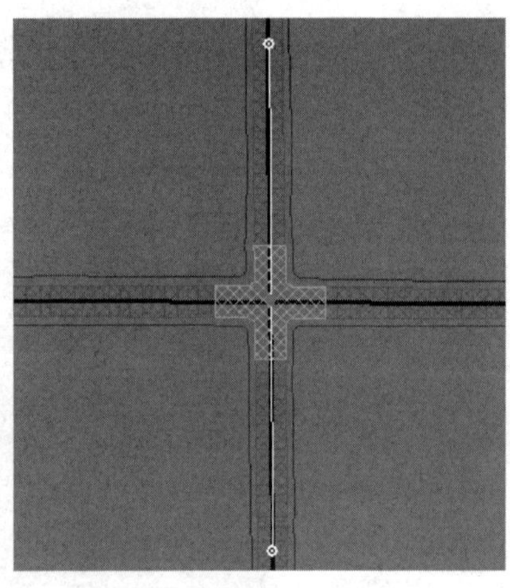

(b) 飞行设置应用

图 6.28 飞行设置

6.5.3　场景触发建模流程演示

下面介绍的案例包括4种典型的场景触发模型，分别为卡车冲出、天气切换、路面状态切换和信号灯触发。

(1) 交叉口设置

按照前文所述建立十字交叉口，鼠标对准其中一条道路双击，弹出编辑道路纵断面的对话框，如图6.29(a)所示，墨绿色短线条表示本应该相交的道路，此时两条道

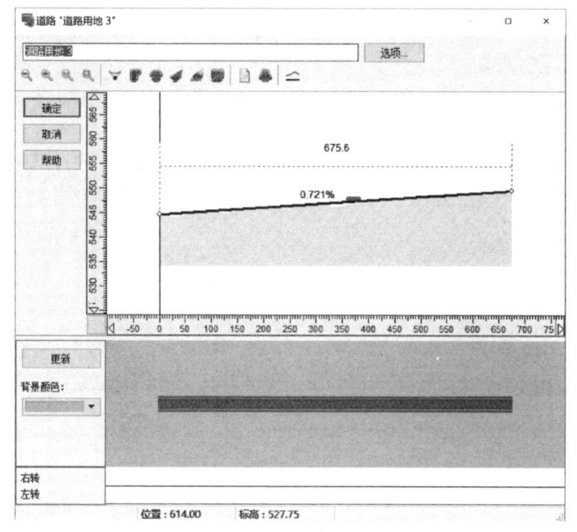

(a) 道路纵断面编辑对话框

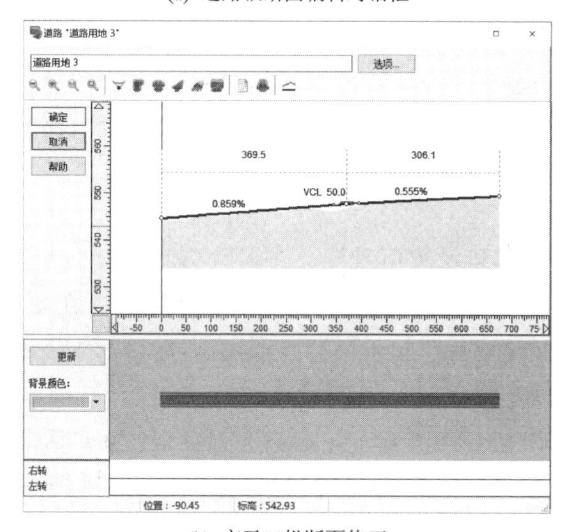

(b) 交叉口纵断面修正

图6.29　交叉口纵断面修正

路明显不相交，右键单击墨绿色短线条下方的道路，单击“添加纵断变坡点”。变坡点添加完成后，单击新添加的变坡点，拖至两条道路基本相交，如图 6.29(b)所示，单击“确定”，道路和交叉口新建完毕，如图 6.30 所示。

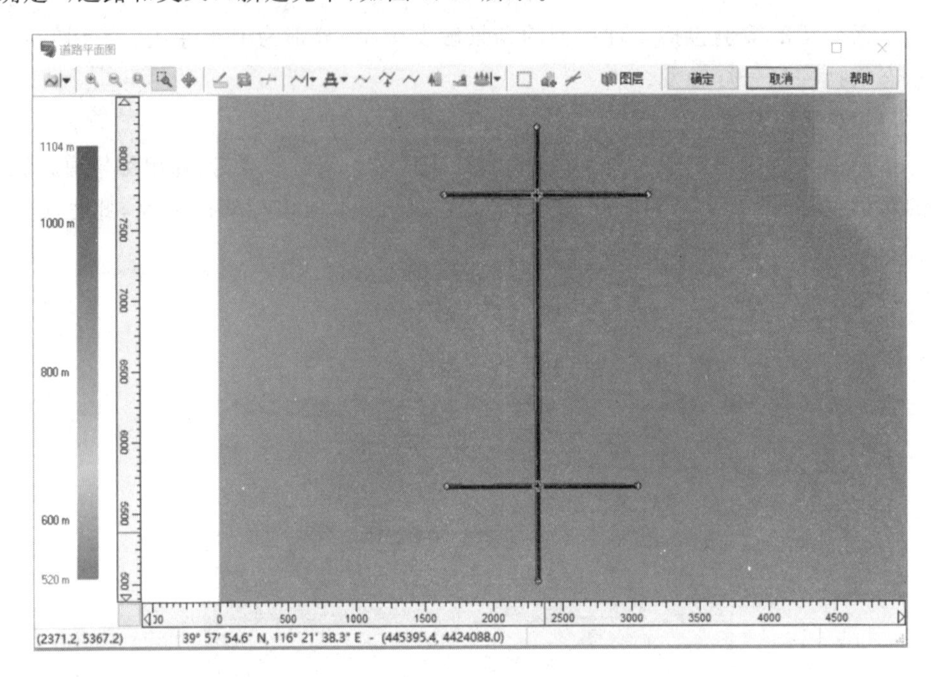

图 6.30 新建道路和交叉口

(2) 设置飞行路径

在图 6.30 上方交叉口绘制飞行路径。单击“定义飞行路径”图标，单击道路平面图可选择路径经过点，单击“完成”后，飞行路径即定义成功，如图 6.31(a)所示。定义成功后，双击飞行路径或右键单击“编辑”→“飞行路径”，弹出“编辑纵截面曲线”对话框，将飞行路径调整至与道路平齐，如图 6.31(b)所示。

(3) 信号灯配置

在图 6.30 下方交叉口设置信号灯。在编辑功能区中单击“库”图标，再单击“红绿灯”图标，选择“Traffic Light”模型，将其依次放置在交叉路口的 4 个拐角处，放置完成后，关闭模型库。单击编辑功能区中的“道路平面图”图标，在“道路平面图”对话框中滚动鼠标滑轮放大图 6.30 下方交叉口，右键单击交叉口，单击“编辑”→“编辑平面交叉口”，弹出“编辑交叉路口”对话框。在对话框中单击“交通控制”选项，单击选中一条绿色的横线，再单击“编辑列单”，弹出“交通信号模型”对话框，试探单击对话框内的 4 个信号灯坐标，直至单击某个信号灯坐标可以使选中绿色横线正对着的交叉口对面的蓝点变为绿点，再单击“右移”按钮 › ，将前面选中的坐标移动至右边列表，移动完成后，绿点将变为红点，注意勾选对话框下方的“自动调整

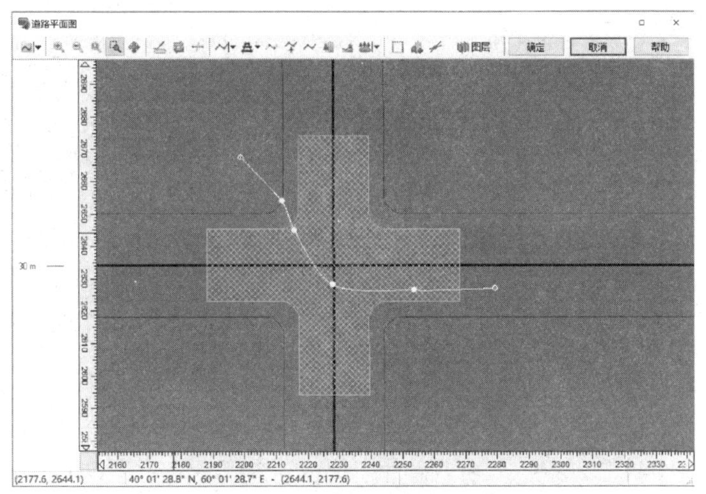

(a) 定义飞行路径

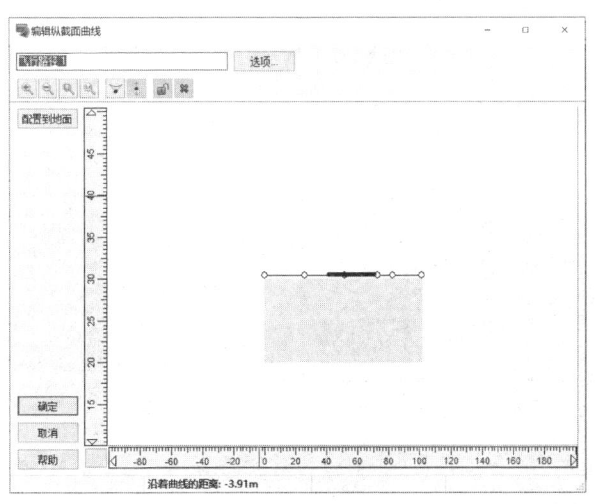

(b) 编辑纵断面曲线

图 6.31　绘制飞行路径

信号灯朝向”，单击“确定”，再单击红点，若变为深蓝色，则设置成功。按同样的方法，完成其余 3 个信号灯的设置，如图 6.32 所示。信号灯全部设置完毕后，勾选“交通控制”对话框中的“信号”。

(4) 添加动作控制点

添加动作控制点之前，可以先在道路两旁放置建筑物或草木模型，以便于设置场景时确定控制点位置。在道路上需要添加动作控制点的位置，右键单击“添加”→“动作控制点”→“道路‘道路用地’”，弹出“动作控制点编辑-道路用地”对话框，单击“添加”，单击“命令”列，下拉单击“CHECKPOINT”命令，即完成动作控制点的添加，其

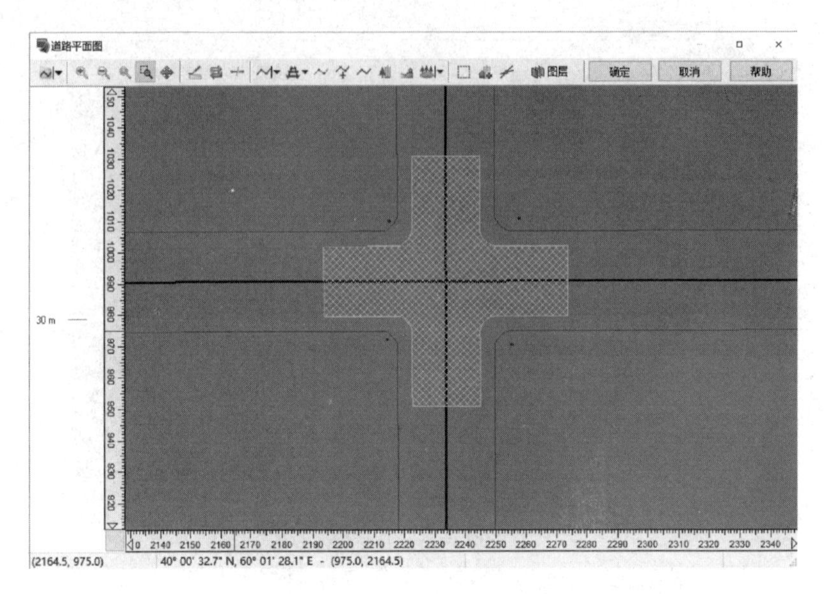

图 6.32　信号灯配置

余控制点的添加也按此操作,如图 6.33 所示。

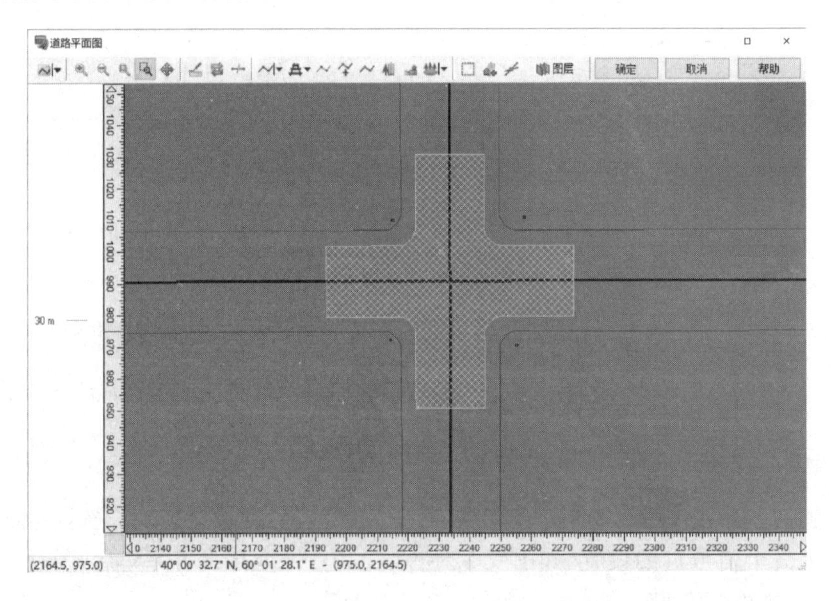

图 6.33　添加动作控制点

(5) 景况设置

首先,在主页功能区中单击“描绘选项”图标,弹出“描绘选项”对话框,单击“雾”,取消勾选“显示雾”。单击“天气”,勾选“干燥”,完成后单击“关闭”按钮。其次,在主页功能区的显示环境菜单栏中单击“景况”后的“编辑景况”图标,弹出“编辑景况"对话框,在对话框内单击"当前设置","描绘选项"下显示出实时的环境信息,其中勾选"太阳""太阳月亮的位置""风""天气""路面状态""雾""云"和"天空"8 个选项即可,最后单击下方"另存为"按钮,弹出"新建景况"对话框,将新建的景况重命名为"正常"(可任意命名)。按此步骤再完成"潮湿"和"雾"景况的设置,如图 6.34 所示。

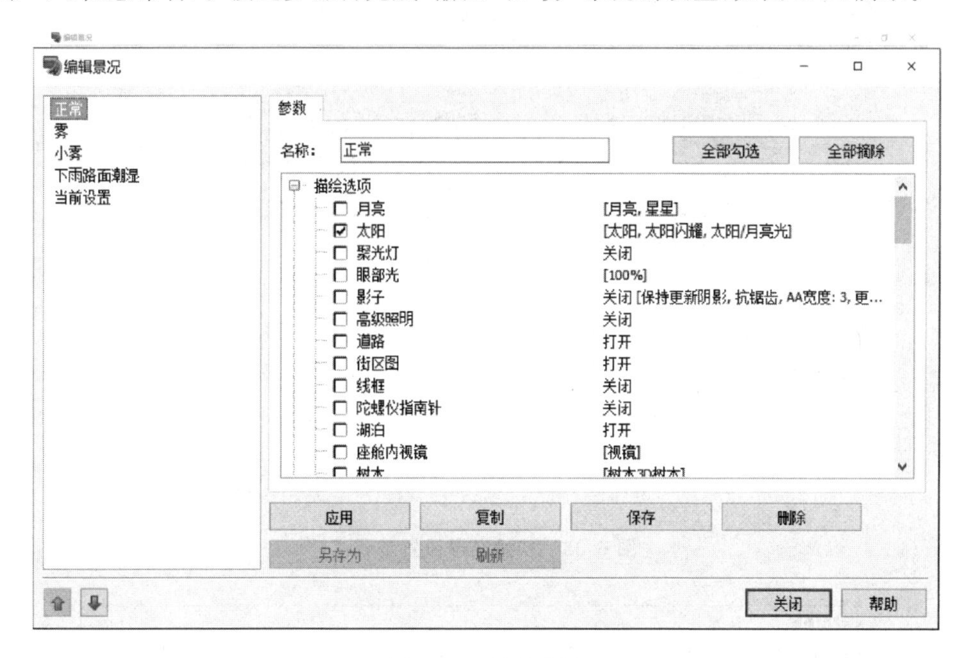

图 6.34　景况设置

(6) 场景编辑——初始场景设置

在主页功能区的场景中单击"编辑场景"图标,弹出"编辑场景"对话框,单击"事件",选中后单击"编辑"按钮,弹出"编辑事件:事件"对话框,在对话框中单击"使用模拟",在"模拟命令"栏中下拉单击"启动一辆新车","车辆初始速度"可以设置为 120 km/h,该界面其余设置如图 6.35 所示。在对话框中再单击"其他",景况名称下拉选择"正常",如图 6.36 所示,设置完成后单击"确定",回到"编辑场景"对话框,"出口编号"设置为 1。

(7) 场景编辑——卡车冲出设置

在"编辑场景"对话框中,单击下方的"添加"按钮,将第 2 栏新添加事件重命名为"卡车冲出",单击"编辑"按钮,弹出"编辑事件:卡车冲出"对话框,单击"移动模型","模型类型"选择"飞行模型","模型"选择合适的车辆模型即可,"道路/飞行路径"选择之前绘制过的"飞行路径 1","开始位置"与"初始速度"需要根据图 6.35 中设置的车辆速度以及绘制的飞行路径长度自行调整,其余设置如图 6.37 所示。

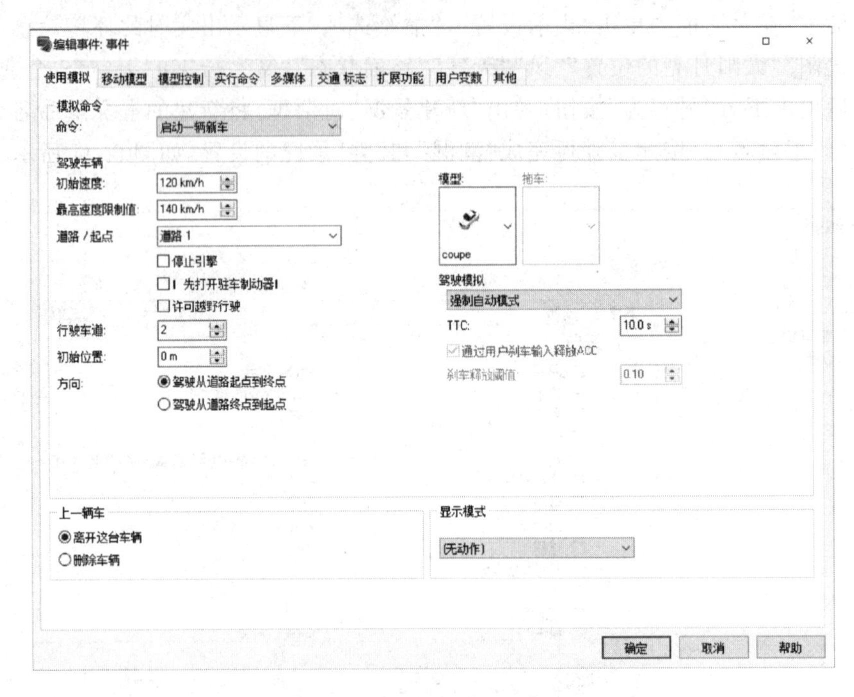

图 6.35 初始场景设置步骤 1

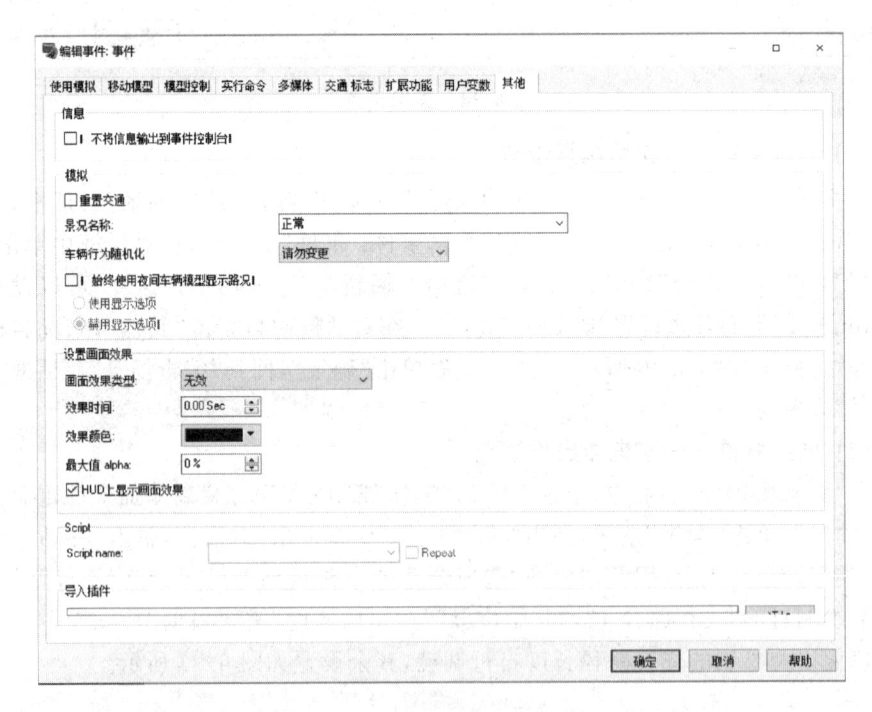

图 6.36 初始场景设置步骤 2

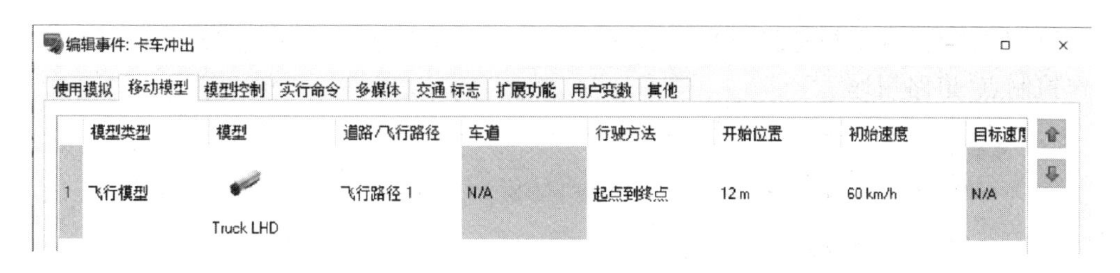

图 6.37　移动模型设置

再单击“其他”选项，景况名称下拉选择“正常”，如图 6.38 所示，设置完成后单击“确定”，回到“编辑场景”对话框，“出口编号”设置为 1，第 1 栏“出口 1”选项下拉选择“卡车冲出”，下方“出口条件”栏中单击“添加”，“条件”栏下拉选择“检测点动作控制点”，“项目 1”下拉选择“1 m 位置的动作控制点-道路用地”。

图 6.38　卡车冲出设置

(8) 场景编辑——天气切换设置

在“编辑场景”对话框中，单击下方的“添加”按钮，将第 3 栏新添加事件重命名为“雾天”，单击“编辑”按钮，弹出“编辑事件：雾天”对话框，单击“其他”选项，景况名称下拉选择“雾”，如图 6.39 所示，设置完成后单击“确定”，回到“编辑场景”对话框，“出口编号”设置为 1，第 2 栏“出口 1”选项下拉选择“雾天”，下方“出口条件”栏中单击

"添加","条件"栏下拉选择"检测点动作控制点","项目 1"下拉选择"2 m 位置的动作控制点-道路用地"。

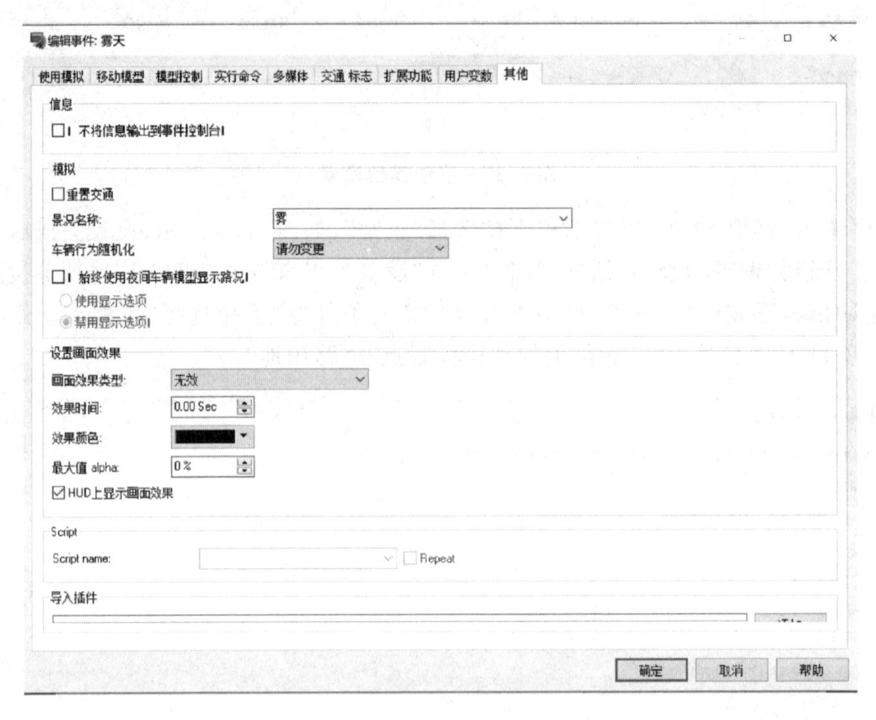

图 6.39　天气切换设置

(9) 场景编辑——路面状态切换设置

在"编辑场景"对话框中,单击下方的"添加"按钮,将第 4 栏新添加事件重命名为"雨天路面潮湿",单击"编辑"按钮,弹出"编辑事件: 雨天路面潮湿"对话框,单击"其他"选项,景况名称下拉选择"潮湿",如图 6.40 所示,设置完成后单击"确定",回到"编辑场景"对话框,"出口编号"设置为 1,第 3 栏"出口 1"选项下拉选择"雨天路面潮湿",下方"出口条件"栏中单击"添加","条件"栏下拉选择"检测点动作控制点","项目 1"下拉选择"3 m 位置的动作控制点-道路用地"。

(10) 场景编辑——信号灯触发设置

在"编辑场景"对话框中,单击下方的"添加"按钮,将第 5 栏新添加事件重命名为"信号灯触发",单击"编辑"按钮,弹出"编辑事件: 信号灯触发"对话框,单击"多媒体",在界面中单击"添加"按钮,新添加的多媒体"类型"下拉选择"信息","文件"下拉选择"触发","开始"和"时间(0=无限)"中数值需要自行确定,可以依据触发点与信号灯路口的距离确定,如图 6.41 所示。

单击"交通 标志",在界面中单击"添加",单击选中新添加的交通标志,显示未设置,单击"编辑"按钮,弹出"编辑交通控制"对话框,选择合适的道路用地和阶段,单击

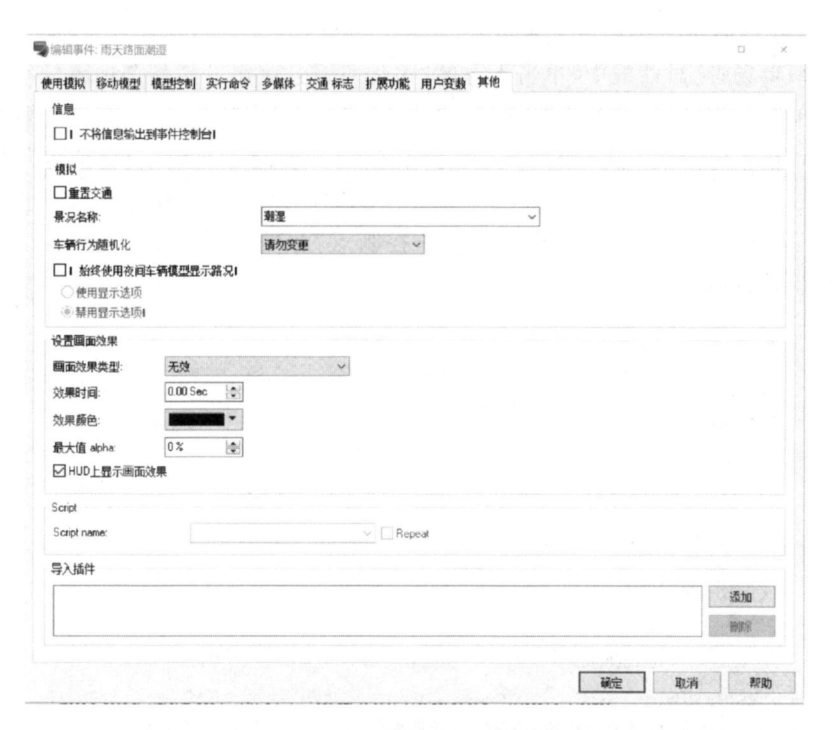

图 6.40　路面状态切换设置

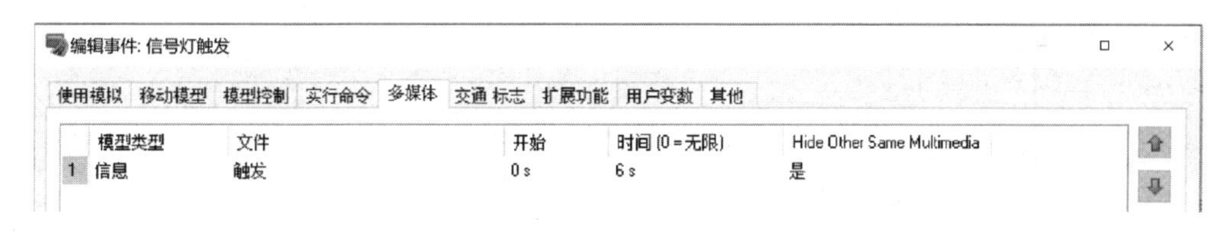

图 6.41　信号灯多媒体设置

"确定",如图 6.42 所示。单击"其他"选项,景况名称下拉选择"正常",设置完成后单击"确定",回到"编辑场景"对话框,"出口编号"设置为 1,第 4 栏"出口 1"选项下拉选择"信号灯触发",下方"出口条件"栏中单击"添加","条件"栏下拉选择"检测点动作控制点","项目 1"下拉选择"4 m 位置的动作控制点-道路用地"。

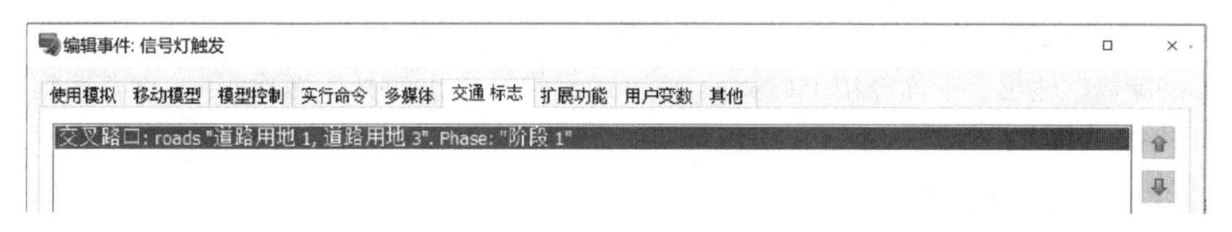

图 6.42　信号灯-交通标志配合

(11) 场景编辑——结束场景设置

在“编辑场景”对话框中,单击下方的“添加”按钮,将第 6 栏新添加事件重命名为“结束”,单击“编辑”按钮,弹出“编辑事件：结束”对话框,单击“其他”选项,景况名称下拉选择“正常”,如图 6.43 所示,设置完成后单击“确定”,回到“编辑场景”对话框,“出口编号”设置为 0,第 5 栏“出口 1”选项下拉选择“结束”,下方“出口条件”栏中单击“添加”,“条件”栏下拉选择“检测点动作控制点”,“项目 1”下拉选择“未设置检查点”,完成场景编辑。

图 6.43　编辑场景完成

6.5.4　数据记录

UC-win/Road 具备数据记录功能,可以生成 96 项标准数据输出,此外,也支持 bar 等数据输出。下面介绍 UC-win/Road 数据记录输出的具体操作,并对声音数据记录输出的方式作简单介绍。

1. 数据记录输出

(1) LOG 输出

在驾驶模拟功能区中单击“选项”图标,弹出“设置 LOG 输出”对话框。在“管

理者[CSV]”编辑栏中单击“选择输出项目”按钮，弹出“设置输出项目”对话框，在这个对话框中，可以对96项标准数据以及其他数据进行选择，决定是否输出，如图6.44(a)所示。

(a) LOG输出设置

(b) 主机UDP数据记录输出

图6.44 数据输出设置

(2) UDP 输出

UDP 输出即主机 UDP 数据记录输出。在“设置 LOG 输出”对话框的“主机[UDP]”编辑栏中，单击“主机添加”按钮，即可在列表中生成一个 UDP 的 IP 地址，在记录数据的时候，UDP 可以直接将数据记录包发送给这个 IP 地址的客户端，如图 6.44(b)所示。

(3) 其他输出设置

在“设置 LOG 输出”对话框的“LOG 输出项目”编辑栏中，可以对输出项目进行选择。最后，也可以对输出间隔、时间精度、周围对象半径等进行调整编辑。

2. 声音数据输出案例

(1) 编辑声音文件

在主页功能区中单击场景栏的“新建场景”图标，弹出“编辑场景”对话框，在对话框中单击“添加”按钮，便可在列表中生成一个事件。单击“编辑”按钮，弹出“编辑事件：事件”对话框，单击“多媒体”选项→“添加”，即可成功完成声音文件的添加，如图 6.45 所示。添加完成后，单击声音文件，声音文件就会显示可更改状态，单击“更改”按钮，弹出“音量”对话框，单击“添加”按钮，就可以将本地声音文件导入，导入完成后，单击“确定”，完成声音文件的更改。声音文件的编辑过程如图 6.46 所示。

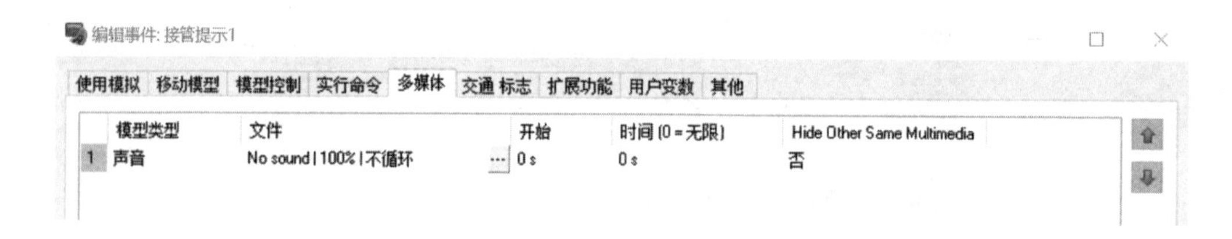

图 6.45 声音文件设置

(2) 设置用户变量

在“编辑事件：事件”对话框中，单击“用户变数”选项，将“命令”编辑栏下拉，单击“分配”，任意勾选一个索引。以勾选索引 0 为例，将索引 0 的“值”设置为 1，单击“确定”，完成用户变量设置，如图 6.47 所示。

(3) 声音文件输出

在驾驶模拟功能区中单击“选项”图标，弹出“设置 LOG 输出”对话框。在“管理者[CSV]”编辑栏中单击“选择输出项目”按钮，弹出“设置输出项目”对话框，在输出项目一栏中下拉找到“var 0”数据，证明声音文件可以输出。

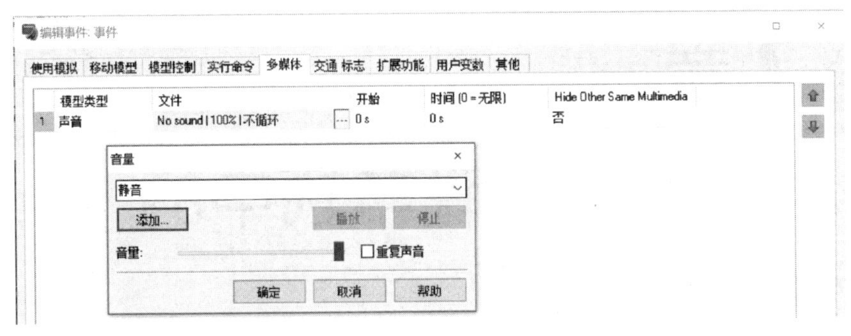

图 6.46　声音文件编辑

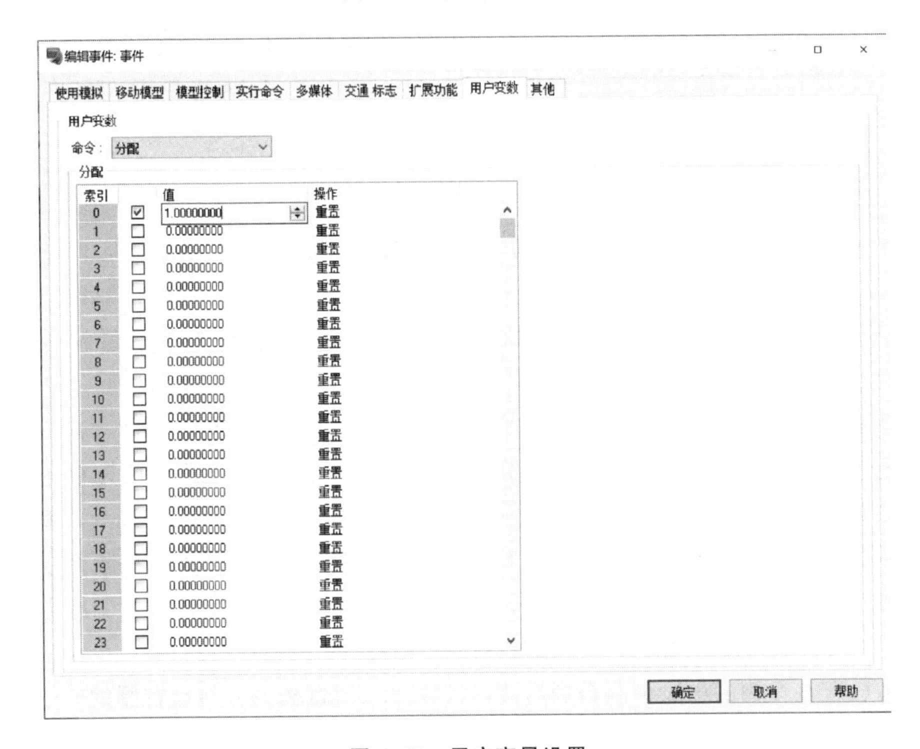

图 6.47　用户变量设置

课后习题

1. 如何设置车辆动力学参数?
2. 如何设置道路坍塌模型?
3. 简述数据记录输出操作方法。

第7章

自动驾驶与网联车辆中的人机交互研究

7.1 高度自动化条件下高碰撞风险驾驶人接管绩效研究

7.1.1 场景设计

本研究目的是揭示高度自动驾驶中非驾驶相关任务(non-driving-related tasks, NDRTs)和接管请求提示时间(Take-over request Time,TORt)对接管绩效的影响,以及明确不同风险类别(高碰撞风险和低碰撞风险)的驾驶人在接管绩效上的差异。

实验道路是长度约10 km的双向六车道的城市道路(单车道宽度为3.5 m)。除自车所在车道外,其余两侧车道的交通密度约为1 200辆/小时,道路限速为60 km/h。自动驾驶模式下车辆保持50 km/h的速度,自动驾驶接管预警提示系统为一套视觉与听觉的人机交互界面。当自动驾驶系统达到功能极限时,接管预警提示系统发出一个警告提示音("自动驾驶即将失效,请接管!"),显示同样文字的提示图标同步出现在中央显示器屏幕上方。此外,一个可以显示非驾驶相关任务的Windows平板计算机被放置在车辆的中央控制台的右侧。被试可以通过按下方向盘右侧的一个切换按钮实现自动驾驶系统的开启和停用。

在实验初始阶段,被试以大约50 km/h的速度进行手动驾驶,自车位于中间车道,其余两条车道上有交通流量。行驶一段距离后,被试按下切换按钮将车从手动模式切换到自动驾驶模式。自动驾驶车辆的速度在短时间内变为50 km/h。被试在自动驾驶模式下执行非驾驶相关任务,一辆抛锚的车辆出现在自车的前方,当自车与抛锚车辆的避撞时间TTC达到设定值(TTC=3/4/5 s),自动驾驶发出接管警告提示,驾驶人随即接管车辆并执行避险操作。

7.1.2　场景搭建

1. 地形设置

打开软件，在初始界面中单击文件功能区中的“新建项目”→“自定义”，弹出“设置新建项目地形”对话框，“实际宽度”和“实际高度”均设置为 20 km，“地形标高”中选择“使用任意地形标高”，标高值设置为 20 m，如图 7.1 所示。设置完成后，单击“确定”。

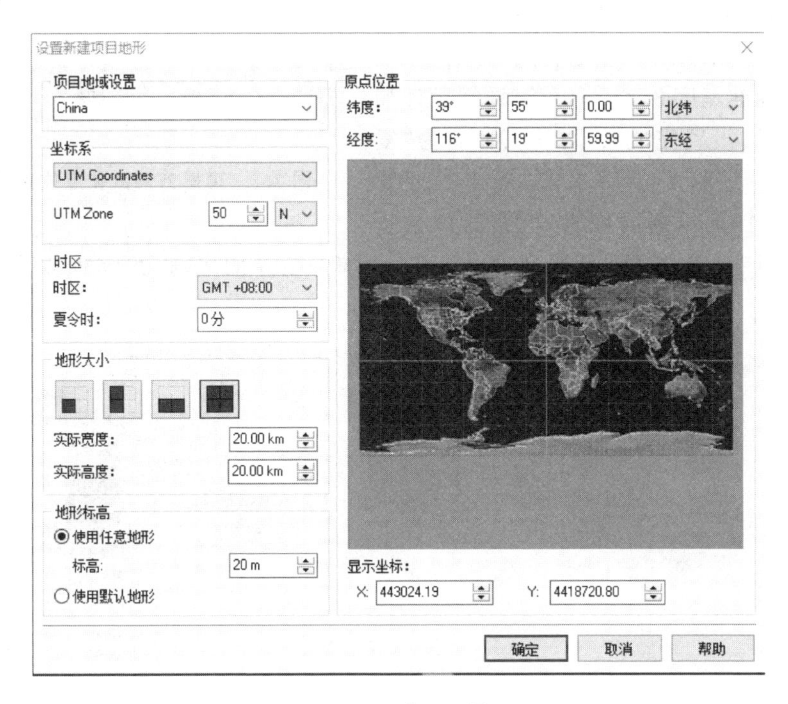

图 7.1　地形设置

2. 道路建模

(1) 道路设置

在编辑功能区中单击“道路平面图”图标，弹出“道路平面图”对话框，单击“定义道路”图标，单击道路平面界面的下方和上方区域，分别设置为道路的起点和终点，即设置完成“道路用地 1”。

(2) 道路方向变化点位置修正

右键单击“道路用地 1”的起点，单击“编辑”→“方向变化点 1 -道路‘道路用地 1’”，弹出位置编辑对话框，单击“本地”，“X（东）”设置为 9 000，“Y（北）”设置为 6 000，设置完成后单击左下角“锁定”按钮，对位置编辑进行锁定，如图 7.2 所示。

同理,“道路用地 1 -方向变化点 2”的“本地”位置(X,Y)需取(9 000,11 000)。

(3) 车道横断面设置

对“道路用地 1”,双击或右键单击“编辑”→“道路‘道路用地 1’”,弹出“道路用地 1”的纵断面编辑对话框,单击“编辑道路截面”图标,弹出“登记道路截面”对话框,选择使用中的截面,单击右侧的“复制”,弹出“道路截面的编辑”对话框,删除两侧和中间的护栏,搭建出双向六车道,“车道宽度”统一设置为标准宽度 3.75 m,车道详细设计如图 7.3 所示,设置完成后,可将其命名为“复制车道 1”。编辑完成后单击“确定”,回到“道路用地 1”的纵断面编辑对话框,双击页面左侧蓝色线,弹出“编辑截面变化点”对话框,在界面名称处下拉选择“复制车道 1”。

图 7.2 道路方向变化点位置修正

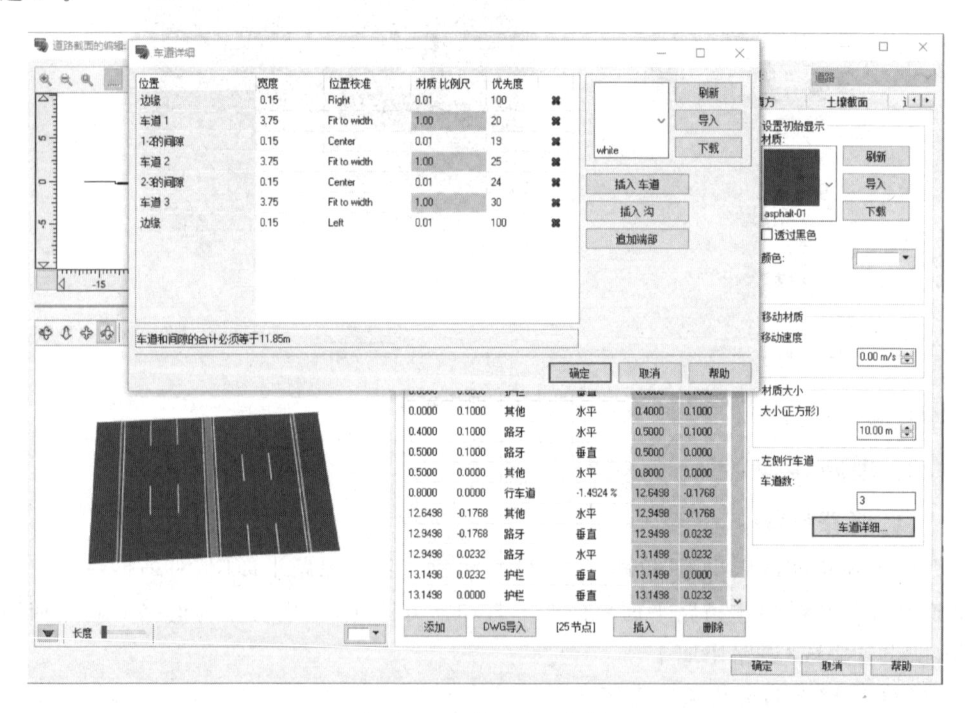

图 7.3 车道横断面设置

3. 道路环境设置

(1) 背景设置

在编辑功能区中单击“道路平面图”图标，弹出“道路平面图”对话框，单击“定义背景”图标，与新建一条道路操作类似(道路建模/道路设置)，在道路两侧由下至上各设置一条“背景”，然后选择合适的背景材质，如图 7.4 所示。

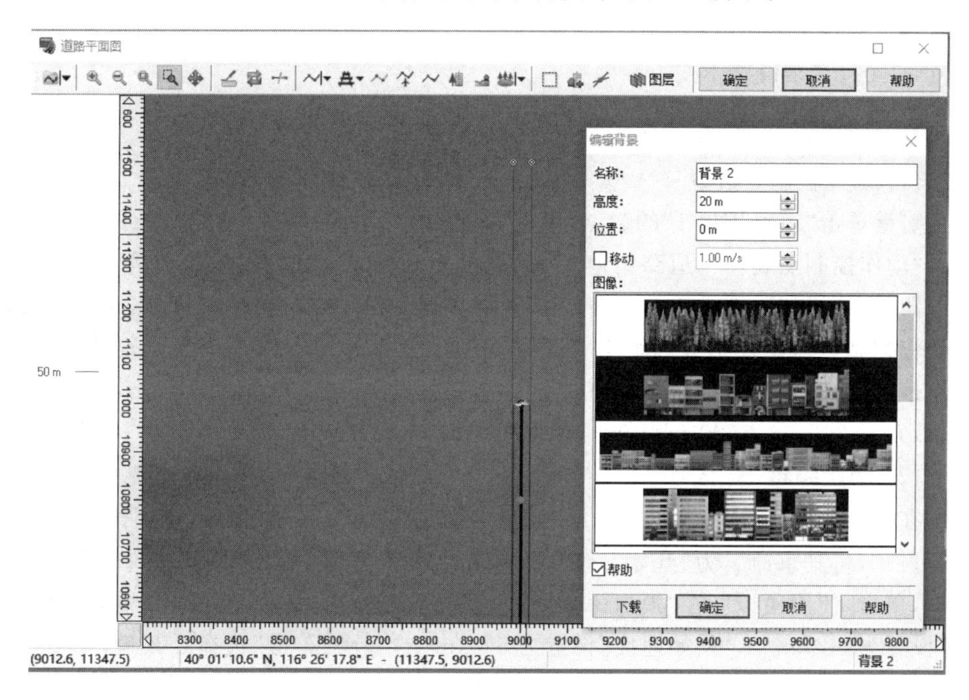

图 7.4　道路环境设置

(2) 背景位置修正

右键单击“背景 1”的起点，单击“编辑”→“方向变化点 1 -道路‘道路用地 1’”，弹出位置编辑对话框，单击“本地”，“X(东)”设置为 8 980，“Y(北)”设置为 5 800，设置完成后单击左下角“锁定”按钮，对位置编辑进行锁定，如图 7.5 所示。同理，“道路用地 1 -方向变化点 2”的“本地”位置(X,Y)设置为(8 980,11 500)。上述操作同样应用于“道路用地 2”，“道路用地 2 -方向变化点 1”的“本地”位置(X,Y)设置为(9 020,11 500)，“道路用地 2 -方向变化点 2”的“本地”位置(X,Y)设置为(9 020,5 800)。

图 7.5　背景位置修正

4. 车辆模型设置

在编辑功能区中单击“库”图标，弹出“模型面板”界面，单击“车辆”图标→“coupe”模型，将其放置在道路上。单击该模型，弹出“编辑配置模型”对话框，单击“位置”，“本地”位置(X,Y)设置为(9 006.60,7 074.40)，“角度”设置为180°，“高度”设置为50.41。另外还需要放置3个车辆模型(可根据需要调整模型数量)，其“本地”位置(X,Y)分别为(9 006.60,8 074.40)、(9 006.60,9 074.40)、(9 006.60,10 074.40)，其余设置不变。

5. 场景触发设置

(1) 动作控制点设置

右键单击“道路用地1”的起点，单击“添加”→“动作控制点-道路‘道路用地1’”，弹出“动作控制点编辑－道路用地1”对话框，对话框右上角“位置”设置为500 m，在左下角单击“添加”，即可添加一条控制命令，“命令栏”下拉选择“CHECK POINT”，该动作控制点即设置完毕。此外，还需要在“道路用地1”上由下至上设置其余8个动作控制点，其余8个动作控制点的位置需要设置为：1 000 m,1 500 m,2 000 m,2 500 m,3 000 m,3 500 m,4 000 m,4 800 m。

(2) 场景编辑

在主页功能区中单击场景中的“编辑场景”图标，弹出“编辑场景”对话框，单击“事件”，将其重命名为“开始”，选中后单击“编辑”按钮，弹出“编辑事件：开始”对话框，单击“使用模拟”，在“模拟命令”栏中下拉单击“启动一辆新车”，“最高速度限制值”设置为60 km/h，“初始速度”设置为50 km/h，“行驶车道”选择2车道；单击“多媒体”，需要添加一个信息提示文件和一个声音提示文件，如图7.6所示。后续场景

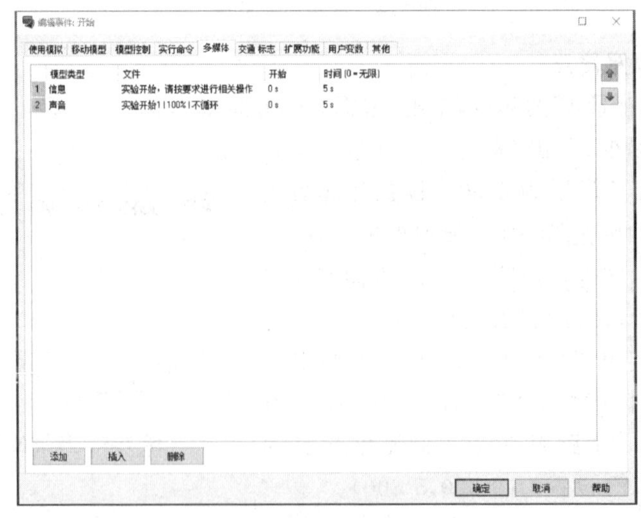

图7.6 “开始”多媒体设置

的搭建需要配置外接设备(罗技方向盘),图 7.7 为场景触发设置。场景示意图如图 7.8～图 7.10 所示。

图 7.7　场景触发设置

图 7.8　场景示意图(1)

图 7.9　场景示意图(2)

图 7.10　场景示意图(3)

7.2 网联车辆实时交通信息对速度选择影响的研究

7.2.1 场景设计

本研究目的是通过驾驶模拟实验评估网联车辆交通信息提示系统(CV TIM)在速度协调方面的有效性。

实验道路为双向四车道(限速 120 km/h)。实验模拟了雾天环境下,高速公路上 CV TIM 在不同的位置给车辆提供不同信息,如图 7.11 所示。表 7.1 列出了 CV TIM 的位置和信息传达内容。

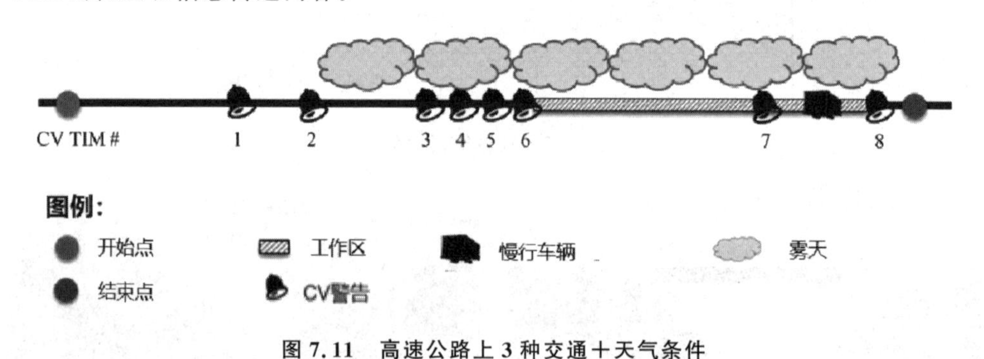

图 7.11 高速公路上 3 种交通十天气条件

表 7.1 CV TIM 的位置和信息传递总结

CV TIM	CV TIM 位置* /m	信息传送内容
1	2 900	前方雾区
2	3 400	限速 105 km/h
3	3 900	工作区在前方 1.6 km 处
4	4 350	工作区向前 0.8 km,准备将车速降至 72 km/h
5	4 700	右车道关闭
6	5 000	工作区限速 72 km/h
7	7 450(约)**	前方碰撞警告
8	7 950	正常限速 121 km/h

注:* CV TIM 的位置是指从起点到各 CV TIM 的距离。** 前方碰撞警告的位置是动态的,取决于自车和前车之间的相对速度和车头时距。

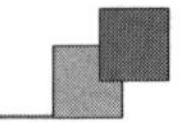

在道路上每隔一般距离取一个瞬时速度，作速度分布曲线，比较有无网联车辆交通信息提示条件下车辆行驶的瞬时速度分布状况。选取相应的(Time-to-Collision)和MDRAC(Modified Deceleration Rate to Avoid a Crash)作为因变量评估有无CV TIM条件下的碰撞风险大小。

7.2.2　场景搭建

1. 地形设置

打开软件，在初始界面中单击文件功能区中的“新建项目”→“自定义”，弹出“设置新建项目地形”对话框，“实际宽度”和“实际高度”均设置为10 km，“地形标高”中选择“使用任意地形标高”，标高值设置为20 m，如图7.12所示。设置完成后，单击“确定”按钮。

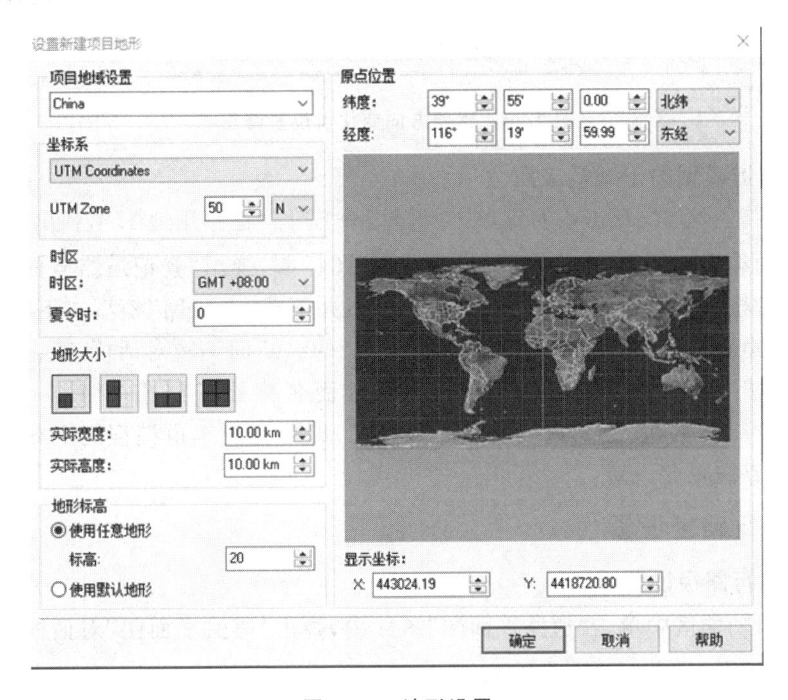

图7.12　地形设置

2. 道路建模

(1) 道路设置

在编辑功能区中单击“道路平面图”图标，弹出“道路平面图”对话框，单击“定义道路”图标，单击道路平面界面的下方和上方区域，分别设置为道路的起点和终点，即设置完成“道路用地1”，后续再按同样的方法完成4条横向道路的定义设置。

(2) 道路方向变化点位置修正

右键单击纵向道路的起点,单击“编辑”→“方向变化点 1 -道路‘道路用地 1’”,弹出位置编辑对话框,单击“本地”,“*X*(东)”设置为 5 000,“*Y*(北)”设置为1 000,设置完成后单击左下角“锁定”按钮,对位置编辑进行锁定,如图 7.13 所示。同理,“道路用地 1 -方向变化点 2”的“本地”位置值(*X*,*Y*)需取值(5 000,9 000)。

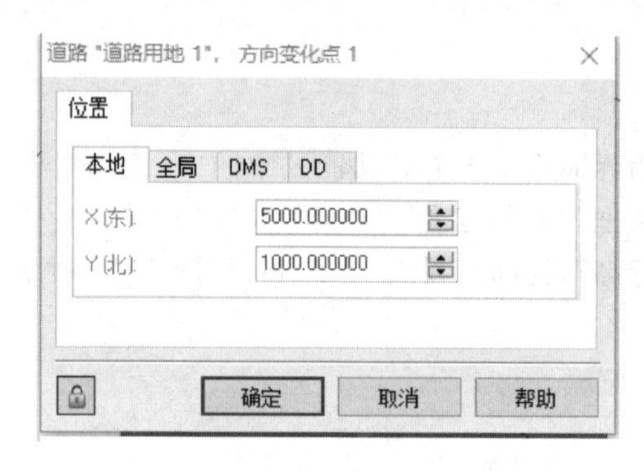

图 7.13 道路方向变化点位置修正

(3) 车道模型的下载及应用

对“道路用地 1”,双击或右键单击“编辑”→“道路‘道路用地 1’”,弹出“道路用地 1”的纵断面编辑对话框,单击“编辑道路截面”图标,弹出“登记道路截面”对话框,单击“下载”按钮,跳转到“Road DB”界面,搜索并下载“二级路”模型。下载完成后,关闭“登记道路截面”对话框,回到“道路用地 1”的纵断面编辑对话框,双击页面左侧蓝色线,弹出“编辑截面变化点”对话框,在界面名称处下拉选择“Level 2 road/2 lane”,如图 7.14 所示,编辑完成后单击“确定”,即可完成车道模型的下载和应用操作,其余道路也依此设置。

3. 飞行路径设置

(1) 飞行路径设置

在编辑功能区中单击“道路平面图”图标,弹出“道路平面图”对话框,单击“定义飞行路径”图标,在“道路用地 1”右侧由下至上单击设置起点和终点,“飞行路径 1”即设置完成。双击或右键单击“飞行路径 1”,单击“编辑”→“飞行路径‘飞行路径 1’”,弹出“编辑纵截面曲线”对话框,在对话框中鼠标左键对准飞行路径最左侧变坡点,单击选中,再单击“编辑纵断变坡点”菜单,弹出“变化点标高”对话框,将“高度值”设置为 20.98,同理,右侧变坡点也如此设置。

(2) 飞行路径顶点位置修正

右键单击“飞行路径 1”的右侧顶点,单击“编辑”→“顶点 1 -飞行路径‘飞行路径 1’”,弹出顶点 1 的位置编辑界面,单击“本地”,其中“*X*(东)”设为 5 000,“*Y*(北)”设

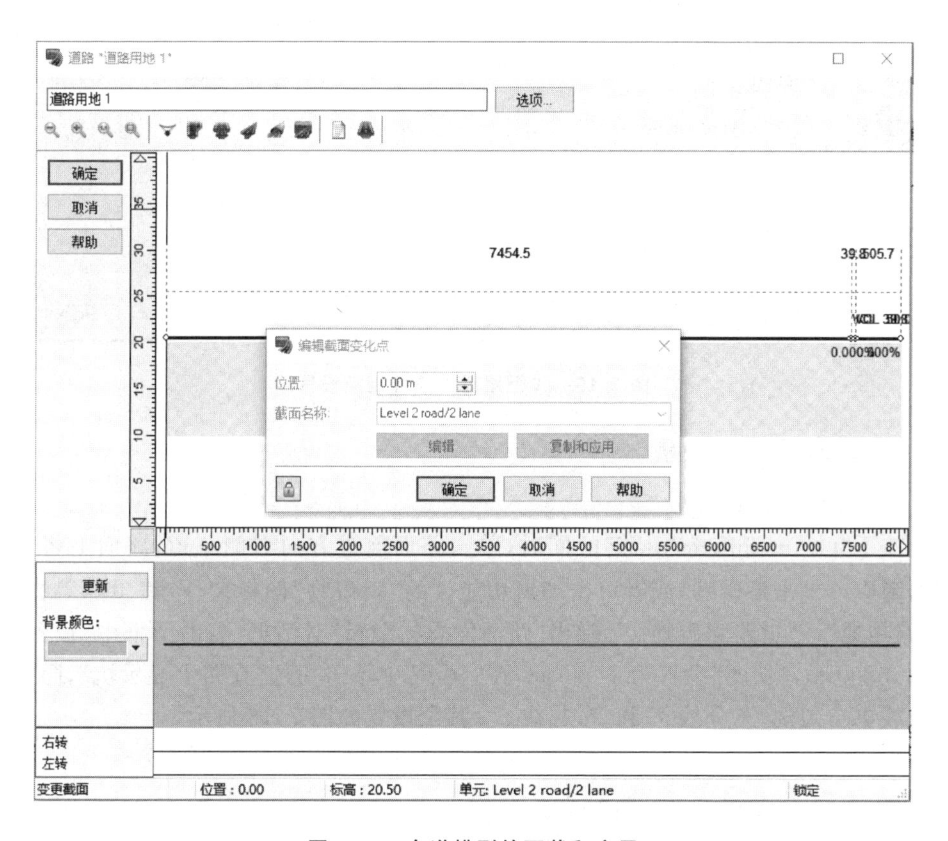

图 7.14　车道模型的下载和应用

为 7 500，设置完成后单击左下角“锁定”按钮，对位置编辑进行锁定。同理，“飞行路径 1 -顶点 2”的“本地”位置值(X,Y)需取值(5 002,7 900)。

(3) 飞行路径动作控制点设置

为实现碰撞工作区中前车产生的追尾风险，并期望实现追尾风险消除，此处需在飞行路径上设置多个动作控制点。鼠标对准“飞行路径 1”，右键单击“添加”→“动作控制点-飞行路径‘飞行路径 1’”，弹出“动作控制点编辑-飞行路径 1”对话框，将对话框中右上角“位置”设置为 100 m，左下角单击“添加”，即可添加一条控制命令，“命令”一栏中，下拉选择“CHANGE SPEED”，“备注 1”设置为 80，设置完成后单击“确定”。用同样方法，在飞行路径上再设置第 2 个动作控制点，其参数不同，“位置”设置为 150 m，“命令”一栏中，下拉选择“CHANGE SPEED”，“备注 1”设置为 90；第 3 个动作控制点“位置”设置为 200 m，“命令”一栏中，下拉选择“CHANGE SPEED”，“备注 1”设置为 100；第 4 个动作控制点“位置”设置为 300 m，“命令”一栏中，下拉选择“CHANGE SPEED”，“备注 1”设置为 150，如图 7.15 所示。

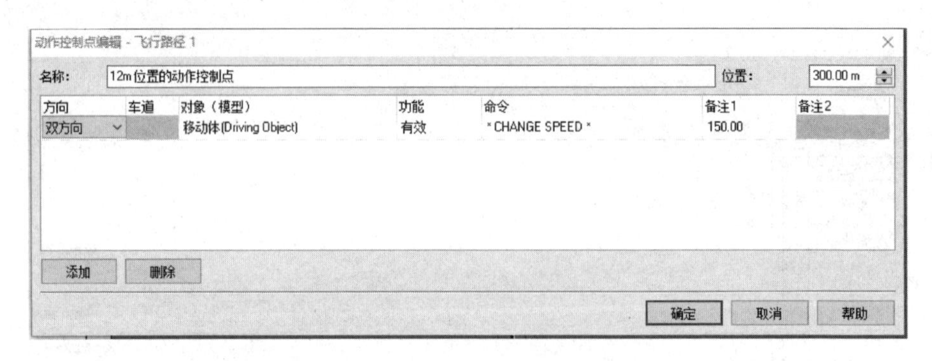

图 7.15 飞行路径动作控制点设置

4. 车道障碍物设置

(1) 设置凹凸障碍

按下“Ctrl+Shift+Alt”键的同时，单击路面前进方向右侧车道，路面上将出现凹凸障碍。单击障碍物，或者单击编辑功能区的“障碍物”图标→“编辑障碍物”→“道路用地”→“道路障碍物 1”，弹出“路面障碍物编辑”对话框，将对话框中“位置”设置为 3 800 m，“长度”设置为 1 000 m，在“显示”中单击勾选“在路上显示坑”，阻塞右侧车线单击勾选“车分线 1”和“车分线 2”，其余设置如图 7.16 所示。

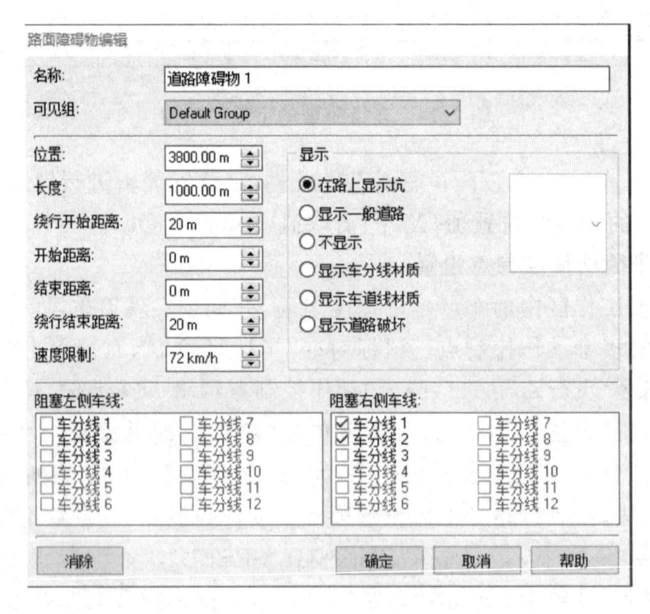

图 7.16 路面障碍物编辑

(2) 设置施工模型

在编辑功能区中单击“库”图标，在模型面板中选择“Cone”模型，将其放置在凹凸障碍坑的周围，放置完成后可以单击模型，对模型的大小和位置进行移动修正等。

(3) 隐藏障碍

单击障碍物，或者单击编辑功能区的“障碍物”图标→“编辑障碍物”→“道路用地”→“道路障碍物 1”，弹出“路面障碍物编辑”对话框，在该对话框中，单击“显示一般道路”，再单击“确定”，即可完成道路凹凸障碍的隐藏。

5. 场景触发设置

(1) 动作控制点设置

右键单击“道路用地 1”，单击“添加”→“动作控制点-道路‘道路用地 1’”，弹出“动作控制点编辑-道路用地 1”对话框，将对话框右上角“位置”设置为 1 900 m，左下角单击“添加”，即可添加一条控制命令，“命令栏”选择“CHECK POINT”，该动作控制点即设置完毕。此外，还需要在“道路用地 1”上由下至上设置其余 7 个动作控制点，其余 7 个动作控制点的位置需要设置为：2 400 m，2 900 m，3 350 m，3 700 m，4 000 m，6 450 m，6 950 m。

(2) 景况设置

在主页功能区中单击“描绘选项”图标，弹出“描绘选项”对话框，单击“雾”，单击取消勾选“显示雾”。单击“天气”，单击勾选“干燥”，完成后单击“关闭”按钮。之后，在主页功能区的显示环境菜单栏中单击“景况”后的“编辑景况”图标，弹出“编辑景况”对话框，在对话框内单击“当前设置”，“描绘选项”下显示出实时的环境信息，其中单击勾选“太阳”“太阳月亮的位置”“风”“天气”“路面状态”“雾”“云”和“天空”这 8 个选项即可，最后单击下方“另存为”按钮，弹出“新建景况”对话框，将对话框中新建的这个景况重命名为“正常”(可任意命名)。同理，可以按此步骤再设置“雾”景况，在“雾的描绘选项”界面，单击勾选“显示雾”，将“开始”滑动至 0 m，“结束”滑动至 90 m 即可实现能见度＝90 m 的设定，如图 7.17 所示。因此，在给雾的景况命名时，可命名为“雾(能见度＝90 m)”。

(3) 场景编辑

在主页功能区中单击场景中的“编辑场景”图标，弹出“编辑场景”对话框，单击“事件”，选中后单击“编辑”按钮，弹出“编辑事件：事件”对话框，在对话框中单击“使用模拟”，“模拟命令”栏中下拉单击“启动一辆新车”，“最高速度限制值”设置为 120 km/h。其他设置请自行参考前文信号触发案例设置，此处不再赘述，设置结果如图 7.18 所示。此处有两点需要注意：

① 各个事件“编辑”→“多媒体”中的信息可以选择填入图 7.18“提示”/“警告”后的内容，“时间”可设置为 10 s。

② “警告：前方碰撞警告”事件由于设置较多，需要特别解释：单击选中“警告：前方碰撞警告”事件，单击“编辑”→“移动模型”，选择“飞行模型”，路径选择“飞行路

图 7.17　雾(能见度=90 m)

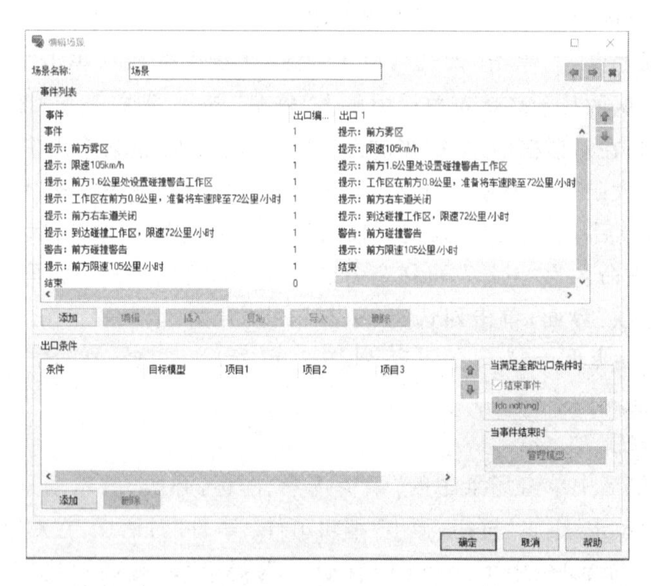

图 7.18　场景触发设置

径 1”,“初始速度”设置为 50 km/h;单击“多媒体”,“模型类型”下拉选择“信息”,“文件”编辑为“前方易发生碰撞事故”,“时间”设置为 10 s;单击“其他”,“景况名称”下拉选择“雾(能见度=90 m)”,“警告:前方碰撞警告”事件即编辑完毕。场景示意图如图 7.19 所示。

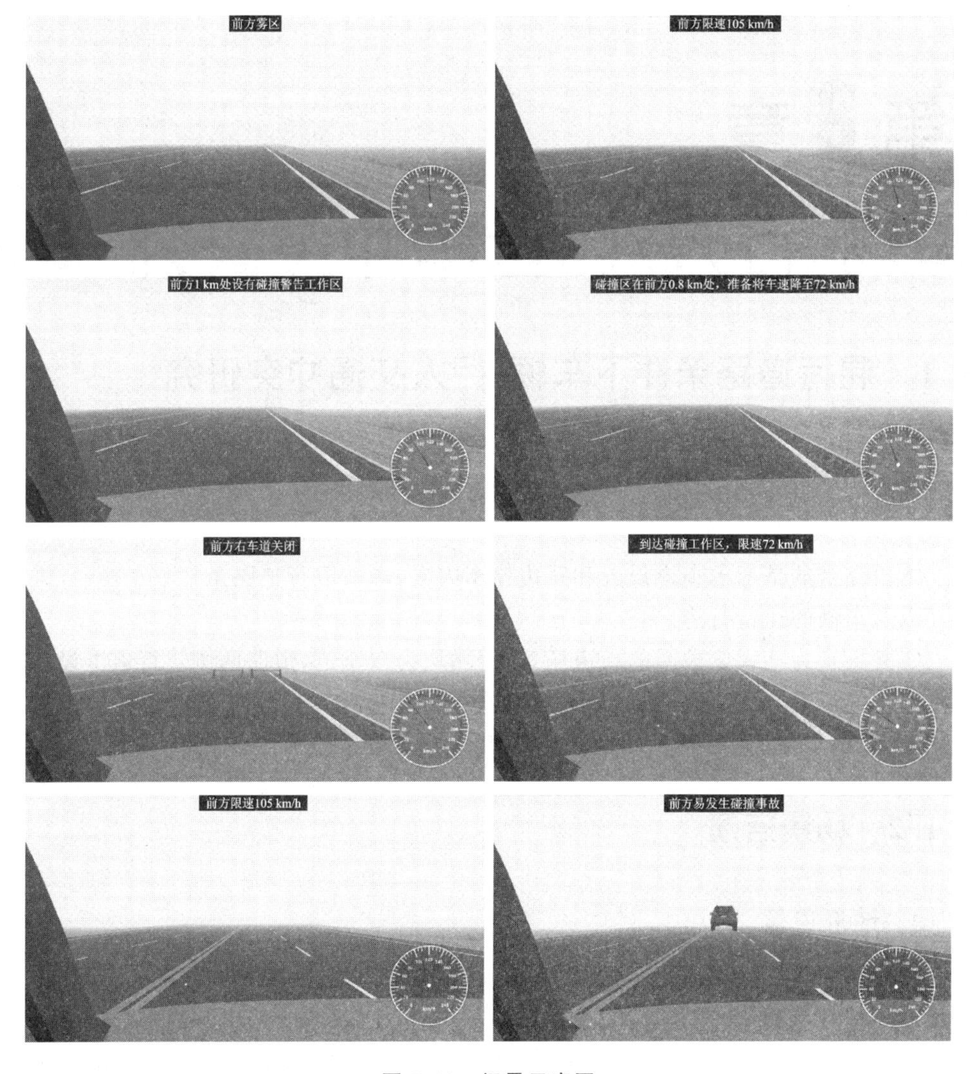

图7.19　场景示意图

课后习题

1. 搭建场景：自动驾驶车辆以30 km/h的速度行驶在主路的匝道(弯道)，当车辆距离出口50 m时，匝道路面的车道线消失，自动驾驶系统发出声音+文字提示："请接管"。

2. 搭建场景：雾天条件下，驾驶人以50 km/h的速度驾驶车辆接近一个无信号控制交叉口，当自车距离交叉口50 m时，在相交道路上设定一辆卡车匀速驶向交叉口(6 s后通过交叉口)。车辆发出声音+文字提示："注意前方交叉口右侧车辆！"

第 8 章

车辆-行人/自行车冲突研究

8.1 混行道路条件下车辆-行人交通冲突研究

8.1.1 场景设计

本研究目的是考虑街道设置和路边停车因素，理解混行道路条件下车辆-行人的交互以及车辆的让行行为。

实验场景为某大学校园的街道场景，道路均为双车道，道路两侧步行道上设置有一定密度的行人流，各场景中的车辆模型均放置在道路左侧。在车辆行驶至距离人行横道 65 m 时，路侧有行人开始横穿街道，步行速度范围为 1～1.5 m/s。

8.1.2 场景搭建

1. 地形设置

打开软件，在初始界面中单击文件功能区中的“新建项目”→“自定义”，弹出“设置新建项目地形”对话框，“实际宽度”和“实际高度”均设置为 20 km，在“地形标高”中选择“使用任意地形标高”，标高值设置为 20 m，以保证地形是平原，方便后续设置，如图 8.1 所示。设置完成后，单击“确定”按钮。

2. 道路建模

(1) 道路设置

该场景中道路为一条双车道道路，参考前文所述，新建一条直行道路即可。

(2) 道路方向变化点位置修正

右键单击纵向道路起点，单击“编辑”→“方向变化点 1 -道路‘道路用地 1’”，弹出位置编辑对话框，单击“本地”，“*X*(东)”设置为 3 520，“*Y*(北)”设置为 4 750，设置完成后单击左下角“锁定”按钮，对位置编辑进行锁定，如图 8.2 所示。同理，将纵向“道路用地 1”的终止点，即“方向变化点 2”位置设置为(3 615，8 170)。

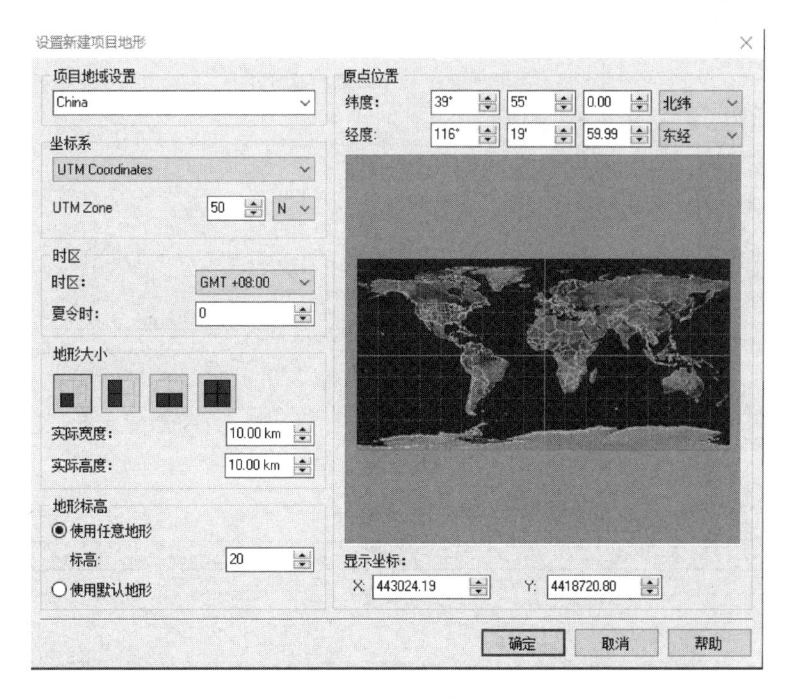

图 8.1　地形设置

图 8.2　道路方向变化点位置修正

(3) 修改道路截面

鼠标对准“道路用地 1”，双击或右键单击“编辑”→“道路‘道路用地 1’”，弹出“道路用地 1”的纵断面编辑对话框，单击“编辑道路截面”图标，弹出“登记道路截面”对话框，单击“下载”按钮，跳转到“Road DB”界面，下载合适的双车道场景，本例中下载的是“山间道路”截面，然后关闭“登记道路截面”对话框，回到“道路用地 1”的纵断面编辑对话框，双击页面左侧蓝色线，弹出“编辑截面变化点”对话框，在截面名称处下拉选择“mountain way”，如图 8.3 所示，编辑完成后单击“确定”。

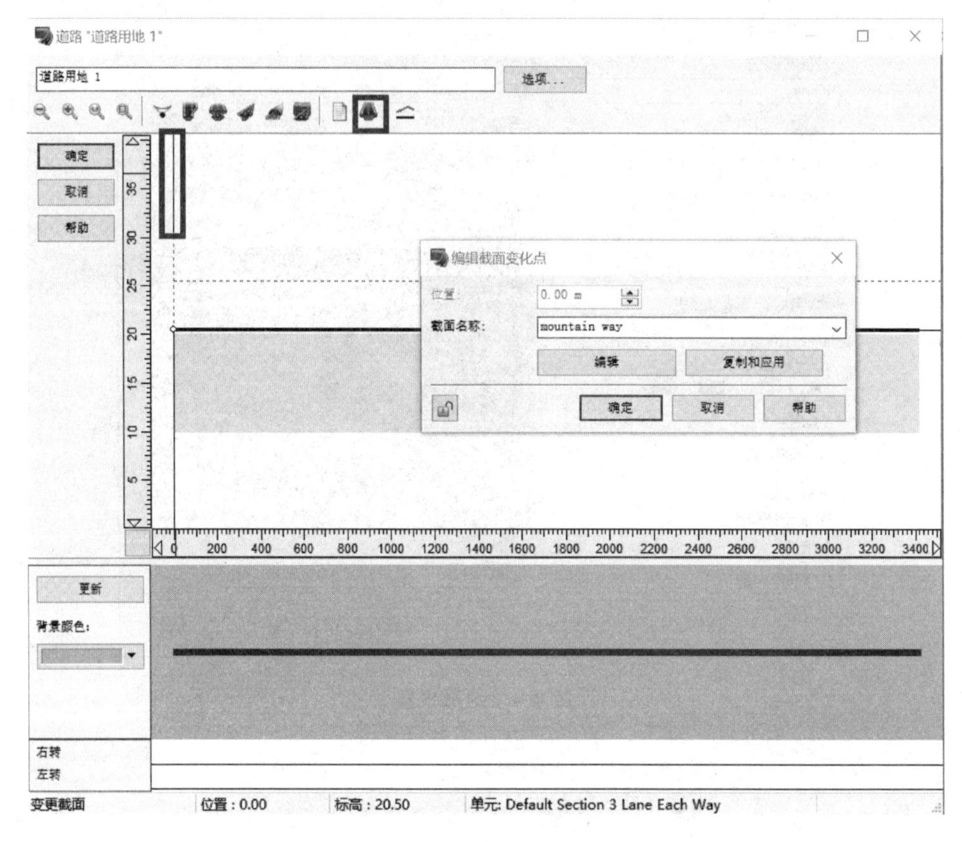

图 8.3　车道模型的下载和应用

3. 人行横道设置

由于该场景为一条道路,没有交叉口,因此不能用在交叉口编辑中设置人行横道的方法,可以采取更改道路截面的方法设置人行横道。

(1) 编辑斑马线截面

单击“编辑道路截面”图标,复制下载的“mountain way”截面并修改其名称为“斑马线 mountain way”。单击蓝线部分,并单击“车道详细”,修改各车道材质为“斑马线”(可单击“下载”按钮,在“Road DB”界面中下载),然后单击“确定”完成设置,如图 8.4 所示。

(2) 修改道路截面

单击“道路平面图”图标,双击“道路用地 1”,在距离道路起点约 600 m 处单击“右键”→“添加截面变化点”,添加第 1 个截面变化点,右键单击该截面变化点进行编辑;然后添加第 2 个截面变化点,由于斑马线长度一般为 1 m,所以设置第 2 个截面变化点位置为 591,并修改截面名称为“mountain way”,如图 8.5 所示。

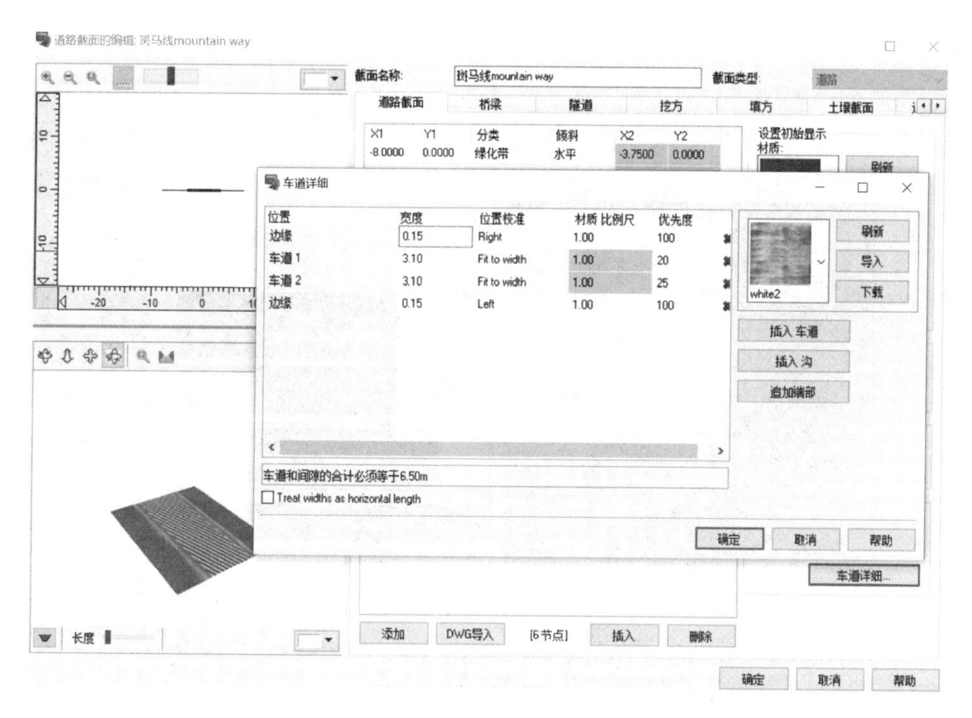

图 8.4　编辑斑马线截面

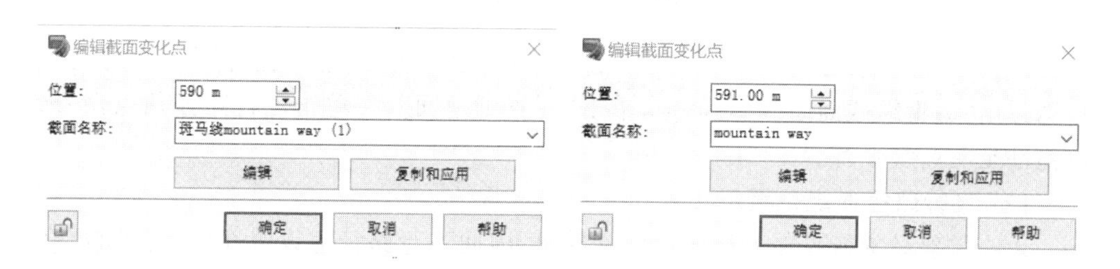

图 8.5　人行横道设置

4. 周边环境设置

在编辑功能区中单击“道路平面图”图标，然后单击“定义背景”图标，与新建一条道路操作类似，在道路两侧设置一条“背景”，然后选择合适的背景材质，如图 8.6 所示。该设置方法较为简单快捷，如想设置更加逼真的场景，可参考前文所述，在道路两边添加建筑物模型。

5. 飞行路径设置

(1) 飞行路径设置

在编辑功能区中单击“道路平面图”图标，弹出“道路平面图”对话框，单击“定义飞行路径”图标，在由下至上的“道路 1”两侧设置“飞行路径 1”(方向为由右至

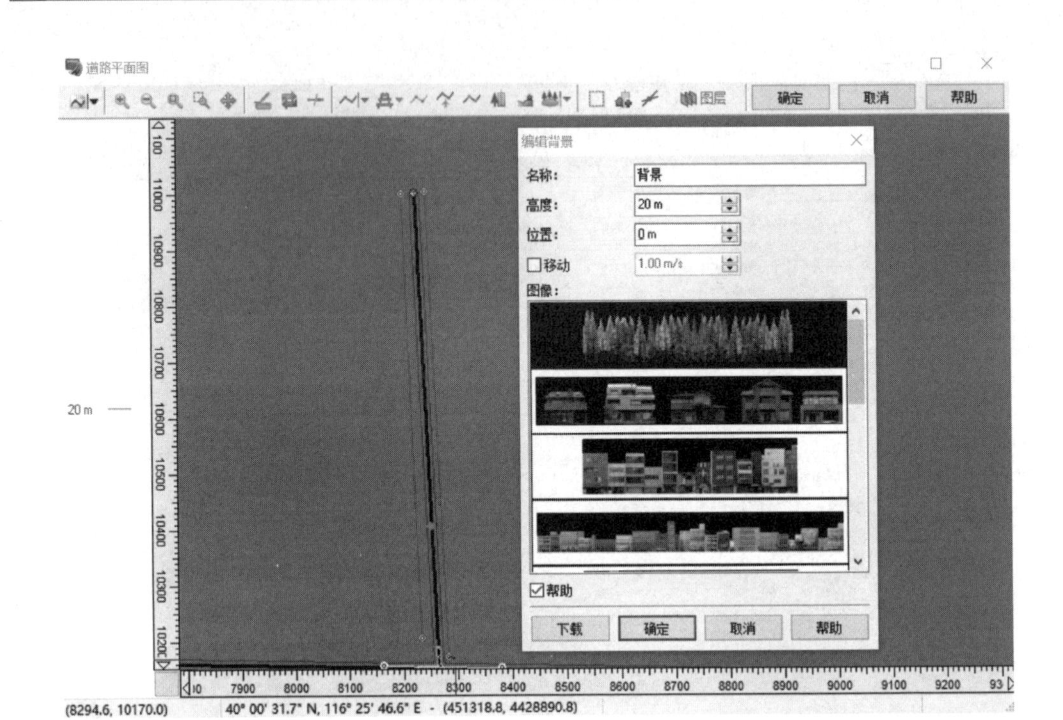

图 8.6 周边环境设置

左);设置完成后,鼠标对准“飞行路径 1”,右键单击“编辑”→“飞行路径‘飞行路径 1’”,弹出“编辑纵截面曲线”对话框,单击“配置到地面”,并单击飞行路径顶点,将顶点拖动至与蓝线平齐。

(2) 飞行路径顶点位置修正

由于需要设置行人在人行横道位置冲出,因此飞行路径应设置在人行横道所在位置。根据人行横道设置部分,人行横道所在位置距离道路起点 590 m,因此“飞行路径 1”的顶点 Y 坐标应该为(4 750+590)m,即 5 340 m。

右键单击“编辑”→“顶点 1 -飞行路径‘飞行路径 1’”,弹出顶点 1 的位置编辑界面,单击“本地”,设置顶点 1 和顶点 2 的坐标分别为(3 543,5 340)、(3 530,5 340),设置完成后单击左下角“锁定”按钮,对位置编辑进行锁定。

(3) 飞行路径动作控制点设置

为实现被试在距离人行横道 65 m 处行人开始过街这一场景,需要在距离人行横道 65 m 处设置 1 个动作控制点,即控制点距离道路起点 525 m(590 m－65 m＝525 m)。右键单击“添加”→“动作控制点-道路‘道路用地 1’”,弹出“动作控制点编辑”对话框,将右上角“位置”设置为 525 m,在左下角单击“添加”,即可添加 1 条控制命令,将“命令”栏下拉选择“CHECKPOINT”,如图 8.7 所示。

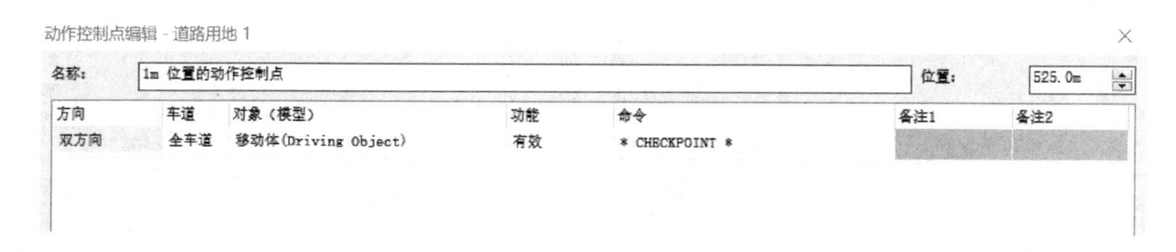

图 8.7　动作控制点设置

6. 场景触发设置

在主页功能区中单击场景中的“编辑场景”图标，弹出“编辑场景”对话框，单击“事件”，选中后单击“编辑”按钮，弹出“编辑事件：事件”对话框，单击“使用模拟”，将“模拟命令”栏下拉单击“启动一辆新车”，将“最高速度限制值”设置为 30 km/h。之后的行人冲出设置与之前卡车冲出的设置与 6.5.3 小节中的操作步骤相似，设置结果如图 8.8 所示。场景示意图如图 8.9～图 8.12 所示。

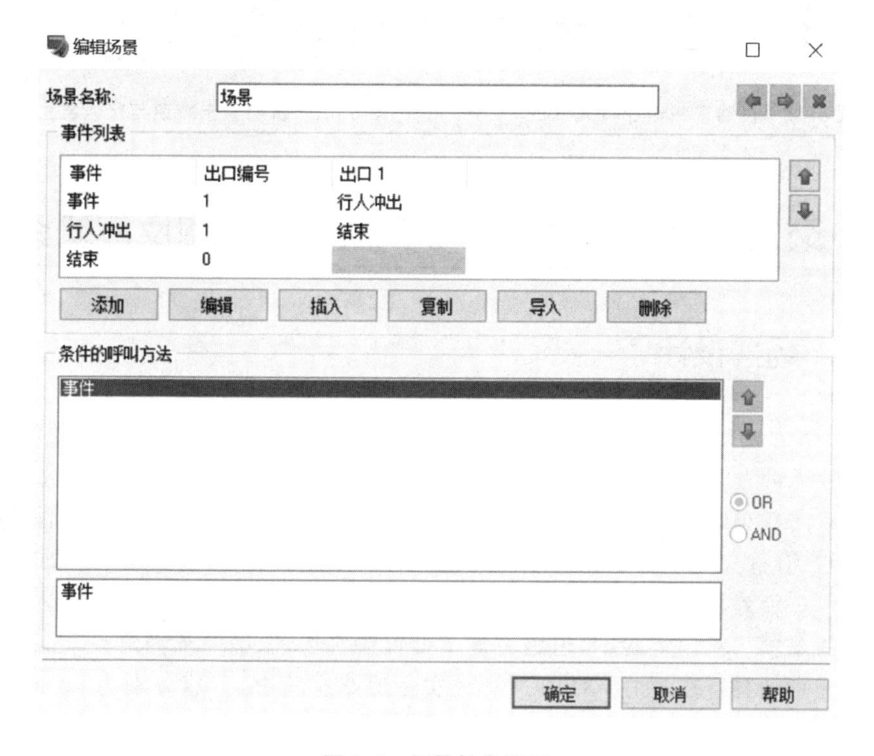

图 8.8　场景触发设置

图 8.9　行人出现

图 8.10　行人开始过街

图 8.11　机动车减速让行人通过

图 8.12　机动车未减速与行人发生碰撞

8.2　交叉口处驾驶人对自行车横穿行为的反应研究

8.2.1　场景设计

本研究目的是研究车速、自行车速度及自行车到达时间对驾驶人反应的影响。

实验场景为车辆保持规定速度行驶,自行车与车辆在交叉口发生冲突。实验道路为双向双车道,前方有一个无信号控制的交叉口。一辆自行车从车辆右侧驶来,车辆在有优先通行权的主干道上行驶。车辆从距十字路口 180 m 处开始行驶,同时,一辆静止的汽车被放置在距离交叉口 30 m 的另一侧车道上,以模拟对向行驶的车辆。在该实验中,道路右侧不设置建筑物,以确保车辆驾驶人能在较远的距离注意到自行车,如图 8.13 所示。实际道路实验中,车速分别为 30 km/h 和 50 km/h。

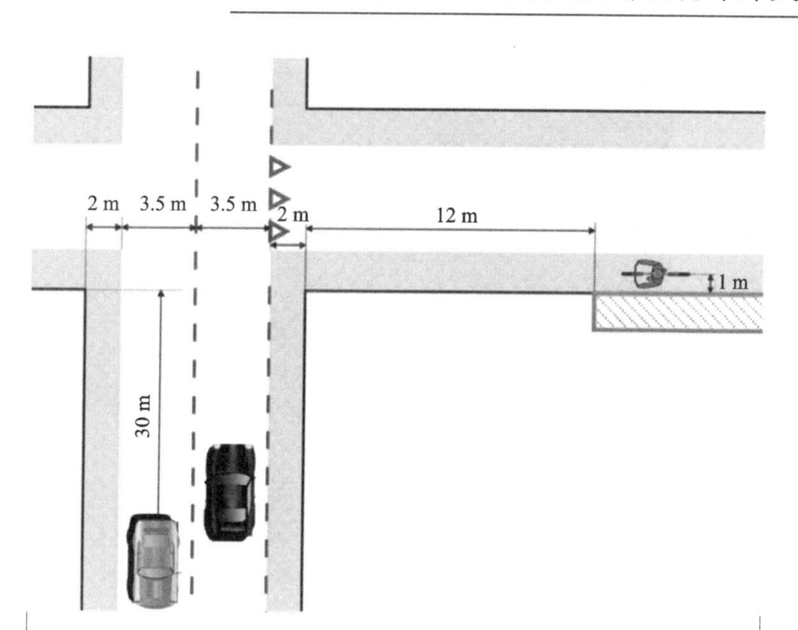

图 8.13　场景示意图

8.2.2　场景搭建

1. 地形设置

打开软件,在初始界面中单击文件功能区中的“新建项目”→“自定义”,弹出“设置新建项目地形”对话框,“实际宽度”和“实际高度”均设置为 20 km,“地形标高”中单击选择“使用任意地形标高”,标高值设置为 20 m,单击“确定”完成地形设置。

2. 道路建模

(1) 道路设置

该场景为一个简单的交叉口场景,参考前文所述,新建两条相交的道路,分别为“道路用地 1”(由上至下)和“道路用地 2”(由左至右),单击“确定”即可自动生成一个交叉口,如图 8.14 所示。

(2) 道路方向变化点位置修正

右键单击纵向道路起点处,单击“编辑”→“方向变化点 1 -道路‘道路用地 1’”,弹出位置编辑对话框,单击“本地”,“*X*(东)”设置为 3 000,“*Y*(北)”设置为 5 000,设置完成后单击左下角“锁定”按钮,对位置编辑进行锁定。将“道路用地 1”的终止点,即“方向变化点 2”位置修改为(3 000,8 000)。同理,对“道路用地 2”方向变化点

图 8.14　道路建模

进行同样的操作。

(3) 车道模型下载及应用

与之前设置道路截面方法类似，在模型库中下载“山间道路”截面，然后关闭“登记道路截面”对话框，回到“道路用地 1”和“道路用地 2”的纵断面编辑对话框，双击页面左侧蓝色线，弹出“编辑截面变化点”对话框，在截面名称处下拉选择“mountain way”，编辑完成后单击“确定”。

3. 交叉口设置

道路建模完毕后，单击“生成道路”图标，自动生成交叉口。鼠标对准任意一个交叉口，右键单击“编辑”→“平面交叉口大小”，弹出“平面交叉口大小”对话框，“大小”设为 18，设置完成后单击“确定”即关闭该对话框。鼠标再次对准该交叉口，右键单击“编辑”→“编辑平面交叉口”，弹出“编辑交叉路口”对话框，单击“道路材质”→“材质编辑”，弹出“编辑交叉口材质”对话框，单击“自动生成标识”图标，弹出“设置自动生成”对话框，取消勾选“停止线”，其余设置如图 8.15 所示，设置完成后，单击“确定”，回到“编

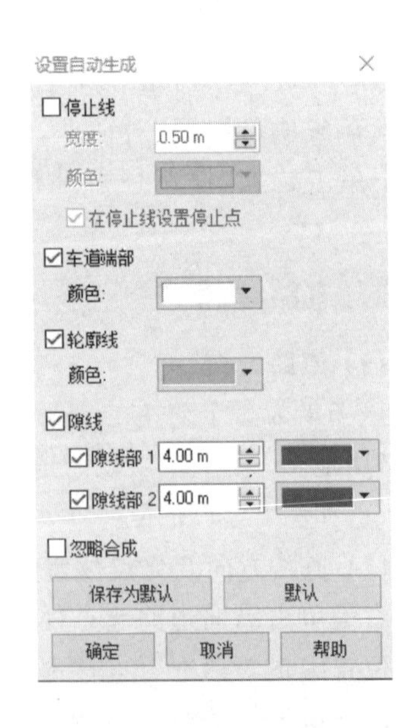

图 8.15　交叉口设置

辑交叉口材质”对话框。

在“编辑交叉口材质”对话框中单击“车道材质”图标，在页面右侧即可对交叉口“道路材质”进行选择，下拉选择“asD_02”，单击“使用此材质”，即可完成材质应用。设置完成后单击“确定”，回到“编辑交叉路口”对话框。

4. 飞行路径设置

(1) 飞行路径设置

在编辑功能区中单击“道路平面图”图标，弹出“道路平面图”对话框，单击“定义飞行路径”图标，沿“道路用地 2”设置“飞行路径 1”；设置完成后，右键单击“飞行路径 1”→“编辑”→“飞行路径‘飞行路径 1’”，弹出“编辑纵截面曲线”对话框，单击“配置到地面”，然后单击飞行路径顶点，将顶点拖动至与蓝线平齐。

(2) 飞行路径顶点位置修正

与之前操作类似，需要对飞行路径顶点进行修正，以保证自行车和汽车能够在交叉口相撞。右键单击“编辑”→“顶点 1-飞行路径‘飞行路径 1’”，弹出顶点 1 的位置编辑界面，单击“本地”，设置顶点 1 和顶点 2 的坐标分别为(3 100,6 000)、(3 200,6 000)，设置完成后单击左下角“锁定”按钮，对位置编辑进行锁定。

(3) 飞行路径动作控制点设置

右键单击“添加”→“动作控制点-道路‘道路用地 1’”，弹出“动作控制点编辑”对话框，将右上角“位置”设置为 600 m，左下角单击“添加”，即可添加一条控制命令，在“命令”一栏中，下拉选择“CHECKPOINT”，如图 8.16 所示。

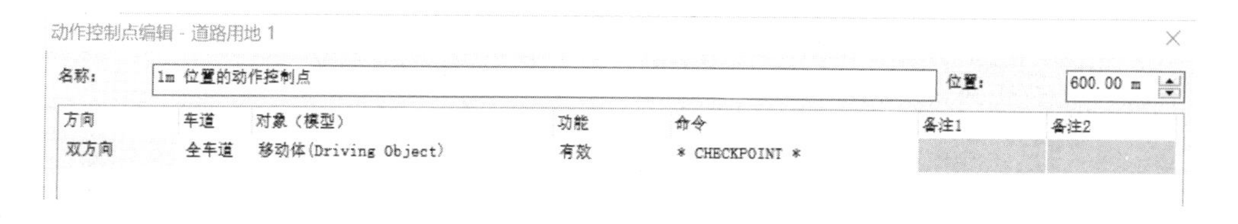

图 8.16　飞行路径动作控制点设置

5. 场景触发设置

在主页功能区中单击场景中的“编辑场景”图标，弹出“编辑场景”对话框，单击“事件”，选中后单击“编辑”按钮，弹出“编辑事件：事件”对话框，单击“使用模拟”，在“模拟命令”栏中下拉单击“启动一辆新车”，将“最高速度限制值”设置为 50 km/h。之后的自行车冲出设置与之前卡车冲出的设置(6.5.3)步骤相似，设置结果如图 8.17 所示，场景示意图如图 8.18～图 8.21 所示。

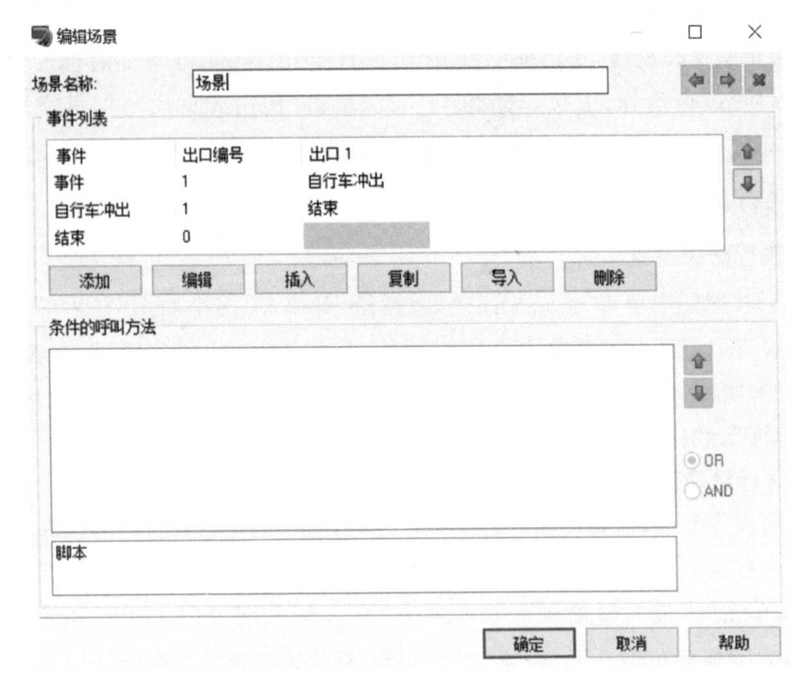

图 8.17　场景触发设置

图 8.18　非机动车出现

图 8.19　非机动车冲出

图 8.20　机动车减速、非机动车通过

图 8.21　机动车未减速与非机动车发生碰撞

课后习题

搭建场景：自车以 30 km/h 的速度行驶在一条城市道路上，人行道上设置行人流，车道两旁设置一定密度的停止车辆，当自车行驶至某一位置时，一名行人突然从右前方路旁两停止车辆间冲出。其中，车道数、行人流和停止车辆密度等参数自定。

第 9 章

道路交通标志对驾驶行为影响的研究

9.1 农村道路交叉口主动报警系统对车速的影响研究

9.1.1 场景设计

本研究目的是基于驾驶模拟器，确定标志内容对农村道路十字交叉口驾驶人速度选择的影响。

实验场景为一条乡村车道，两个行驶方向均不设置交通流，路段限速 110 km/h，场景中设置了 4 个十字交叉口(信号控制交叉口和无信号控制交叉口各 2 个)。车辆终始沿直线行驶，当车辆接近交叉口时，另一辆车从道路左侧支路驶向交叉口，并在交叉口前停车。研究自变量为速度标志内容(限速 80 km/h 与减速)，因变量为瞬时速度(交叉口前 300 m 处的车速)。

实验对 5 类交叉口前的标志内容进行了测试，具体包括：

(1) “减速”标志

在交叉口前方 300 m 处设置一个减速标志，并在交叉口前 150 m 处设置一个支路交叉口警告标志。

(2) “80 km/h”限速标志

在交叉口前方 300 m 处设置一个 80 km/h 的限速标志，并在交叉口前 150 m 处设置一个支路交叉口警告标志。

(3) 无限速标志的交叉口

无限速标志，路边交叉口警告标志位于交叉口前 150 m 处。

如表 9.1 所列为 4 种驾驶场景的组合。

表 9.1 4 种驾驶场景组合

实验场景	十字交叉口 1	十字交叉口 2	十字交叉口 3	十字交叉口 4
1	无信号控制	“80 km/h”	无信号控制	“减速”
2	“80 km/h”	无信号控制	“减速”	无信号控制

续表 9.1

实验场景	十字交叉口 1	十字交叉口 2	十字交叉口 3	十字交叉口 4
3	无信号控制	“减速”	无信号控制	“80 km/h”
5	“减速”	无信号控制	“80 km/h”	无信号控制

9.1.2　场景搭建

1. 地形设置

打开软件，在初始界面中单击文件功能区中的“新建项目”→“自定义”，弹出“设置新建项目地形”对话框，“实际宽度”和“实际高度”均设置为 20 km，在“地形标高”中选择“使用任意地形标高”，标高值设置为 20 m，如图 9.1 所示。设置完成后，单击“确定”。

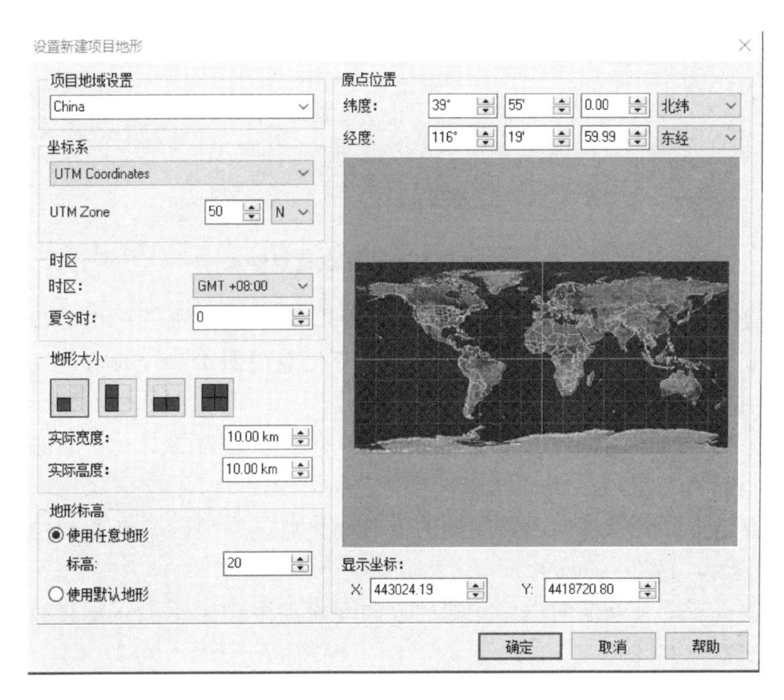

图 9.1　地形设置

2. 道路建模

(1) 道路设置

在编辑功能区中单击“道路平面图”图标，弹出“道路平面图”对话框，单击“定义道路”图标，单击道路平面界面的下方和上方，将其分别设置为道路的起点和终点，设置完成“道路用地 1”后再按同样的方法完成 4 条横向道路的设置。

(2) 道路方向变化点位置修正

右键单击纵向道路的起点，单击“编辑”→“方向变化点 1 -道路‘道路用地 1’”，弹出位置编辑对话框，单击“本地”，“X(东)”设置为 10 000，“Y(北)”设置为 11 837，设置完成后单击左下角“锁定”按钮，对位置编辑进行锁定，如图 9.2 所示。同理，需要对剩余 9 个方向变化点的位置进行修正，“本地”位置(X,Y)需取以下值：

图 9.2 道路方向变化点位置修正

① 纵向“道路用地 1”的终止点，即“方向变化点 2”位置为(10 000,4 000)。

② 由上至下第 1 条横向道路左侧的方向变化点位置为(8 700,11 279)，右侧的方向变化点位置为(11 200,11 279)。

③ 由上至下第 2 条横向道路左侧的方向变化点位置为(8 700,8 936)，右侧的方向变化点位置为(11 200,8 936)。

④ 由上至下第 3 条横向道路左侧的方向变化点位置为(8 700,6 593)，右侧的方向变化点位置为(11 200,6 593)。

⑤ 由上至下第 4 条横向道路左侧的方向变化点位置为(8 700,4 250)，右侧的方向变化点位置为(11 200,4 250)。

(3) 车道模型的下载及应用

与之前设置道路截面方法类似，在模型库中下载“山间道路”截面，然后关闭“登记道路截面”对话框，回到“道路用地 1”的纵断面编辑对话框，双击界面左侧蓝色线，弹出“编辑截面变化点”对话框，在界面名称处下拉选择“mountain way”，如图 9.3 所示，编辑完成后单击“确定”，即可完成车道模型的下载和应用操作。之后，其余 4 条横向道路也按上述操作设置，道路模型如图 9.4 所示。

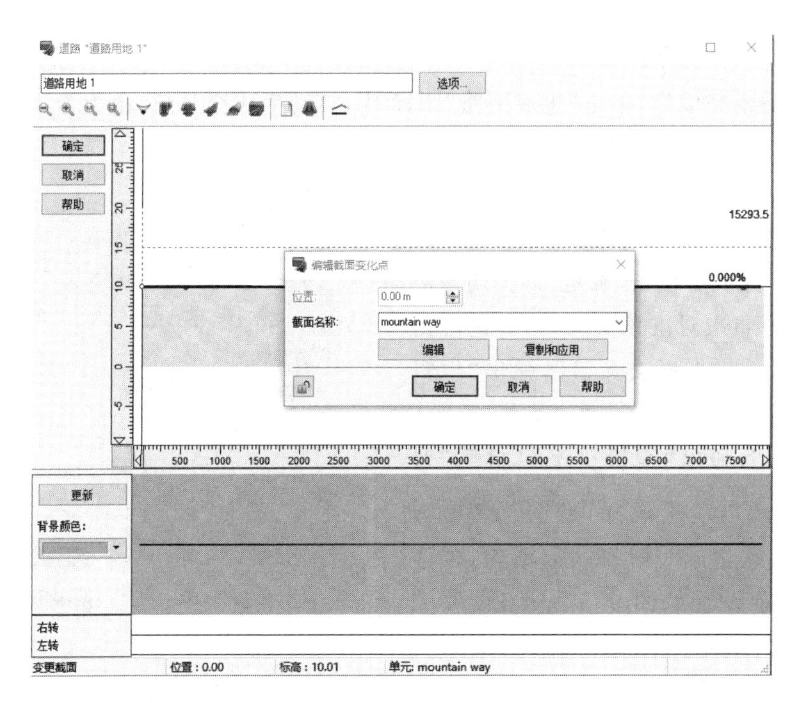

图 9.3　车道模型的下载和应用

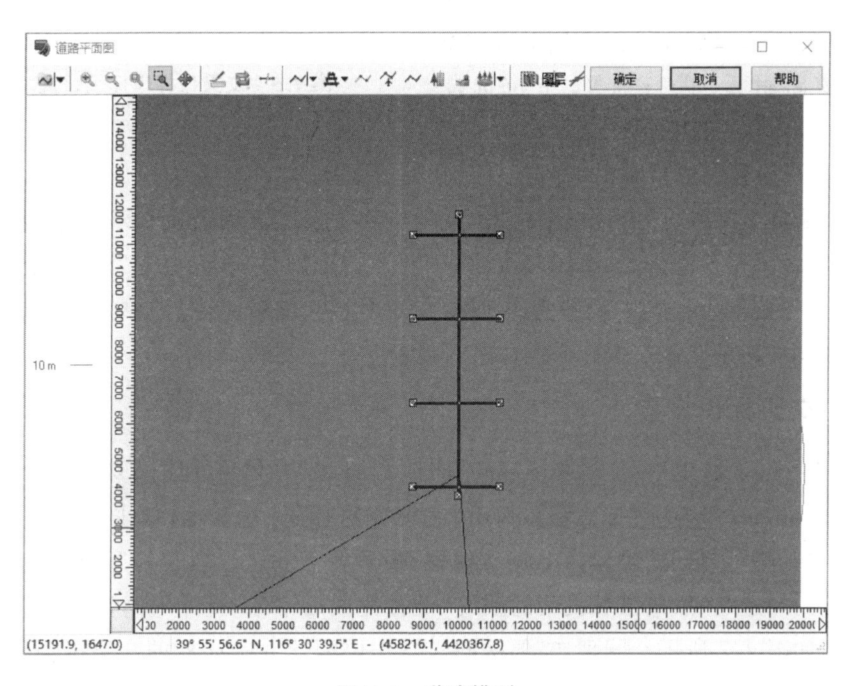

图 9.4　道路模型

3. 交叉口设置

道路建模完成后,单击“生成道路”图标,自动生成交叉口,由上至下依次为第1,2,3,4交叉口。右键单击任意一个交叉口,单击“编辑”→“平面交叉口大小”,弹出“平面交叉口大小”对话框,将“大小”设为18,设置完成后单击“确定”即关闭该对话框。鼠标再次对准该交叉口,右键单击“编辑”→“编辑平面交叉口”,弹出“编辑交叉路口”对话框,单击“道路材质”→“材质编辑”,弹出“编辑交叉口材质”对话框,单击“自动生成标识”图标,弹出“设置自动生成”对话框,取消勾选“停止线”,其余设置如图9.5所示,设置完成后,单击“确定”,回到“编辑交叉口材质”对话框。

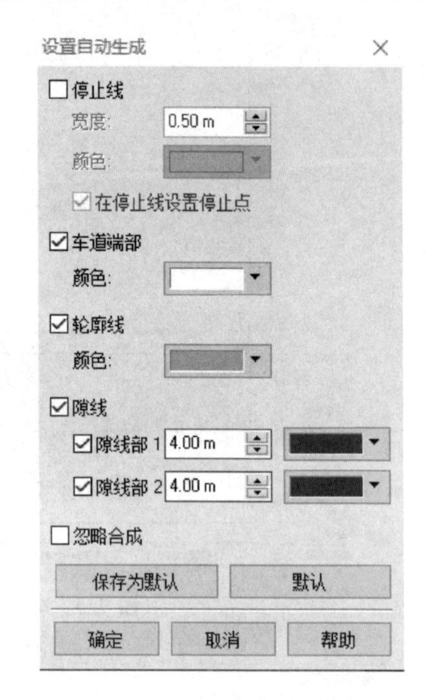

图9.5　交叉口标志标线设置

在“编辑交叉口材质”对话框中单击“车道材质”图标,在界面右侧即可对交叉口“道路材质”进行选择,下拉选择“asD_02”,单击“使用此材质”,即可完成材质应用。设置完成后单击“确定”,回到“编辑交叉路口”对话框。

在“编辑交叉路口”对话框中单击“人行道和法面”,界面右侧显示人行道和法面的编辑界面,“人行道”下拉选择“grass006”材质,“分割数”设置为1,“法面”下拉选择“grass007”材质,“分割数”设置为1,如图9.6所示。编辑完成后,单击“确定”,结束交叉口编辑,其余交叉口按同样操作进行设置。

4. 交通标识设置

在编辑功能区中单击“道路附属物”图标,弹出“登记道路附属物”对话框,双击“T-Junction_w2-3_Left”标志,弹出“编辑道路标志”对话框,单击“位置”,“配置侧”选择“左侧”,“角度”设置为180°,“偏移”设置为3 m,“设置位置”设为400 m;单击“标志”,勾选“将黑色区域设为透明”。设置完成后单击“应用”即可完成道路标志的编辑,如图9.7所示。同理,需要按同样操作再配置3个同样的交叉口警告标志,其余3个警告标志的“设置位置”分别需要设为:2 733 m,5 076 m,7 419 m。

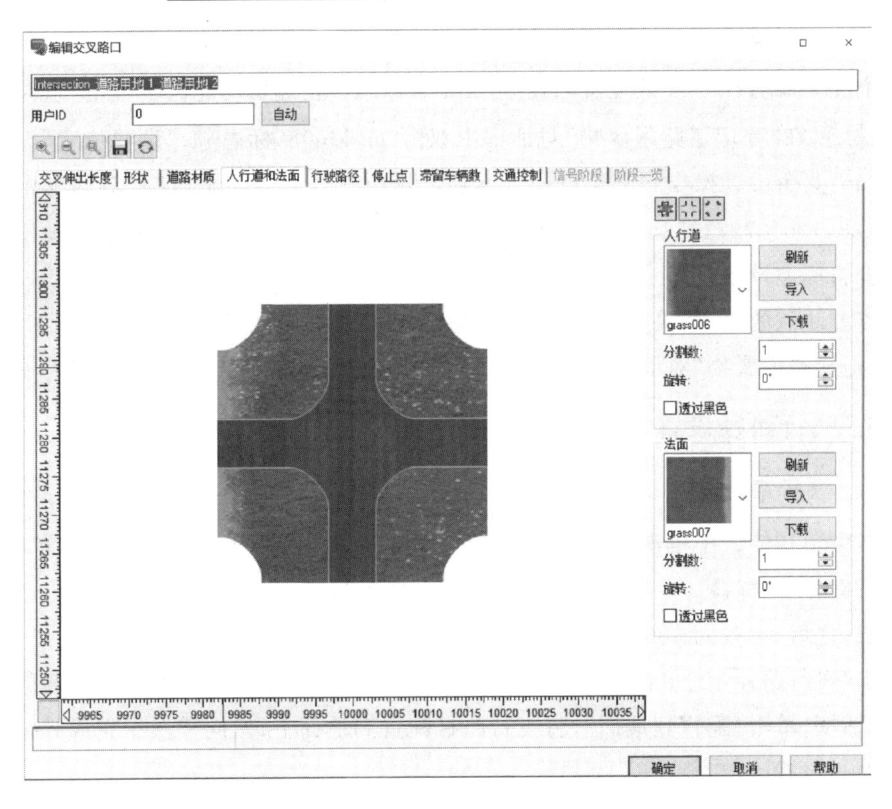

图 9.6　人行道和法面材质编辑

图 9.7　交叉口警告标志设置

交叉口警告标志设置完成后，需要在第 2 个交叉口前 300 m 处设置减速标志，在第 4 个交叉口前 300 m 处设置限速 80 km/h 标志。在编辑功能区中单击“道路附属物”图标，在“登记道路附属物”对话框中双击“cn-kin05”标志，“设置位置”设置为 7 269 m，其余设置操作同交叉口警告标志设置；在“登记道路附属物”对话框中双击“radA3841201072711 3344”标志，“设置位置”设置为 2 583 m，其余设置操作同交叉口警告标志设置。

需要注意的是，如果“登记道路附属物”对话框中没有上述用到的道路标志，可以在“登记道路附属物”对话框中单击“下载”，跳转到“Road DB”界面自行下载。

5. 飞行路径设置

(1) 飞行路径设置

在编辑功能区中单击“道路平面图”图标，弹出“道路平面图”对话框，单击“定义飞行路径”图标，在第一个交叉口右侧单击设置起点和终点，“飞行路径 1”即设置完成，之后，再按同样的方法完成其余 3 条飞行路径的设置工作。设置完成后，右键单击“飞行路径 1”，单击“编辑”→“飞行路径‘飞行路径 1’”，弹出“编辑纵截面曲线”对话框，单击“配置到地面”，将飞行路径配置到地面上，按同样操作完成其余 3 条飞行路径设置。

(2) 飞行路径顶点位置修正

右键单击“飞行路径 1”的右侧顶点，单击“编辑”→“顶点 1 -飞行路径‘飞行路径 1’”，弹出顶点 1 的位置编辑界面，单击“本地”，其中“X(东)”设为 10 142，“Y(北)”设为 11 279，设置完成后单击左下角“锁定”按钮，对位置编辑进行锁定。同理，下面需要对剩余 7 个方向变化点的位置进行修正，“本地”位置(X,Y)分别为：

① “飞行路径 1 -顶点 2”的(X,Y)设置为(10 018,11 279)。

② “飞行路径 2 -顶点 1”的(X,Y)设置为(10 142,8 936)，“飞行路径 2 -顶点 2”的(X,Y)设置为(10 018,8 936)。

③ “飞行路径 3 -顶点 1”的(X,Y)设置为(10 142,6 593)，“飞行路径 3 -顶点 2”的(X,Y)设置为(10 018,6 593)。

④ “飞行路径 4 -顶点 1”的(X,Y)设置为(10 142,4 250)，“飞行路径 4 -顶点 2”的(X,Y)设置为(10 018,4 250)。

(3) 飞行路径动作控制点设置

为实现交叉口前车辆减速直至停车的过程，需在飞行路径上设置多个动作控制点。以“飞行路径 1”为例，右键单击“飞行路径 1”，单击“添加”→“动作控制点-飞行路径‘飞行路径 1’”，弹出“动作控制点编辑-飞行路径 1”对话框，将右上角“位置”设

置为 82 m，在左下角单击“添加”，即可添加一条控制命令，在“命令”栏中，下拉选择“CHANGE SPEED”，“备注 1”设置为 40，设置完成后单击“确定”。按同样方法设置第 2，3 个动作控制点，“位置”设置为 100 m，123 m，“备注 1”设置为 20，0，如图 9.8 所示。

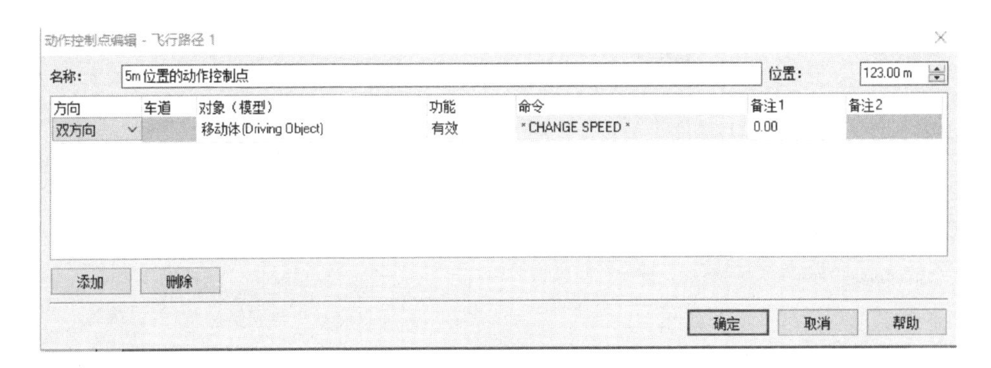

图 9.8　飞行路径动作控制点设置

6. 场景触发设置

(1) 动作控制点设置

右键单击“道路用地 1”，单击“添加”→“动作控制点-道路‘道路用地 1’”，弹出“动作控制点编辑-道路用地 1”对话框，将对话框右上角“位置”设置为 370 m，在左下角单击“添加”，即可添加一条控制命令，将“命令栏”下拉选择“CHECK POINT”，该动作控制点即设置完毕，此外，还需要在“道路用地 1”上设置其余 3 个动作控制点，这 3 个动作控制点的位置分别为：2 713 m，5 056 m，7 399 m。

(2) 场景编辑

在主页功能区中单击场景中的“编辑场景”图标，弹出“编辑场景”对话框，单击“事件”，选中后单击“编辑”按钮，弹出“编辑事件：事件”对话框，单击“使用模拟”，在“模拟命令”栏中下拉单击“启动一辆新车”，“最高速度限制值”设置为 110 km/h。之后的路口停车设置与之前卡车冲出的设置(6.5.3)步骤相似，设置结果如图 9.9 所示。

标置牌设置示意图如图 9.10、图 9.11 所示，汽车冲突场景示意图如图 9.12、图 9.13 所示。

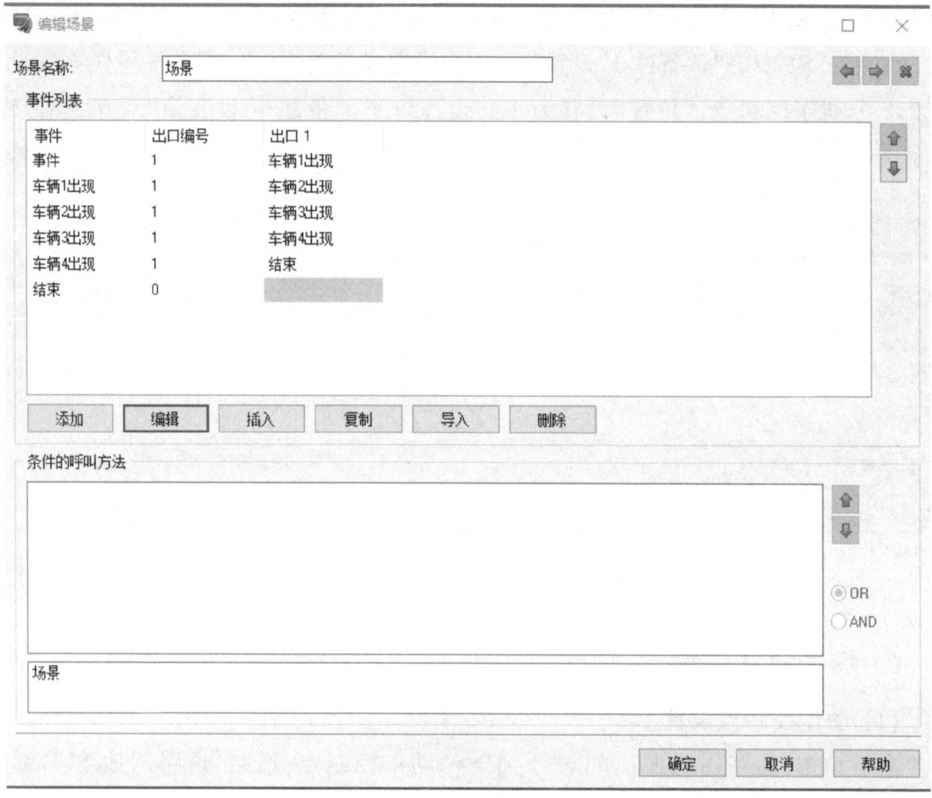

图 9.9　场景触发设置

图 9.10　标志牌设置示意图(1)

图 9.11　标志牌设置示意图(2)

图 9.12　汽车冲突场景示意图(1)

图 9.13　汽车冲突场景示意图(2)

9.2　施工作业区可变信息板对车速的影响研究

9.2.1　场景设计

本研究目的是通过调查施工作业区驾驶人的驾驶行为，分析施工作业区可变信息板对车速的影响，以制定更安全有效的施工作业区限速措施。

实验道路是双向2车道高速公路，限速130 km/h。车道宽3.75 m，应急车道宽3 m，道路有护栏和中央隔离带。施工作业区包括预先警告区、过渡区、入口旁路、活动区、出口旁路和终止区。

施工路段在由南向北的路段，因此该方向车流需要借用对向车道行驶。通过渐进式限速措施，速度从130 km/h降低至60 km/h，在出口旁路前，速度降低至40 km/h。

高速公路路段的初始长度为3 500 m，其中3 380 m为施工作业区部分，包括提前警告区(696 m)、过渡区(372 m)、入口旁路(40 m)、活动区(2 184 m)、出口旁路(40 m)和终止区(48 m)，如图9.14所示。

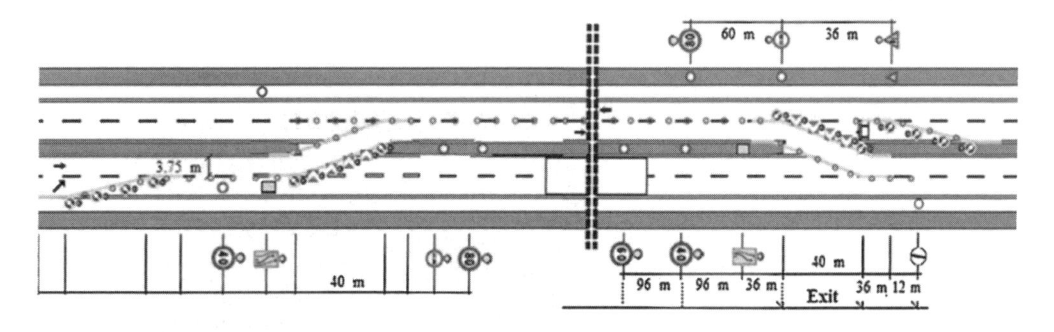

图9.14　施工作业区示意图

提前警告区域包含6对标志，其中一对标志分别位于道路两侧。被试首先遇到“道路施工”标志，其他交通标志间距均为120 m，这些标志包括“110 km/h限速”、“90 km/h限速”、“右车道封闭”(该标志出现2次，分别为第4,6位置处)和“60 km/h限速”。

“右车道封闭”标志后约90 m处是过渡区，该过渡区由两段路组成：

① 第1段长108 m，设有轮廓标和“靠左行驶”标志，要求驾驶员在超车道上行驶。

② 第2段长250 m，限速为40 km/h。“40 km/h限速”标志位于过渡区终点前约100 m处，随后在入口旁路前36 m处设置“行车道封闭”标志，车流通过入口旁路分流至对面车道。

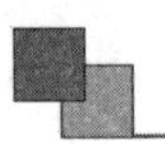

在活动区，两个方向的车流都在由北向南方向的车道上，每个行驶方向只有一条单行道。用于分离交通流的标准渠化设施由 30 cm 高的柔性轮廓标组成，各标志间隔为 12 m。活动区内，入口旁路后约 85 m 处设置有一个“禁止超车”的标志，距该标志 120 m 处，设置有“80 km/h 限速”标志，该限速标志在活动区范围内有效。在出口旁路前设置了“60 km/h 限速”标志和“40 km/h 限速标志”（两标志间隔 96 m）；在出口旁路后 48 m 处，设置了“道路工程结束”标志（该标志表示终止区结束）。

9.2.2 场景搭建

1. 地形设置

打开软件，在初始界面中单击文件功能区中的“新建项目”→“自定义”，弹出“设置新建项目地形”对话框，“实际宽度”和“实际高度”均设置为 10 km，在“地形标高”中选择“使用任意地形标高”，标高值设置为 20 m，如图 9.15 所示。设置完成后，单击“确定”。

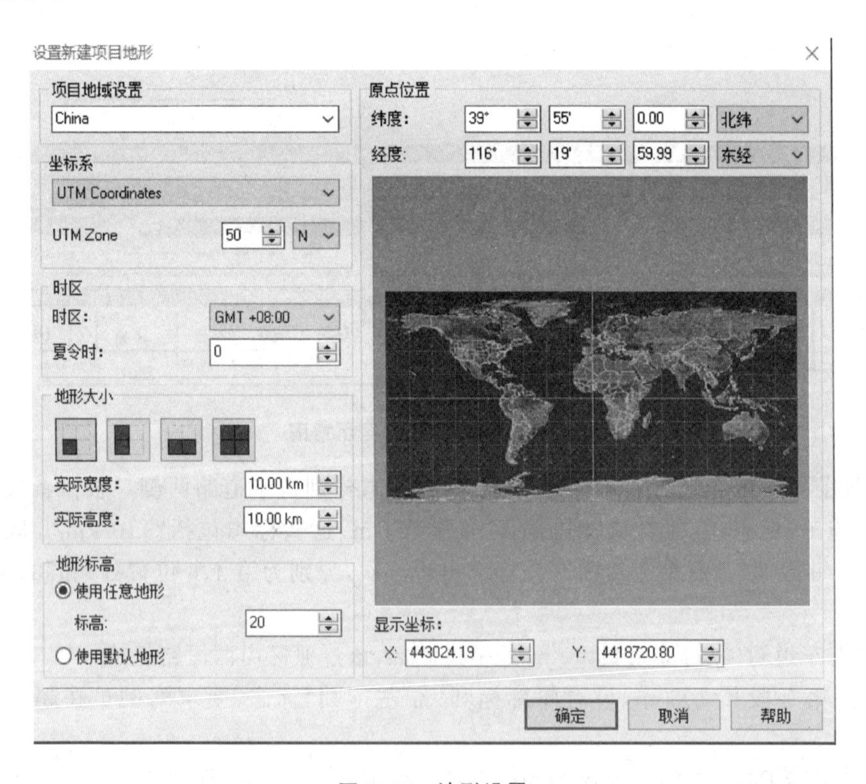

图 9.15　地形设置

2. 道路建模

(1) 道路设置

在编辑功能区中单击“道路平面图”图标，弹出“道路平面图”对话框，单击“定义道路”图标，单击道路平面界面的下方和上方区域，将其分别设置为道路的起点和终点，即完成“道路用地 1”的设置。用同样的方法设置“道路用地 2”。

(2) 道路方向变化点位置修正

右键单击“道路用地 1”起点，单击“编辑”→“方向变化点 1 -道路‘道路用地 1’”，弹出位置编辑对话框，单击“本地”，“X(东)”设置为 5 000，“Y(北)”设置为 3 000，然后单击左下角“锁定”按钮，对位置编辑进行锁定，如图 9.16 所示。同理，“道路用地 1 -方向变化点 2”的“本地”位置(X,Y)设置为(5 000,6 000)。上述操作同样应用于“道路用地 2”，“道路用地 2 -方向变化点 1”的“本地”位置(X,Y)设置为(5 000,6 000)，“道路用地 2 -方向变化点 2”的“本地”位置(X,Y)设置为(5 000,3 000)。

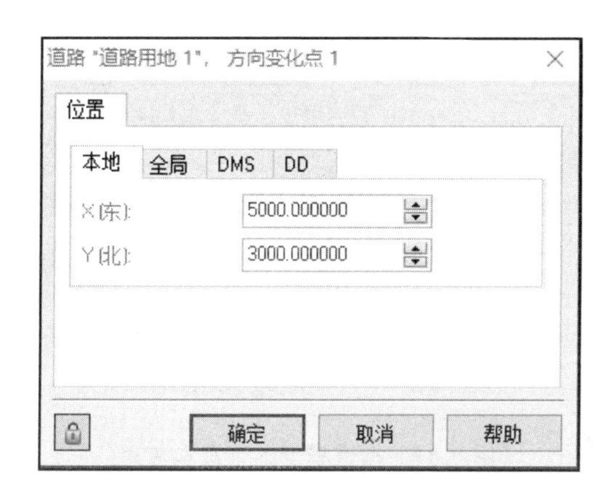

图 9.16　道路方向变化点位置修正

(3) 车道模型的下载及应用

右键单击“道路用地 1”，单击“编辑”→“道路‘道路用地 1’”，弹出“道路用地 1”的纵断面编辑对话框，单击“编辑道路截面”图标，弹出“登记道路截面”对话框，单击“下载”按钮，跳转到“Road DB”界面，搜索下载“山间道路”模型。下载完成后，关闭“登记道路截面”对话框，回到“道路用地 1”的纵断面编辑对话框，双击界面左侧蓝色线，弹出“编辑截面变化点”对话框，在界面名称处下拉选择“mountain way”，如图 9.17 所示，编辑完成后单击“确定”。对于“道路用地 2”，需要在“Road DB”界面中，搜索下载“双向四车道(中央隔离栏)”模型，下载完成后，在“编辑截面变化点”对话框中界面名称处下拉选择“highway/Arterial road 4＋Emergency lane”，然后单击“确定”，即完成 2 条车道模型的下载和应用操作。

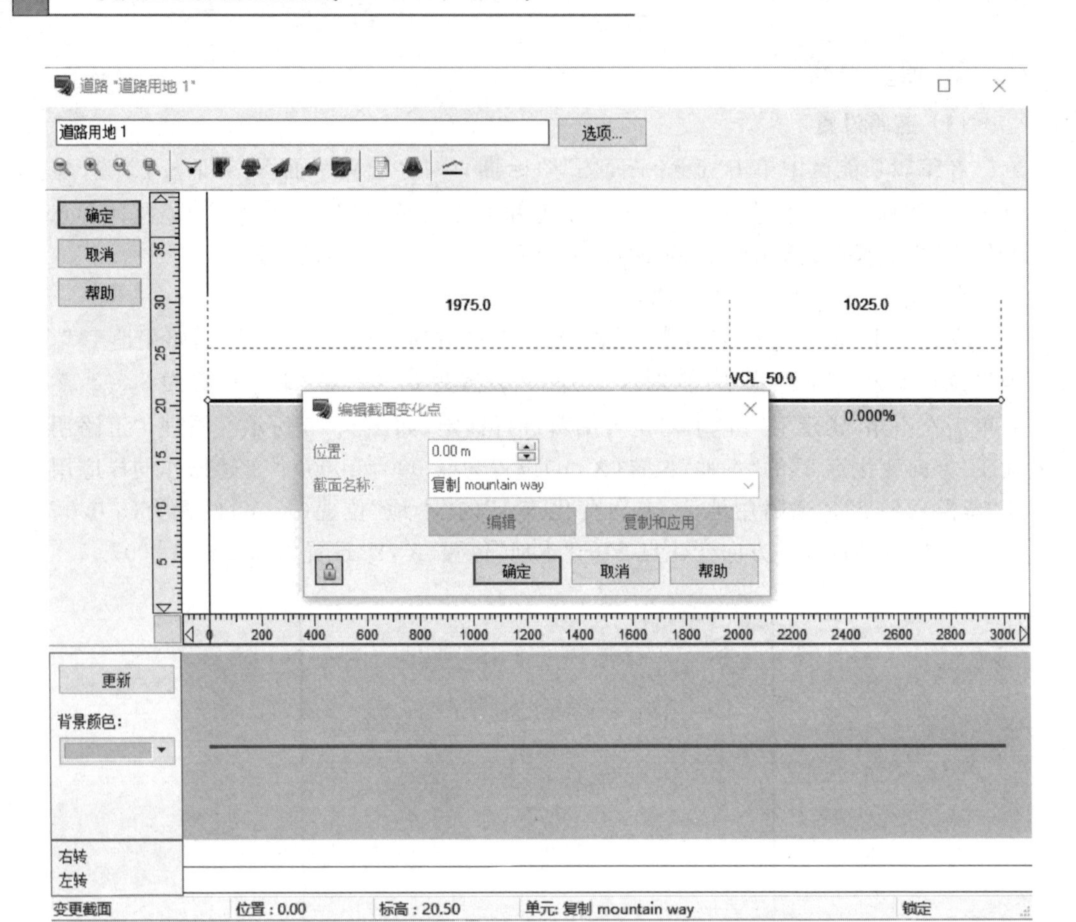

图 9.17 车道模型的下载和应用

(4) 车道模型的修改

车道模型下载完成后并不符合要求,需要另行修改。右键单击"道路用地 1",单击"编辑"→"道路'道路用地 1'",弹出"道路用地 1"的纵断面编辑对话框,单击"编辑道路截面"图标,弹出"登记道路截面"对话框,单击选中"mountain way",再单击界面右侧"复制",弹出"道路截面的编辑:复制 mountain way"对话框,单击左上角蓝色直线,即可对车道横断面进行编辑,如图 9.18 所示。单击"车道详细...",弹出"车道详细"对话框,如图 9.19 所示。编辑完成后单击"确定",回到"道路用地 1"的纵断面编辑对话框,双击界面左侧蓝色线,弹出"编辑截面变化点"对话框,在界面名称处下拉选择"复制 mountain way"。对"道路用地 2"的车道模型进行相似的操作,具体参数、车道删减可参考图 9.20、图 9.21。道路建模完成界面如图 9.22 所示。

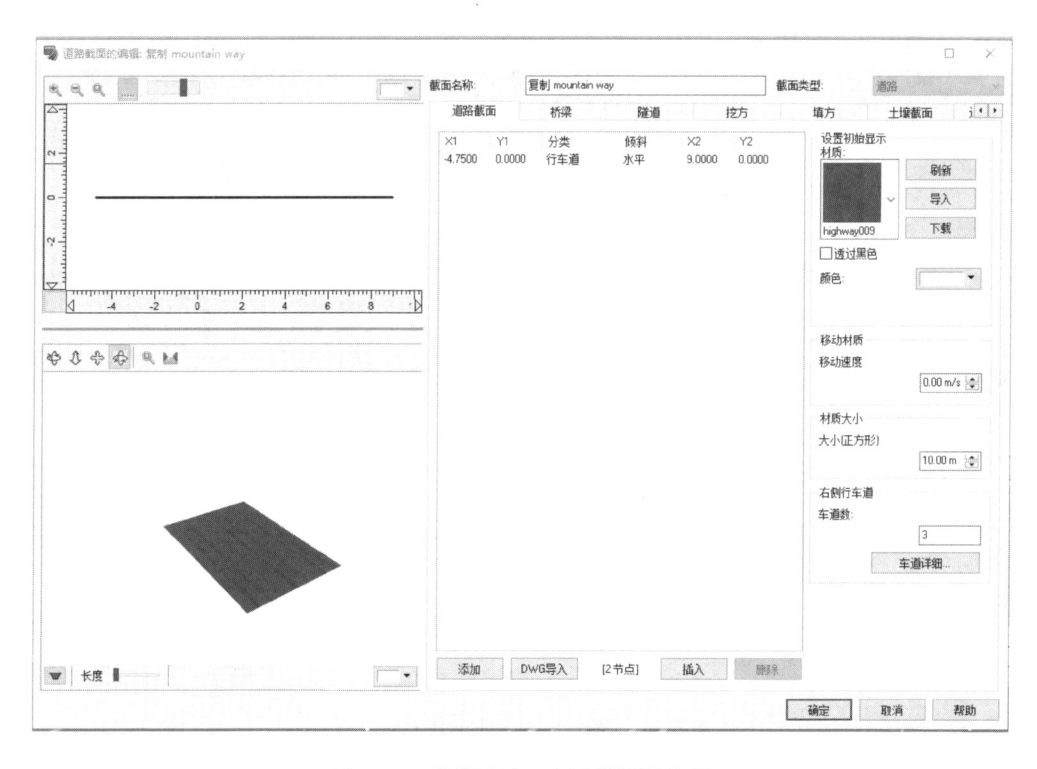

图 9.18 道路用地 1 车道横断面编辑

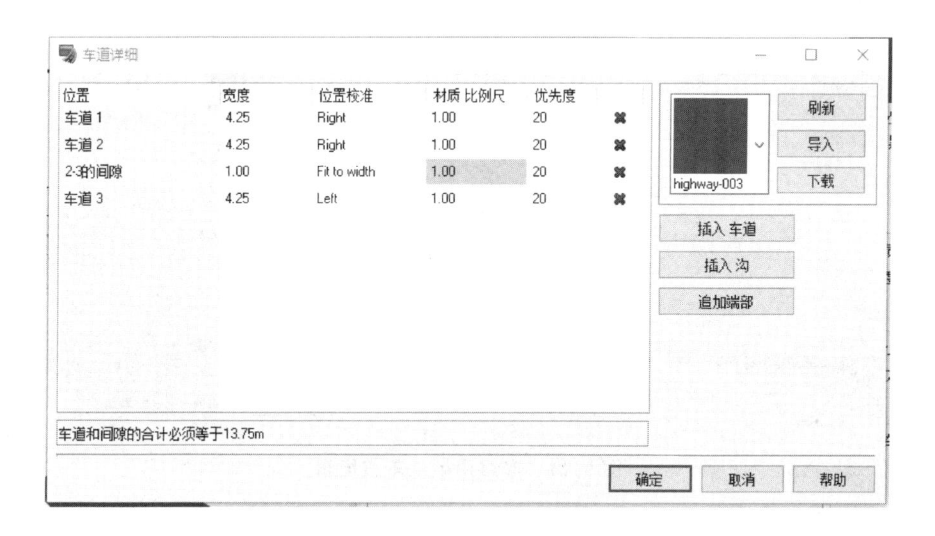

图 9.19 道路用地 1 车道编辑

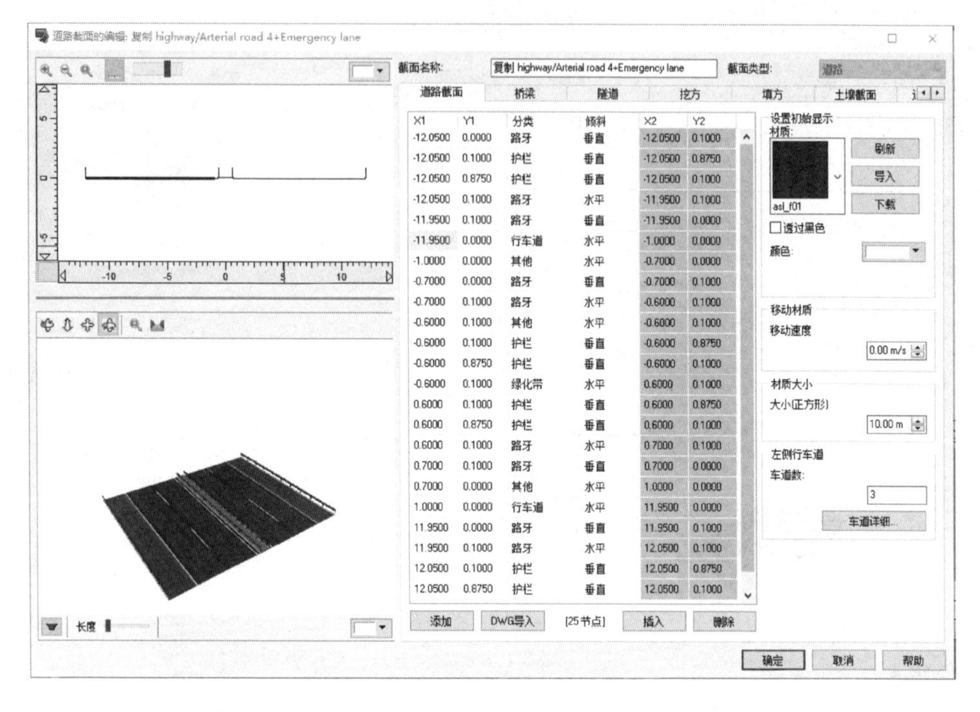

图 9.20　道路用地 2 车道横断面编辑

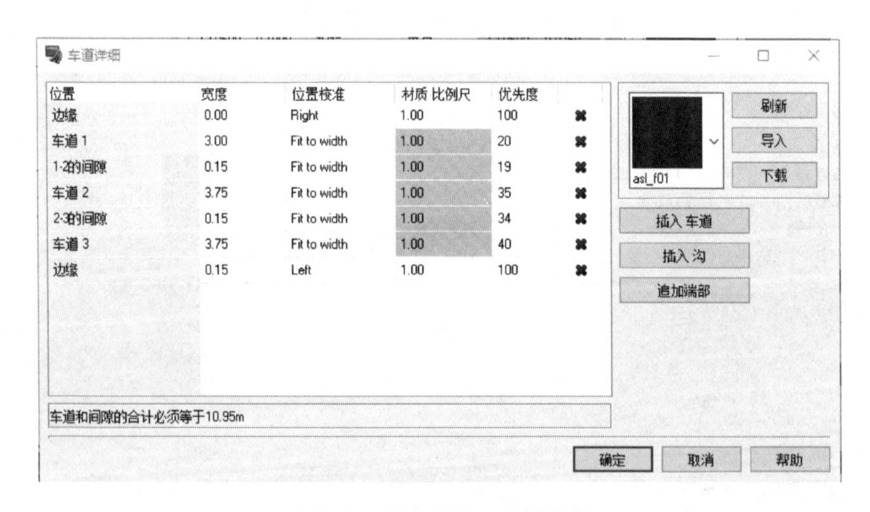

图 9.21　道路用地 2 车道编辑

3. 交通标识设置

(1) 道路标志设置

在编辑功能区中单击“道路附属物”图标，弹出“登记道路附属物”对话框，双击“cn-kei31”标志，弹出“编辑道路标志”对话框，单击“位置”，“配置侧”选择“右侧”，

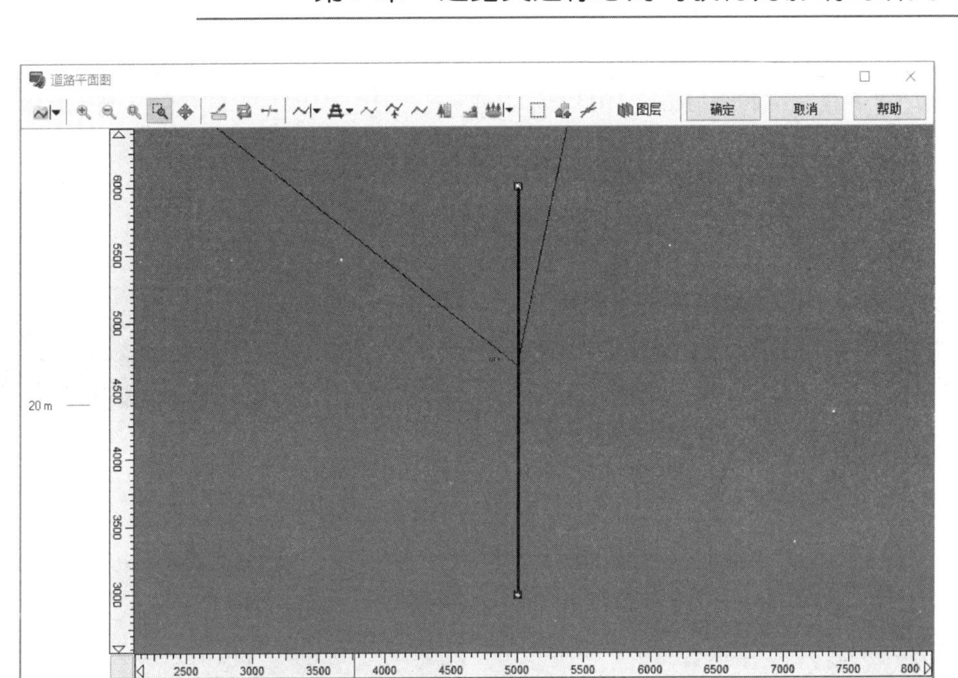

图 9.22　道路建模完成

“角度”设置为 180°,“偏移”设置为 25 m,“设置位置”设置为 2 950 m;单击“标志”,勾选“将黑色区域设为透明”。设置完成后单击“应用”即可完成道路标志的编辑,如图 9.23 所示。按同样操作再配置一个同样的警告标志,偏移量设置为 12 m。

图 9.23　警告标志设置

按上述操作完成其他标志设置,“设置位置”分别为 2 830 m,2 710 m,2 590 m,2 470 m,2 350 m,2 064 m,1 918 m,如图 9.24 所示,其偏移量等可以视情况设置。

如果“登记道路附属物”对话框中没有上述道路标志,可在“登记道路附属物”对话框中单击“下载”,跳转到“Road DB”界面下载。

图 9.24 标牌设置

(2) 路障设置

在编辑功能区中单击“道路附属物”图标,弹出“登记道路附属物”对话框,单击“模型”,双击“Pylon”标志,弹出“编辑道路标志”对话框,单击“配置组”,“配置数量”设置为 18,“开始位置”设置为 2 304 m,“配置间隔”/“固定值”设置为 2 m,“偏移”/“固定值”设置为 21 m,按上述方法设置其余 5 组路障,如图 9.25 所示。路障设置示意图如图 9.26、图 9.27 所示。

4. 场景触发设置

在主页功能区中单击场景中的“编辑场景”图标,弹出“编辑场景”对话框,选中“事件”后单击“编辑”按钮,弹出“编辑事件: 事件”对话框,单击“使用模拟”,在“模拟命令”栏中下拉单击“启动一辆新车”,“最高速度限制值”设置为 130 km/h。最终变换车道场景设置如图 9.28、图 9.29 所示。

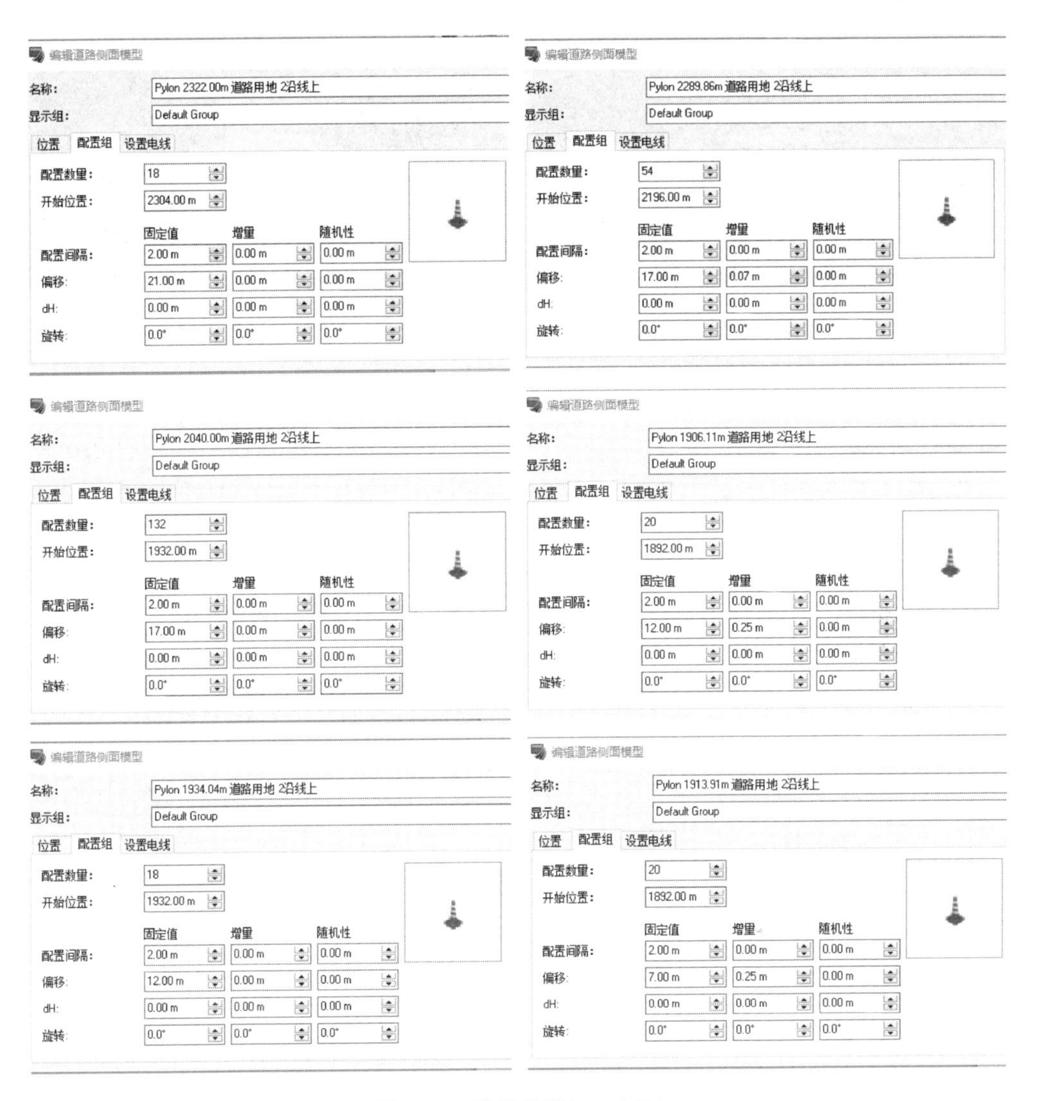

图 9.25　路障设置(1～6 组)

图 9.26　路障设置示意图(1)

图 9.27　路障设置示意图(2)

图 9.28　变换车道场景设置示意图(1)

图 9.29　变换车道场景设置示意图(2)

课后习题

1. 搭建场景：利用 3dmax 软件制作一个道路标志文件导入至 UC-win/Road 中，根据该标志实际应用场景设计城市道路，并将该标志应用到城市道路中。

2. 搭建场景：城市道路环境下，设计一条双向单车道，自车所在车道前方发生一起交通事故，自车需在交管部门指挥(路障引导)下，借对向车道绕过事故车辆，再回到自车车道继续行驶。

第 10 章 道路环境对驾驶行为影响的研究

10.1 能见度对追尾避撞行为影响的研究

10.1.1 场景设计

本研究目的是研究不同能见度水平下的追尾避撞行为和行驶安全性。

实验采用双向四车道高速公路，距离自车所在路段起点 100 m 处设置一辆前车，自车的避撞过程设置为 3 个场景：

① 前车停在自车前方，自车靠近前车，减速后停车。

② 自车在距前车 6 m 以内停车 1 s 后，前车以 1 m/s^2 的加速度加速至 60 km/h，自车也开始加速，继续跟随前车，然后前车以 60 km/h 的速度行驶 20 s 后又开始减速。

③ 前车以 5 m/s^2 的减速度紧急制动至完全停止，自车需制动以避免追尾，在自车完全停止后，前车也处于停车状态，然后自车向右并线超越前车，再返回超车道。

其中，前车与自车车速均为 60 km/h，车辆周围无交通流。

如图 10.1 所示为双向四车道高速公路。

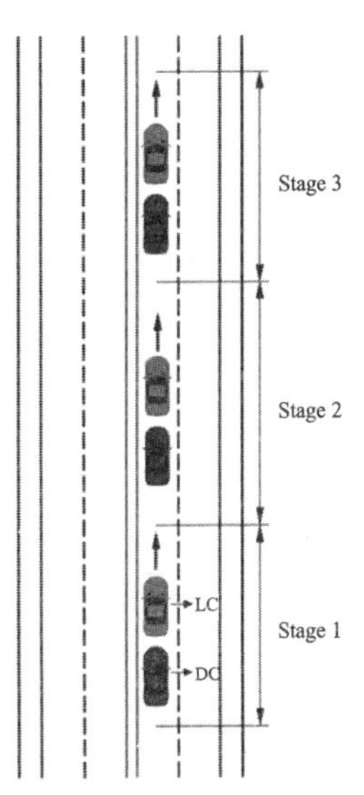

图 10.1 双向四车道高速公路

10.1.2 场景搭建

本段场景建模主要数据参数包括：

① 能见度=40 m。

② 实验预热路段长度为 600 m。

③ 公路设计速度为 100 km/h,最大允许道路坡度 $i=+4\%$(上坡),直线段。

④ 高速公路雾天被试的建议车速在 40～80 km/h,因此前车的速度设定为 60 km/h,行驶一段路程后开始减速,减速度为 5 m/s^2。

⑤ 自车限速 100 km/h,且始终位于超车道。

1. 地形设置

打开软件,在初始界面中单击文件功能区中的“新建项目”→“自定义”,弹出“设置新建项目地形”对话框,“实际宽度”和“实际高度”均设置为 10 km,在“地形标高”中选择“使用任意地形标高”,标高值设置为 20 m,如图 10.2 所示。设置完成后,单击“确定”。

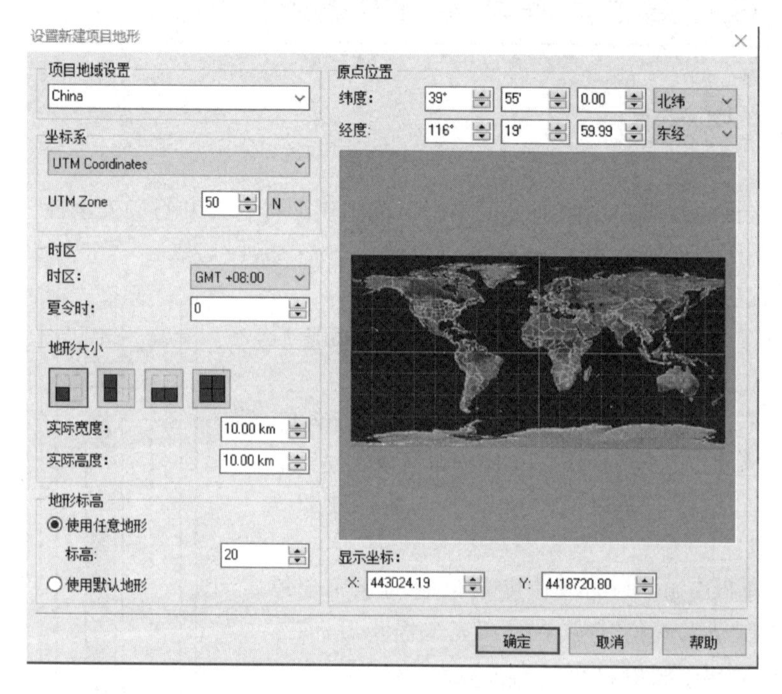

图 10.2　地形设置

2. 道路建模

(1) 道路设置

在编辑功能区中单击“道路平面图”图标,弹出“道路平面图”对话框,单击“定义道路”图标,单击道路平面界面的下方和上方区域,将其分别设置为道路的起点和终点,即设置完成“道路用地 1”。

(2) 道路方向变化点位置修正

右键单击道路起点,单击“编辑”→“方向变化点 1 -道路‘道路用地 1’”,弹出位置编辑对话框,单击“本地”,“X(东)”设置为 5 000,“Y(北)”设置为 1 000,单击左下角“锁定”按钮，对位置编辑进行锁定，如图 10.3 所示。同理，“道路用地 1 -方向变化点 2”的“本地”位置(X,Y)设置为(5 000,5 000)。

图 10.3　道路方向变化点位置修正

(3) 车道模型的下载及应用

对“道路用地 1”，双击或右键单击“编辑”→“道路‘道路用地 1’”，弹出“道路用地 1”的纵断面编辑对话框，单击“编辑道路截面”图标，弹出“登记道路截面”对话框，单击“下载”按钮，跳转到“Road DB”界面，搜索下载“双向四车道(斑马线+隔离带)”模型。下载完成后，关闭“登记道路截面”对话框，回到“道路用地 1”的纵断面编辑对话框，双击页面左侧蓝色线，弹出“编辑截面变化点”对话框，在界面名称处下拉选择“双向四车道(斑马线+隔离带)”，编辑完成后单击“确定”，如图 10.4 所示。

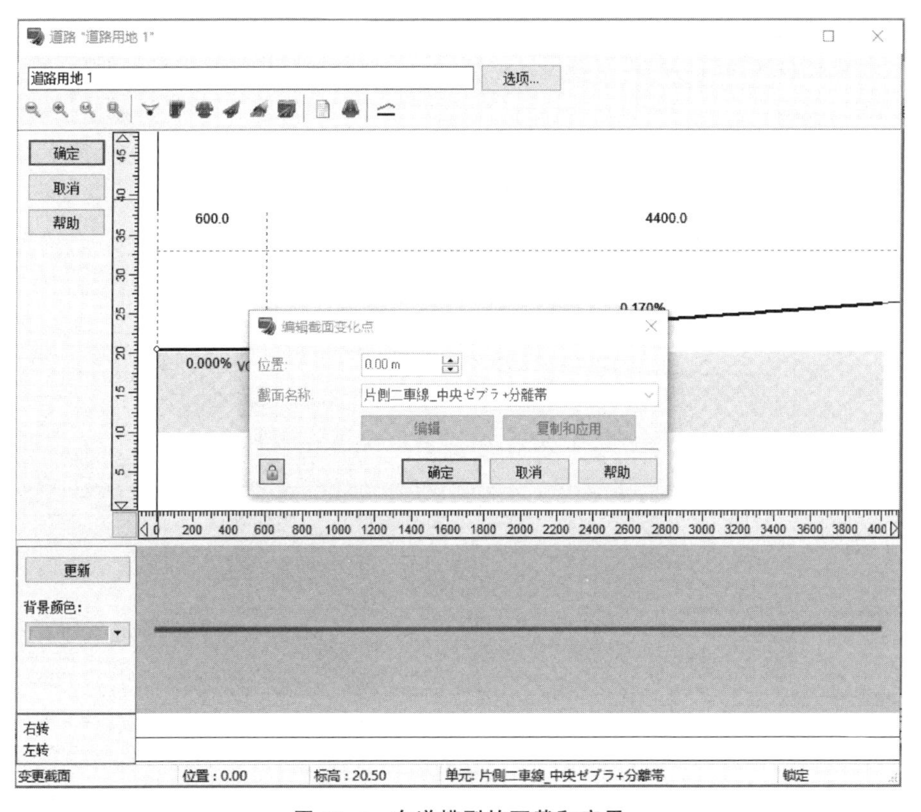

图 10.4　车道模型的下载和应用

(4) 道路坡度设置

单击"道路用地 1"的纵断面编辑对话框中"添加纵断变坡点"图标，单击道路纵断面线型可添加纵断变坡点，或者右键单击道路纵断面线型，选择"添加纵断变坡点"也可完成纵断变坡点的添加。添加完成后，右键单击新添加的纵断变坡点，选择"编辑纵断变坡点..."，弹出"变坡点编辑"对话框，"左侧距离"设置为 600 m，"Y 坐标"设置为 20.5 m，"VCL"自动生成50 m，设置完成后单击左下角"锁定"按钮，如图 10.5 所示。

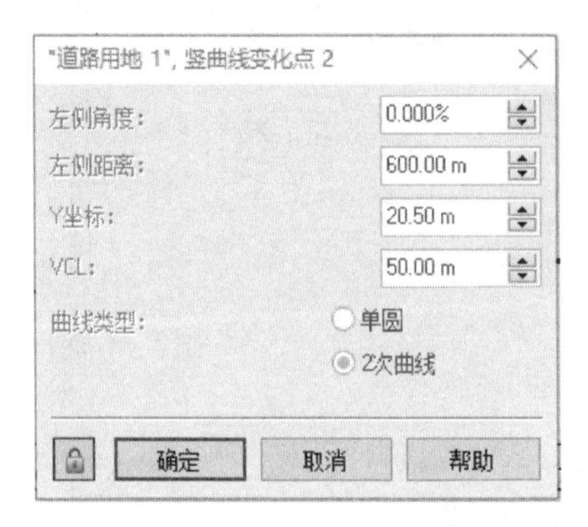

图 10.5 纵断变坡点设置

打开最左侧纵断变坡点的编辑对话框，"X 坐标"设置为 0 m，"Y 坐标"设置为 20.5 m；在最右侧纵断变坡点的编辑对话框中，"左侧距离"设置为 4 400 m，"Y 坐标"设置为 27.98 m，此时"左侧角度"自动调整至 0.170%，如图 10.6 所示，坡度地形示意图如图 10.7 所示。

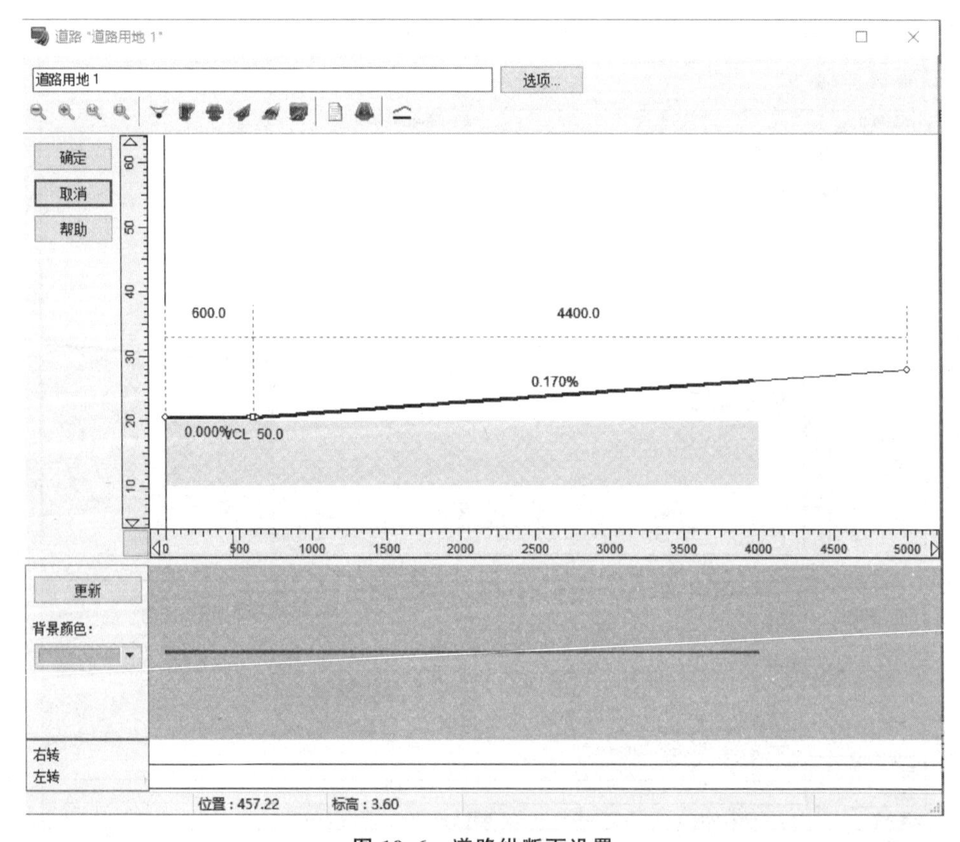

图 10.6 道路纵断面设置

图 10.7　坡度地形示意图

3. 场景触发设置

(1) 动作控制点设置

对“道路用地 1”,右键单击“添加”→“动作控制点-道路‘道路用地 1’”,弹出“动作控制点编辑-道路用地 1”对话框,将对话框右上角“位置”设置为 600 m,在左下角单击“添加”,即可添加一条控制命令,“命令栏”下拉选择“CHECK POINT”,该动作控制点即设置完毕。

对于速度变化点的设置,右键单击“道路用地 1”,选择“添加”→“动作控制点-道路‘道路用地 1’”,弹出“动作控制点编辑-道路用地 1”对话框,将对话框右上角“位置”设置为 1 300 m,在左下角单击“添加”,即可添加一条控制命令,“命令栏”下拉选择“CHANGE SPEED”,“备注 1”设置为 60,第一个速度变化动作控制点即设置完毕,如图 10.8 所示。另外 6 个动作控制点位置分别设置为:1 400 m,1 500 m,1 600 m,1 625 m,1 640 m,1650 m。

(2) 景况设置

在主页功能区中单击“描绘选项”图标,弹出“描绘选项”对话框,单击“雾”,取消勾选“显示雾”。单击“天气”,勾选“干燥”,单击“关闭”按钮。在主页功能区的显示环境菜单栏中单击“景况”后的“编辑景况”图标,弹出“编辑景况”对话框,单击“当前设置”,“描绘选项”下显示出实时的环境信息,勾选“太阳”“太阳月亮的位置”“风”“天气”“路面状态”“雾”“云”和“天空”8 个选项,最后单击下方“另存为”按钮,弹出“新建景况”对话框,将新建的景况重命名为“正常”(可任意命名)。

按上述步骤设置“雾”景况,在“雾的描绘选项”界面,勾选“显示雾”,“开始”滑动

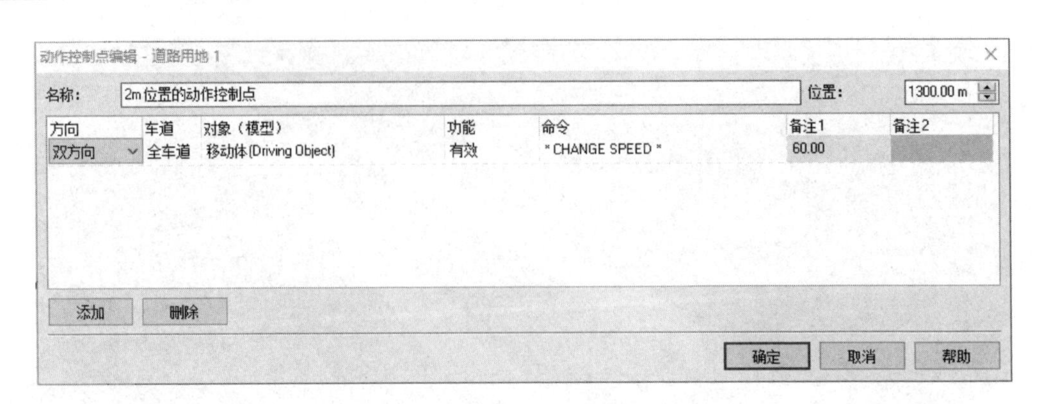

图 10.8　速度变化点设置

至 2 m,“结束”滑动至 42 m,可实现能见度为 40 m 的设定,如图 10.9 所示。雾的景况可命名为“雾(能见度=40 m)”。

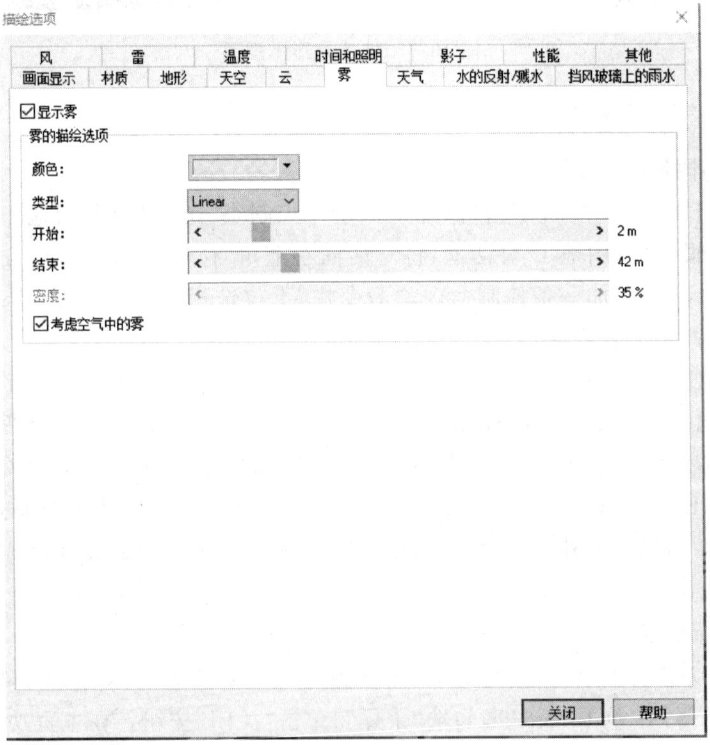

图 10.9　雾(能见度=40 m)

(3) 场景编辑

在主页功能区中单击场景中的“编辑场景”图标,弹出“编辑场景”对话框,单击“事件”,单击“编辑”按钮,弹出“编辑事件：事件”对话框,单击“使用模拟”,在“模拟命令”栏中下拉单击“启动一辆新车”,“最高速度限制值”设置为 100 km/h,“初始速度”设置为 80 km/h,“行驶车道”选择 2,单击“其他”,“景况名称”下拉选择“正常”,设置完成后单击“确定”。

针对出口设置,将“出口编号”设置为 1,单击“添加”,添加一个新的事件,命名为“雾中车辆出现”。“出口 1”第 1 栏选择“雾中车辆出现”,在“出口条件”一栏中单击“添加”,即可添加一条新的出口条件,对其进行编辑,具体步骤为:“条件”下拉选择“检测点动作控制点”,“项目 1”下拉选择“1 m 位置的动作控制点”。

针对雾中车辆出现设置,选中第 2 栏“雾中车辆出现”,单击“编辑”→“移动模型”,“模型类型”下拉选择“车辆模型”,“道路/飞行路径”下拉选择“道路用地 1”,“车道”选择 2,“开始位置”设置为 700 m,“初始速度”设置为 60 km/h,“目标速度”设置为 60 km/h,如图 10.10 所示。设置完成后单击“其他”,“景况名称”下拉选择“雾(能见度=40 m)”,设置完成后,单击“确定”。场景触发设置如图 10.11 所示。车辆出现、车辆停止变道躲避、车辆制动示意图分别如图 10.12～图 10.14 所示。

	模型类型	模型	道路/飞行路径	车道	行驶方法	开始位置	初始速度	目标速度	频率 (0 = once)	显示场景开始	旋...	循环	移动	自动 Custom ID	Custom ID
1	车辆模型	Coupe_LHD	道路用地 1	2	起点到终点	700 m	60 km/h	60 km/h	0 /h	☐	N/A	N/A	N/A	是	N/A

图 10.10　移动模型设置

图 10.11　场景触发设置

图 10.12　车辆出现

图 10.13　车辆停止变道躲避

图 10.14　车辆制动

10.2　广告牌设计对驾驶操作的影响分析

10.2.1　场景设计

本研究目的是通过驾驶模拟器研究广告牌设计对驾驶绩效和碰撞概率的影响。

实验场景为一条 28 km 长的双向四车道的郊区道路，道路中央设有分隔带，道路两侧每公里有大约 45 座建筑物，其中每公里有 4 块广告牌放置在建筑物上，广告牌随机分布在行驶路线上，同时道路两侧还有 160 名行人和 20 辆停放车辆。设置每个方向交通流为每公里约有 40 辆车。驾驶人在实验道路上遵照限速规定行驶，冲突场景包括行人从路边突然冲出、前车突然制动、车辆从路边冲出以及前方车辆倒车等。

10.2.2　场景搭建

1. 地形设置

打开软件，在初始界面中单击文件功能区中的“新建项目”→“自定义”，弹出“设置新建项目地形”对话框，由于该场景道路长为 28 km，因此设置的宽度和高度应超过 28 km，“实际宽度”和“实际高度”均设置为 30 km，在“地形标高”中单击选择“使用任意地形标高”，标高值设置为 10 m，设置完成后，单击“确定”。

2. 道路建模

(1) 道路设置

该场景中道路为一条双向四车道道路，参考前文所述，新建一条直行道路即可。

(2) 道路方向变化点位置修正

右键单击纵向道路起点处，单击“编辑”→“方向变化点 1 -道路‘道路用地 1’”，弹出位置编辑对话框，单击“本地”，将“X(东)”和“Y(北)”都修改为整数即可，设置完成后单击左下角“锁定”按钮，对位置编辑进行锁定。同理，对“方向变化点 2”参数进行修改。

(3) 修改道路截面

双击或右键单击“道路用地 1”→“编辑”→“道路‘道路用地 1’”，弹出“道路用地 1”的纵断面编辑对话框，单击“编辑道路截面”图标，弹出“登记道路截面”对话框，单击“下载”按钮，跳转到“Road DB”界面，下载合适的四车道场景，本例中下载的是“双车道(有护栏)”截面。

由于本例中设有行人交通流，所以需要在道路截面中添加人行横道，并删除人行横道旁边的护栏。双击下载的道路截面，选中图 10.15 圈出的两栏内容，单击“删除”，然后单击“插入”，修改 X1 坐标为 9.8，X2 坐标为 12.8，并修改分类栏内容为人行道，按照之前所述步骤修改截面材料为人行道材料，如图 10.16 所示。最后，按照相同的步骤，在道路左侧添加人行横道。

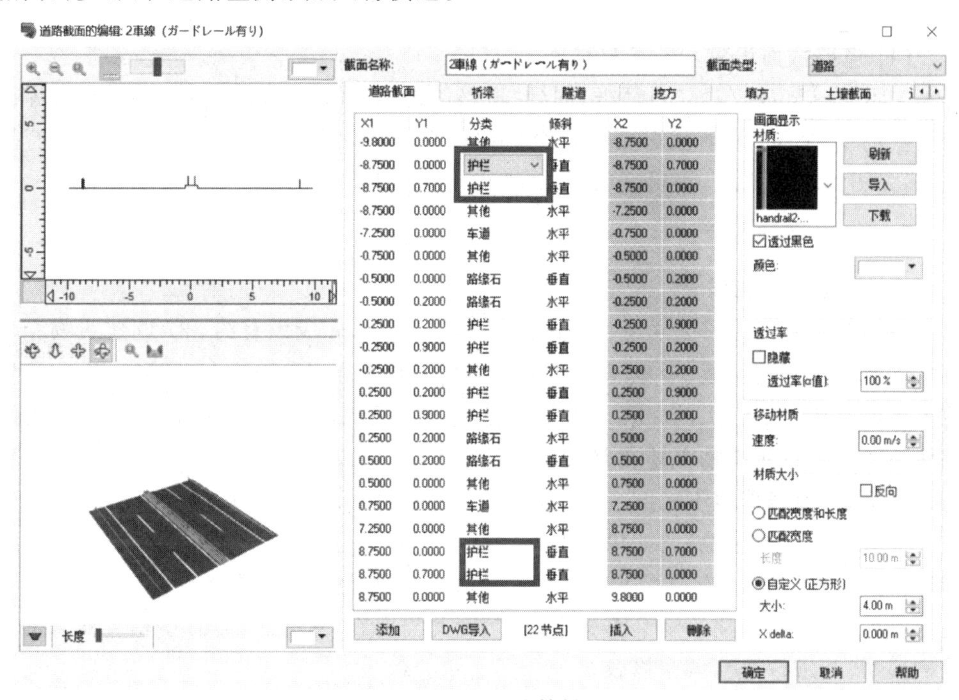

图 10.15　删除护栏

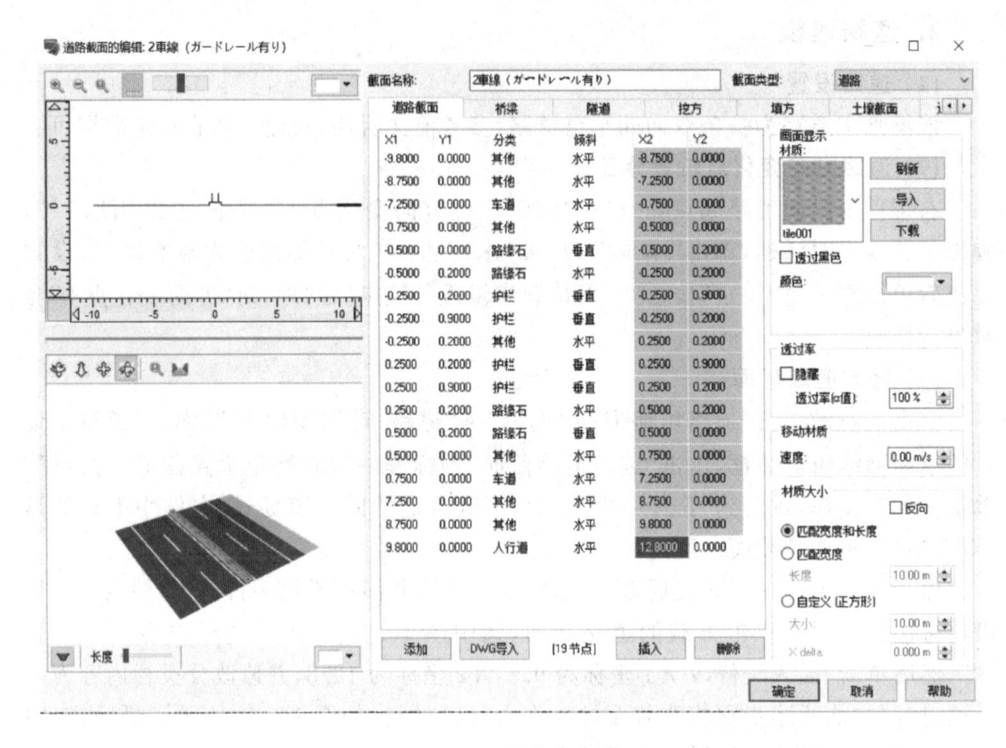

图 10.16　添加人行道

(4) 道路截面设置

关闭“登记道路截面”对话框，回到“道路用地 1”的纵断面编辑对话框，双击界面左侧蓝色线，弹出“编辑截面变化点”对话框，在截面名称处下拉选择“双车道(有护栏)”，如图 10.17 所示，编辑完成后单击“确定”按钮。

3. 道路环境设置

(1) 路边建筑物设置

该场景要求路边每公里有 45 座建筑物，即 7.5 km 应设有约 337 座建筑物。单击“道路附属物”图标→“模型”，双击选择需要放置的模型，单击配置组，修改放置的数量以及建筑物之间的间隔。为增加建筑物间距的随机性，可以根据需求修改随机性的值。为将建筑物配置在路边而不是路面上，修改偏移为“－20”，由于各建筑物的大小不同，该偏移也不相同，应根据实际情况进行修改，如图 10.18 所示。

随后选择其他建筑物，如果模型库中没有满意的建筑物，可以单击“下载”按钮，选择需要的建筑物并按照上述步骤设置。由于增加了间距的随机性，在设置完所有建筑物后，可能有些建筑物会重叠在一起，因此需要在“道路平面图”中检查所有的建筑物模型，并进行适当调整修改。

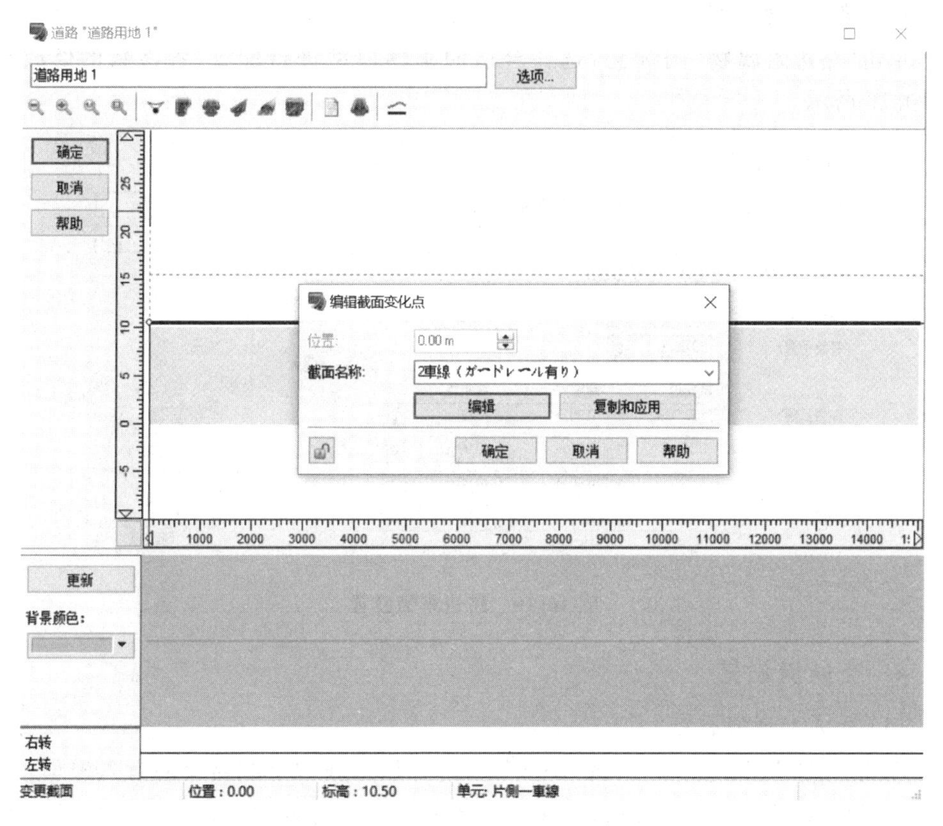

图 10.17　道路截面设置

图 10.18　路边建筑物设置

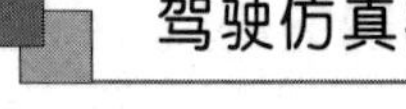

(2) 路边车辆设置

单击“路边附属物”图标，选择合适的车辆模型进行配置，各参数的修改如图 10.19 所示。

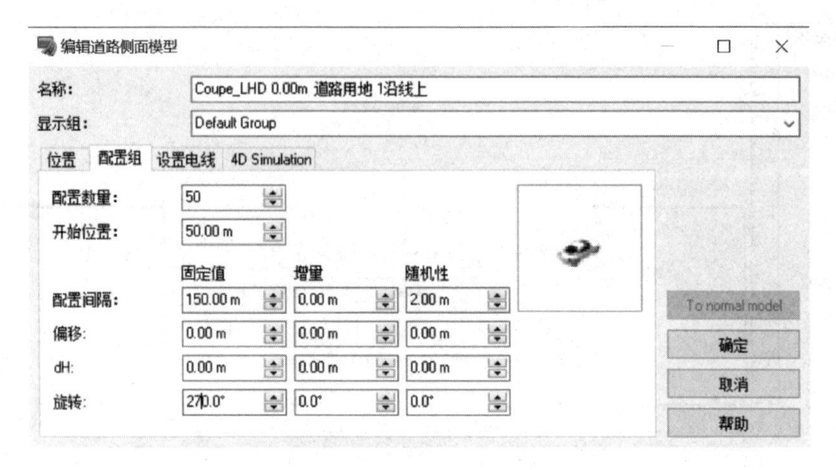

图 10.19　路边车辆设置

4. 交通流设置

(1) 行人交通流设置

单击“MD3”图标→“下载 MD3”按钮，在模型库中下载需要的行人模型。单击“网络”图标→“新建”按钮，新建步行者分布和步行者网络，双击“步行者分布”进行编辑，单击“添加”按钮，修改步行者 3D 模型和各模型的比例，如图 10.20 所示。

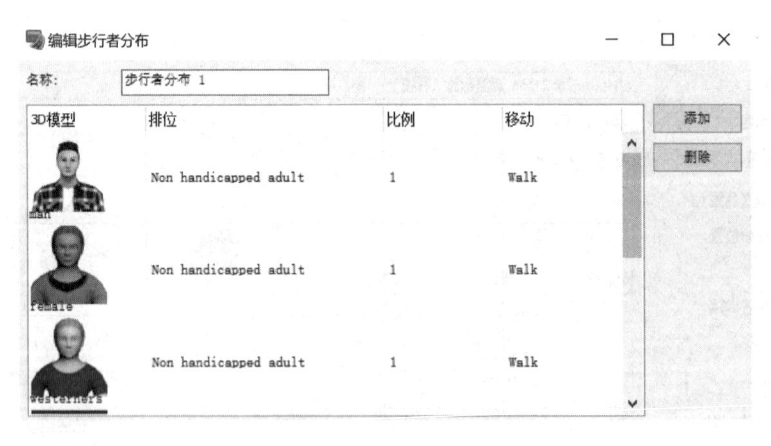

图 10.20　步行者分布设置

单击“网络”→“步行 1”→“编辑”，在编辑网络中，单击“新建”→“通道”，弹出对话框，在主画面人行横道上点两个点后，单击“确定”，如图 10.21 所示。然后单击“节点”→“编辑”修改节点坐标，由于所选节点在人行横道上，因此可以不修改 X 方向坐标，修改两节点 Y 坐标与道路起终点 Y 坐标相同即可。

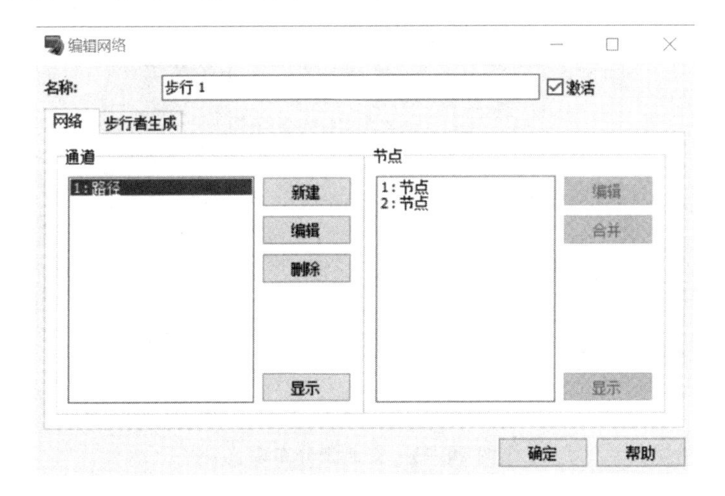

图 10.21　网络设置

最后单击“步行者生成”，修改行人流的相关参数，由于该场景要求每公里 160 名行人，行人步速约为 3.6 km/h，因此行人交通量大小约为 576 人/小时，设置比率为 500，最大人数和初始人数设为 200 人，如图 10.22 所示。

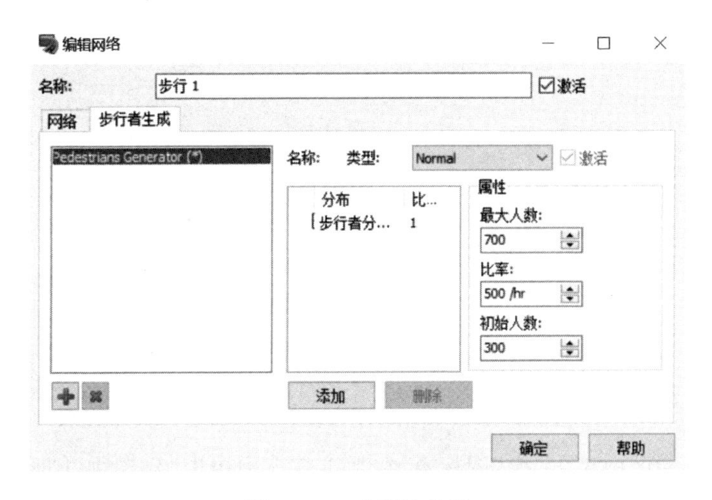

图 10.22　交通流设置

(2) 车辆交通流设置

单击“交通”图标，在弹出对话框中单击“分布”→“新建”，与步行者分布设置类似，设置交通流分布。然后在“登记交通流”对话框中，选中“道路用地 1 -终点方向”交通流进行编辑，在该场景中车速设为 50 km/h 时，交通量为 2 000，修改交通量参数及分布类型，如图 10.23、图 10.24 所示。

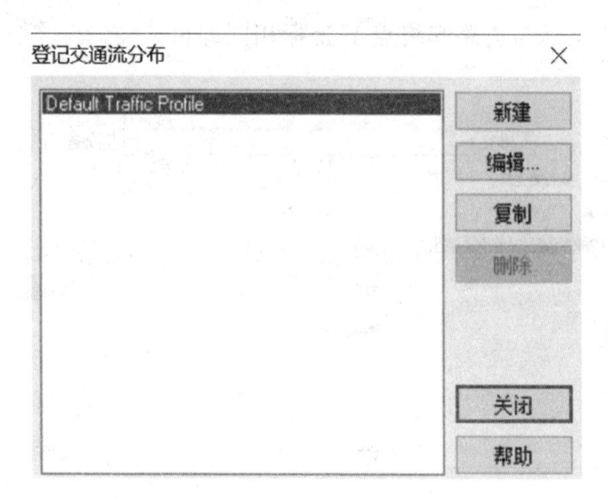

图 10.23　交通流分布设置

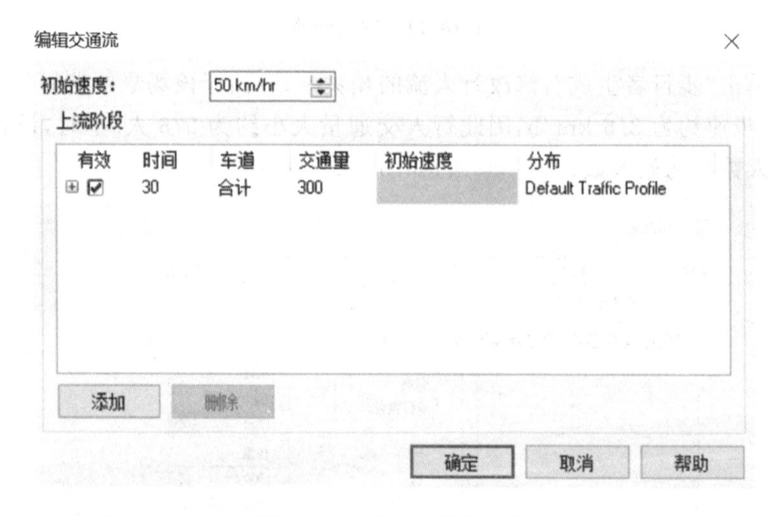

图 10.24　车辆交通流设置

5. 广告牌设置

在编辑功能区中单击“库”图标，在弹出窗口中单击“建筑物”图标，选择合适的建筑物，单击主界面，将建筑物模型放置在道路两侧。

在上述弹出窗口中，单击“菜单”选项 菜单 →“导入”→“视频墙”，将准备好的视频文件导入，即可完成视频墙的制作。然后，单击“视频墙”图标，即可找到上一步中导入的视频墙，单击选中这个视频墙，单击主界面的建筑物模型，将视频墙放在建筑物模型外表面。如果位置不合适，也可以拖动视频墙模型以调整其放置位置，如图 10.25 所示。

图 10.25　广告牌设置

6. 场景触发设置

(1) 动作控制点设置

在编辑功能区中单击“道路平面图”图标，弹出“道路平面图”对话框，右键单击“添加”→“动作控制点一道路‘道路用地 1’”，弹出“动作控制点编辑”对话框，将右上角“位置”设置为 1 000 m，在左下角单击“添加”，即可添加一条控制命令，在“命令”一栏中，下拉选择“CHECKPOINT”，如图 10.26 所示。

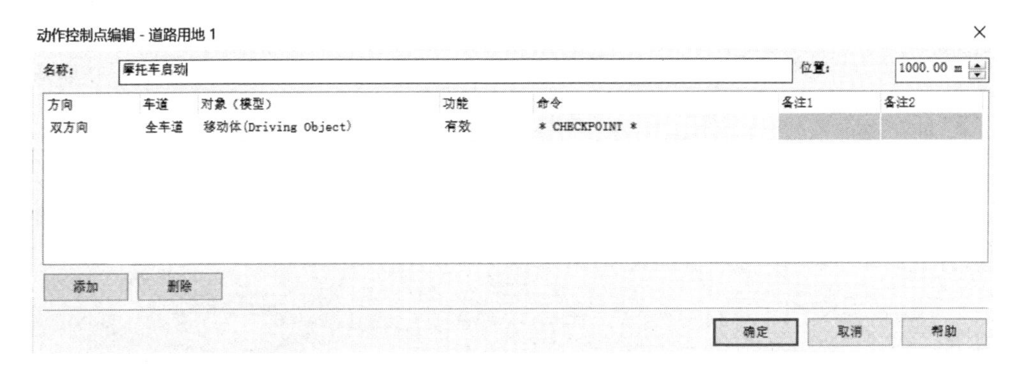

图 10.26　动作控制点设置

针对速度变化点设置，右键单击“道路用地 1”，单击“添加”→“动作控制点-道路‘道路用地 1’”，弹出“动作控制点编辑-道路用地 1”对话框，将右上角“位置”设置为 1 300 m，在左下角单击“添加”，即可添加一条控制命令。“命令栏”下拉选择“CHANGE SPEED”，“备注 1”设置为 80，第一个速度变化动作控制点即设置完毕，如图 10.27 所示。速度变化点共需设置 5 个，另外 4 个动作控制点位置分别设置为：1 400 m，1 450 m，1 700 m，2 000 m，“备注 1”分别设置为：70，60，50，40。

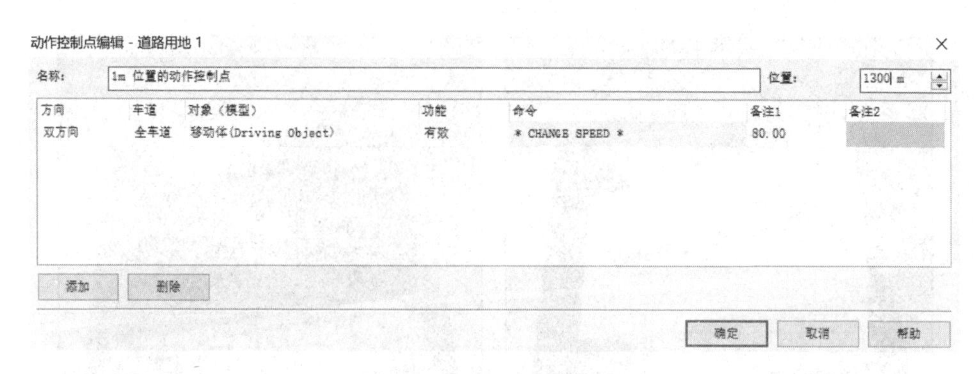

图 10.27　速度变化控制点设置

(2) 场景编辑设置

在主页功能区中单击场景中的“编辑场景”图标，弹出“编辑场景”对话框，单击“事件”→“编辑”按钮，弹出“编辑事件：事件”对话框，单击“使用模拟”，在“模拟命令”栏中下拉单击“启动一辆新车”，“最高速度限制值”设置为 120 km/h。

单击“添加”，添加一个新的事件，命名为“摩托车刹车”，单击“编辑”→“移动模型”，“模型类型”下拉选择“车辆模型”，选择摩托车模型；在“道路/飞行路径”中下拉选择“道路用地 1”，“车道”选择 1，“开始位置”设置为 1 301 m，“初始速度”设置为 100 km/h，“目标速度”设置为 100 km/h，如图 10.28 所示。

使用模拟　移动模型　模型控制　实行命令　多媒体　交通 标志　扩展功能　用户变数　其他

	模型类型	模型	道路/飞行路径	车道	行驶方法	开始位置	初始速度	目标速度
1	车辆模型	Bike	道路用地 1	1	起点到终点	1301 m	100 km/h	100 km/h

图 10.28　场景编辑设置

行人、车辆冲出还有车辆倒车的场景设置与之前卡车冲出的设置(6.5.3)步骤相似，设置结果如图 10.29～图 10.34 所示。

图 10.29　行人开始过街

图 10.30　汽车减速及行人通过

图 10.31　汽车未减速与行人碰撞

图 10.32　摩托车制动示意图(1)

图 10.33　摩托车制动示意图(2)

图 10.34　摩托车制动示意图(3)

课后习题

1. 搭建场景：在低能见度条件(能见度＝40 m)下，搭建一个连续弯道场景，弯道曲线半径以及坡度自定(最大允许坡度不超过±4%)。在自车前方设计一辆前车，当自车行驶到某些特定位置时，前车执行加速、减速、变道等操作。

2. 搭建场景：实地考察本地的商场，录制其广告牌视频内容导入 UC-win/Road，在软件中根据商场建筑的外观进行建模，建筑物模型上需完整展示广告牌内容。此外，还需根据商场周边实际道路状况绘制道路、交叉口，合理分配交通流。

第 11 章

UC-win/Road 的二次开发

对于软件中尚未实现的功能，UC-win/Road 提供 SDK 方便用户进行二次开发，改进其功能。本章重点介绍开发环境搭建、插件制作以及二次开发案例 3 部分内容。

11.1 开发环境搭建

对于本书使用的 UC-win/Road 版本，二次开发使用的语言是 Embarcadero 公司的 Delphi，采用与软件版本相对应的 SDK。本节主要介绍 SDK 功能以及 Delphi 环境的搭建。

11.1.1 SDK 介绍

SDK(Software Development Kit)是指软件的开发工具包，是为制作应用程序提供必要的文件、项目、文档和样例的集合。SDK 安装后文件夹中内容如图 11.1 所示，其中 *.chm 文件为主要的帮助文件，可以在遇到问题时进行查看。

图 11.1 SDK 安装

UC-win/Road SDK 是一种软件开发组件，主要提供开发 UC-win/Road 插件的程序库以及 API、样本程序。其基本功能包括：

(1) 获取、改变构成 VR 空间的静态数据

① 地形：构成的多边形坐标、指定平面坐标的标高、网格大小、坐标系的转换。

② 道路线形：平面线形、纵断面线形的 IP 点坐标、道路长、坡度、缓和曲线、圆弧设置、各车道信息。

③ 道路断面：横断面形状、车道、缘石等分类、填挖方、隧道断面形状、属性、材质参考。

④ 交叉口：交叉口形状、材质、路面标记、行驶路径、信号显示(信号灯、信号阶段、交通控制)。

⑤ 模型：构成多边形、材质、基本色、部件构成、大小、动作设置、旋转、比例、原点位置。

⑥ 配置模型：大楼、2D 树、3D 树、车辆、背景、标识、道路附属物、视频墙、3D 文字。

(2) GUI(Graphical User Interface)相关功能

① 输入/信息显示对话的追加：制作参数的输入界面、显示信息界面，并可对其进行控制。

② 控件的添加、现有控件的控制：在主界面添加菜单项目、工具栏，此外，选择既存的控件时，改变效果。

(3) 模型、特征人物的实时控制

① 特征人物坐标的控制：通过实时控制坐标、朝向、倾斜等，可调用控制特征人物，用于其他可视化分析程序的实现。

② 可动部件的控制：通过调用事先设置好的对 3D 模型的动作设定，可以控制模型部件的运动。

(4) 主界面的视点控制

视点(照相机位置)可自由控制，可从不同角度观察目标模型。

(5) OpenGL 控制的自由描绘

可直接在 OpenGL 上描绘 3D 画像。

(6) 驾驶模拟的控制

UC-win/Road 中进行的车辆动力学的控制，通过 SDK 开发的插件可置换内部运动模型，用于车辆的稳定性、舒适性评估，新技术评估讨论等研究开发。此外，还可与外部程序的车辆运动模型的计算进行置换，如 CarSim 等。

(7) LOG 功能

驾驶车辆、周围车辆、步行者等的坐标、朝向、方向盘、油门开合度等信息实时获取功能，获取的信息可保存到文件用于事后分析。

(8) 与输入设备的互动功能

通过键盘、鼠标、游戏控制器等外部输入设备操作控制软件。

(9) 其他控制

① 场景/脚本：场景-事件列表的读取、添加、删除等编辑，脚本的读取、添加、删除、事件迁移时的处理。

② 交通：交通模拟参数(每小时生成车辆数等)、交通分布(生成车辆的种类)。

③ 其他：景况(环境、显示控制)、照相机视图的控制、UC-win/Road 标准插件的控制。

11.1.2 Delphi 环境搭建

安装合适版本的 Delphi 后，对系统的环境进行配置。

(1) 路径添加

打开软件后，单击菜单栏“Tools→Options”打开选项设置界面，在“Environment Options→Environment Variables”的“path”中追加“SDK 安装文件夹\Library\win32”。环境变量中的 path 是 Delphi 能正确的安装与加载所必需的。

(2) 库添加

打开软件后，单击菜单栏“Tools→Options”打开选项设置界面，在“Environment Options→Delphi Options→Library”中，“Platform”选择“32-bit Windows”，使用右边的“...”键打开库界面，在 Library Path 中添加“SDK 安装文件夹\Library\$(Platform)”。再选择“64-bit Windows”进行同样操作。为了在编写代码时 delphi 能正确的获取所引用的(元(dcp)件)，我们可以对所有工程统一设置，也可以对单独工程分别设置，这里的 library path 就是统一设置的位置，分别设置的位置在项目属性的 search path 中。

(3) 调试器添加

打开软件后，单击菜单栏“Tools→Options”打开选项设置界面，在“Debugger Options→Embarcadero Debuggers”的“Path→Debug symbols search path”中添加“SDK 安装文件夹\Library\Win64”。这里的路径是为了 64 位调试器能够找到对应的资源(件(* . r)m)。

(4) 插件添加

打开软件后，单击菜单栏“component→Install packages...”，单击“add...”按键，在“SDK 安装文件夹\Library”选择 UCwinRoadEditors. bpl 并单击“打开”，确认“FORUM8—UCwinRoad Components all in one”被追加之后单击“OK”，如图 11.2 所示。

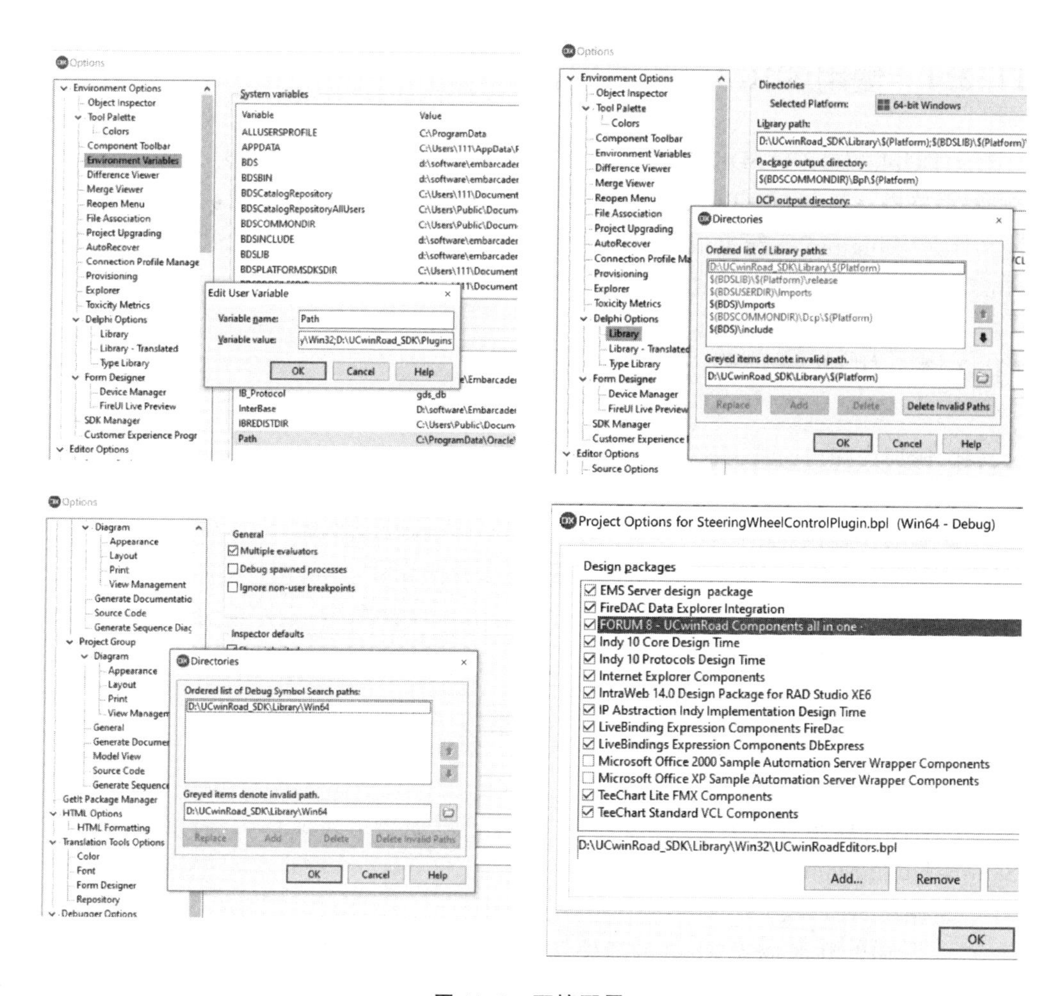

图 11.2　环境配置

11.2　插件制作

插件是指用于在应用软件中添加功能的小程序，可以扩张功能以及提高操作性，是内置软件的一种。使用 Delphi 制作的插件扩展名为 bpl(Borland Package Library)。开发环境搭建结束后就可以进行插件的制作，包括使用 SDK 中样例生成插件以及制作新插件。

11.2.1 使用 SDK 中插件流程

从 Delphi 中打开“SDK 安装文件夹→UC-winRoad_SDK_版本号. groupproj”，选择“菜单栏→Project→Build All Projects”生成样例插件，生成完成后，将“SDK 安装文件夹\Plugins”下新生成的 Bpl 文件复制到“UC-win/Road Data 文件夹\Plugins”目录下，运行 Road 测试。

11.2.2 生成新插件流程

① 添加工程

选择 Delphi“菜单→project→add new project”，类型选择 Package。

② 修改工程设置

双击选中工程后，单击“project→Opitions→Delphi Compiler→package output directory”选择“UC-win/Road Data 文件夹\plugins”；“Debugger”中“Host application”选择“Road 目录 \UCwinRoad. exe”。

③ 添加引用

在项目管理器右键单击“Add Reference”，在弹出的窗体里添加 F8PluginCore。

④ 添加文件

在项目管理器右键单击“Add New→Unit”添加新单元文件，并将之重命名为 SamplePluginMain。

⑤ 调用 API

① 将 BPL 注册成为 Road 的插件，添加如下代码。其中，以 unit 开头的是单元文件；从 interface 到 implementation 为止为接口部分，可以在这里编写类型、常量、变量、过程和函数的定义；uses 罗列在接口部分被使用的相关单元；procedure 是函数部分，这里的 3 个函数是 3 个回调函数。Road 插件管理器在执行时会尝试寻找这些函数，来完成插件的注册等功能。在注册时需要获取插件名称与 API 版本。RegisterUserPlugin 函数版本几经改动，目前版本同时支持这两个重载。

```
1.  unit  SamplePluginMain;
2.
3.  interface
4.
5.  uses
6.          PluginCore;
7.
8.  //UC-win/Road  plugin  callback
9.  //procedure  RegisterUserPlugin(out  optionName,  apiVersion  :  String); //
```

```
before  v10.2.0  ,since  v11.2.0
    10.  procedure  RegisterUserPlugin(out  optionName,  apiVersion,  copyright:
String);
    11.  //since   v10.2.0
    12.  procedure  LoadPlugin;
    13.  procedure  UnloadPlugin;
    14.
    15.  implementation
    16.
    17.  procedure  RegisterUserPlugin(out  optionName,  apiVersion,  copyright:
String);
    18.          begin
    19.          optionName  := 'SamplePlugin180110';
    20.          apiVersion  :=  PLUGIN_VERSION;
    21.          copyright  := 'Forum8';
    22.          end;
    23.
    24.  procedure  LoadPlugin;
    25.          begin
    26.
    27.          end;
    28.
    29.  procedure  UnloadPlugin;
    30.          begin
    31.
    32.          end;
```

② 在 Delphi 主界面中单击“Project→rebuild　Sample”。若无错误出现，单击“F9”执行确认。执行后在主机程序的位置上启动指定的 UC-win/Road 并自动读取 Sample 插件。若插件制作没问题则会在 UC-win/Road“设置插件”中的 user　plugins 下方显示。

③ 为了获取 API 接口(应用程序服务接口)，添加如下代码。主要操作包括新定义一个类 TSamplePlugin，为了方便使用一些功能，让这个类继承自 TF8PluginClass 类。对 AfterConstruction 与 BeforeDestruction 这两个函数进行重载，在这个类被创建后和销毁前执行一些额外操作。在 LoadPlugin 过程中创建 TSamplePlugin 类的实例，在 UnloadPlugin 过程中销毁 TSamplePlugin 类的实例。RegisterPluginObject 与 UnRegisterPluginObject 能够让后续一些操作更方便。在类创建后获取 API，在类销毁前释放 API，其中，Supports(A,B,C)函数的效果是如果 A 对象继承了 B 接口则将 A 对象的指针赋值于 C 变量。

```
    1.   unit SamplePluginMain;
```

```
2.
3.  interface
4.
5.  uses
6.      SysUtils,
7.      PluginCore;
8.
9.  type
10.     TSamplePlugin  = class(TF8PluginClass)
11.         strictprivate
12.             p_winRoadApplication : IF8ApplicationServices;
13.
14.         public
15.             procedure AfterConstruction; override;
16.             procedure BeforeDestruction; override;
17.             property roadAPI : IF8ApplicationServices read p_winRoadApplication;
18.     end;
19.
20. //UC-win/Road plugin callback
21. ～中间省略
22.
23. var
24.     SamplePlugin : TSamplePlugin;
25.
26. implementation
27.
28. procedure RegisterUserPlugin(out optionName, apiVersion, copyright: String);
29. Begin
30. ～中间省略
31.     end;
32.
33. procedure LoadPlugin;
34.     begin
35.     if not Assigned(SamplePlugin) then
36.         SamplePlugin := TSamplePlugin.Create();
37.     if Assigned(SamplePlugin) and Assigned(SamplePlugin.roadAPI) then
38.         SamplePlugin.roadAPI.RegisterPluginObject(SamplePlugin);
39.     end;
40.
41. procedure UnloadPlugin;
42.     begin
43.     if Assigned(SamplePlugin) and Assigned(SamplePlugin.roadAPI) then
```

```
44.          SamplePlugin.roadAPI.UnRegisterPluginObject(SamplePlugin);
45.      SamplePlugin.Free();
46.      end;
47.
48.  { TSamplePlugin }
49.  // ==========================================================
50.  // On plugin creation :
51.  // Gets the interface ofthe application.
52.  // ==========================================================
53.  procedure TSamplePlugin.AfterConstruction;
54.      begin
55.      inherited;
56.      Supports(ApplicationServices, IF8ApplicationServices, p_winRoadApplication);
57.      end;
58.
59.  // ==========================================================
60.  // On plugin destruction :
61.  // Releases the interface of the application.
62.  // ==========================================================
63.  procedure TSamplePlugin.BeforeDestruction;
64.      begin
65.      p_winRoadApplication := nil;
66.      inherited;
67.      end;
68.
69.  end.
```

11.3 二次开发案例

本节重点介绍道路纵段线形的自动设置、自动驾驶车辆的接管设置、行人控制及车辆模型更换等案例的二次开发的详细过程。

11.3.1 主要接口

UC-win/Road 有一些常用的接口，如表 11.1 所列，使用这些接口可以同软件进行交互。由于接口都是在 PluginCore 包内声明的，要访问下列接口的话，必须在引用中加入 PluginCore。

表 11.1 主要接口简介

接口名	内　容
IF8UserPlugin	制作插件时所必要的接口
IF8ApplicationService	UC-win/Road 应用程序的接口
IF8ProjectForRoad	项目的接口
IF8Road	道路对象的接口
IF8Terrain	地形对象的接口
IF8DBObject	全部对象的接口
IF8ThreeDeeStudio	3D 对象的接口
IFModelInstance	3D 模型实例的接口
IF8OpenGLPlugin	OpenGL 描绘所使用的接口
IF8LogServer	LOG 获取中所使用的接口

11.3.2 道路纵段线形的自动设置

使用纵断线形插件对在 UC-win/Road 中生成的道路设置沿着地形的转折点。转折点的间隔默认为 50 m,也可直接输入间隔距离。功能执行与间隔输入均可在 UC-win/Road 纵段线形界面进行,使用如下代码进行插件设计。

为二次开发 UC-win/Road 的纵断线形编辑窗口需要两个必要的时机,一个时机是窗口打开的时候,另一个时机是窗口关闭的时候。编辑窗口打开时增加“设置间隔”按钮和“间隔”编辑框。编辑画面关闭时,销毁它们。为此需要注册两个回调函数, FormVerticalCurveEditorShowEvent 和 FormVerticalCurveEditorCloseEvent 这两个事件分别在纵断线形编辑窗体的 show 和 close 中被调用。这两个 Event 和 IF8ApplicationServices 一样,需要在插件的生成后与释放前生成、释放。

```
1.    unit SamplePluginMain;
2.
3.    interface
4.
5.    uses
6.        SysUtils,
7.        VCL.Forms,
8.        VCL.Menus,
9.        VCL.Controls,
10.       VCL.StdCtrls,
11.       VCL.ExtCtrls,
12.       PluginCore,
```

```
13.         F8PaintBox;
14.
15.     type
16.         TSamplePlugin  = class(TF8PluginClass)
17.             strictprivate
18.                 p_winRoadApplication : IF8ApplicationServices;
19.                 p_Road          : IF8Road;
20.                 p_PaintBox      : TF8Paintbox;
21.                 p_Button        : TButton;
22.                 p_Edit          : TEdit;
23.                 p_Interval      : Double;
24.             public
25.                 procedure AfterConstruction; override;
26.                 procedure BeforeDestruction; override;
27.
28.                 //   Event Handler
29.                 procedure FormVerticalCurveEditorShowEvent(form: TForm; paintBox:
TF8PaintBox; road: IF8Road);
30.                 procedure FormVerticalCurveEditorCloseEvent(form: TForm);
31.
32.                 property roadAPI : IF8ApplicationServices read p_winRoadApplication;
33.         end;
34.
35.     ～中间省略
36.
37.     var
38.         SamplePlugin : TSamplePlugin;
39.
40.     implementation
41.
42.     ～中间省略
43.
44.     procedure TSamplePlugin.AfterConstruction;
45.         var
46.             method : TMethod;
47.         begin
48.         inherited;
49.         Supports(ApplicationServices, IF8ApplicationServices, p_winRoadApplication);
50.
51.         //  [ Show Vertical Curve Editor ]
52.         FormVerticalCurveEditorShowProc(method) := FormVerticalCurveEditorShowEvent;
53.         roadAPI.RegisterEventHandler( _plgFormVerticalCurveEditorShow, method);
```

```
54.
55.        // [ Close Vertical Curve Editor ]
56.        FormShowCloseProc(method) := FormVerticalCurveEditorCloseEvent;
57.        roadAPI.RegisterEventHandler( _plgFormVerticalCurveEditorClose, method);
58.        end;
59.    procedure TSamplePlugin.BeforeDestruction;
60.        var
61.            method : TMethod;
62.        begin
63.        FormVerticalCurveEditorShowProc(method) := FormVerticalCurveEditorShowEvent;
64.        roadAPI.UnRegisterEventHandler( _plgFormVerticalCurveEditorShow, method);
65.
66.        FormShowCloseProc(method) := FormVerticalCurveEditorCloseEvent;
67.        roadAPI.UnRegisterEventHandler( _plgFormVerticalCurveEditorClose, method);
68.
69.        p_winRoadApplication := nil;
70.        inherited;
71.        end;
72.
73.    procedure TSamplePlugin.FormVerticalCurveEditorShowEvent(form: TForm; paintBox:
TF8PaintBox; road: IF8Road);
74.        var
75.            aToolPanel   : TPanel;
76.        begin
77.        p_PaintBox := paintBox;
78.        p_Road     := road;
79.        p_Interval := 50.0;
80.
81.        aToolPanel := form.FindComponent( 'PanelTool' ) as TPanel;
82.        Assert( Assigned(aToolPanel) );
83.
84.        p_Button := TButton.Create( form );
85.        p_Button.Name    := 'btnSamplePlugin';
86.        p_Button.Parent  := aToolPanel;
87.        p_Button.Left    := aToolPanel.ClientWidth - 200;
88.        p_Button.Top     := aToolPanel.ClientHeight - 30;
89.        p_Button.Width   := 120;
90.        p_Button.Height  := 24;
91.        p_Button.Anchors := [ akRight ];
92.        p_Button.Caption := 'Set Interval';
93.
94.        p_Edit := TEdit.Create( form );
```

```
95.        p_Edit.Name        := 'editSamplePlugin';
96.        p_Edit.Parent      := aToolPanel;
97.        p_Edit.Left        := aToolPanel.ClientWidth - 70;
98.        p_Edit.Top         := aToolPanel.ClientHeight - 30;
99.        p_Edit.Width       := 60;
100.       p_Edit.Height      := 24;
101.       p_Edit.Anchors     := [ akRight ];
102.       p_Edit.Text        := FloatToStr( p_Interval );
103.       end;
104.
105. procedure TSamplePlugin.FormVerticalCurveEditorCloseEvent(form: TForm);
106.       begin
107.       p_Road := nil;
108.       FreeAndNil( p_Button );
109.       FreeAndNil( p_Edit );
110.       end;
111.
112. end.
```

11.3.3 通过转向刹车以及方向盘控制自动驾驶车辆的接管

使用接管插件对在 UC-win/Road 中的接管方式进行修改。默认的自动驾驶接管为手动驾驶，方案是通过按钮条件触发，修改为感受到方向盘角度大于 2°或者刹车油门开度大于 10%，使用如下代码进行插件设计。

(1) 初始定义需要使用的库、变量、类等

将需要使用的接口、库、变量、函数类进行声明。

```
1.    unit TakeOverPluginMain;
2.
3.    interface
4.
5.    uses
6.        Windows,
7.        Messages,
8.        SysUtils,
9.        Classes,
10.       VCL.Dialogs,
11.       VCL.Forms,
12.       PluginCore,
13.       VCL.Menus;
```

```
14.
15.  type
16.
17.      TTakeOverPlugin = class(TF8PluginClass)
18.          private
19.              p_winRoadApplication : IF8ApplicationServices;
20.              p_dsPlugin : IF8DSPlugin;
21.              p_demoRunning : Boolean;
22.              p_change : Boolean;
23.              p_X : Integer;
24.              p_XX : Integer;
25.              p_keys : array of Word;
26.
27.              //* * *
28.              p_Interval1 : Double;
29.              p_Interval2 : Double;
30.              p_Interval3 : Double;
31.              //* * *
32.
33.              p_Ribbon : IF8Ribbon;
34.              p_RibbonTab : IF8RibbonTab;
35.              p_RibbonGroup : IF8RibbonGroup;
36.
37.              procedure AbleMenus(enable : Boolean);
38.              //* * *
39.              procedure OnKeyUp(sender: TObject; var key: Word; Shift: TShiftState);
40.              procedure OnKeyDown(sender: TObject; var key: Word; Shift: TShiftState);
41.              procedure TimeStep(dTimeInSeconds : Double);
42.              procedure TakeOverDemoEditChange1(sender : TObject);
43.              procedure TakeOverDemoEditChange2(sender : TObject);
44.              procedure TakeOverDemoEditChange3(sender : TObject);
45.              //* * *
46.              procedure TakeOverDemoOnClick(sender : TObject);
47.              procedure JoystickMove(X, Y, Z, rX, rY, rZ, throttle, clutch : Integer);
48.
49.
50.              procedure CreateRibbons;
51.              procedure FreeRibbons;
52.
53.          public
54.              procedure AfterConstruction; override;
55.              procedure BeforeDestruction; override;
```

```
56.
57.                 property winRoadApplication: IF8ApplicationServices read p_win-
RoadApplication;
58.           end;
59.
60.               //Call back functions
61.       procedure RegisterUserPlugin(out optionName, apiVersion, Copyright : String);
62.       procedure LoadPlugin;
63.       procedure UnloadPlugin;
64.
65.   var
66.       TakeOverPlugin : TTakeOverPlugin;
67.
68.
69.   implementation
70.
71.   uses
72.   TakeOverResource;
```

(2) 注册/注销插件的函数

书写注册函数以及注销函数时需要进行的操作。

```
1.   //  Register / Unregister the plugin
2.   //==========================================================
3.   procedure RegisterUserPlugin(out optionName, apiVersion, Copyright : String);
4.       begin
5.       optionName := 'Take Over Plugin';
6.       apiVersion := PLUGIN_VERSION;
7.       Copyright := 'FORUM8 Co., Ltd.';
8.       end;
9.
10.  procedure LoadPlugin;
11.      begin
12.      if not Assigned(TakeOverPlugin) then
13.          TakeOverPlugin := TTakeOverPlugin.Create;
14.      end;
15.
16.  procedure UnloadPlugin;
17.      begin
18.      FreeAndNil(TakeOverPlugin);
19.      end;
```

(3) 插件注册和注销前后需要进行的操作

插件创建后以及注销插件前的操作以及函数调用。

```
1.  //  On plugin creation :
2.  //      Gets the interface of the application.
3.  //===================================================
4.  procedure TTakeOverPlugin.AfterConstruction;
5.      var
6.          method : TMethod;
7.      begin
8.      inherited;
9.      Supports(ApplicationServices, IF8ApplicationServices, p_winRoadApplication);
10.
11.     CreateRibbons;
12.
13.     p_demoRunning := false;
14.
15.     JoystickMoveProc(method) := JoystickMove;
16.     p_winRoadApplication.RegisterEventHandler( _plgJoystickMove, method);
17.
18.     TimeStepProc(Method) :=   TimeStep;
19.     p_winRoadApplication.RegisterEventHandler(_plgTimeStep, method);
20.
21.     FormMainKeyUpDownProc(Method) := OnKeyUp;
22.     p_winRoadApplication.RegisterEventHandler(_plgFormMainKeyUp, method);
23.
24.     FormMainKeyUpDownProc(Method) := OnKeyDown;
25.     p_winRoadApplication.RegisterEventHandler(_plgFormMainKeyDown, method);
26.
27.
28.
29.     PluginAbleMenusProc(method) := AbleMenus;
30.     p_winRoadApplication.RegisterEventHandler(_plgPluginAbleMenus, method);
31.     end;
32.
33. //===================================================
34. //  On plugin destruction :
35. //      Releases the interface of the application.
36. //===================================================
37. procedure TTakeOverPlugin.BeforeDestruction;
38.     var
39.         method : TMethod;
```

```
40.        begin
41.        FreeRibbons;
42.
43.        JoystickMoveProc(method) := JoystickMove;
44.        p_winRoadApplication.UnRegisterEventHandler( _plgJoystickMove, method);
45.
46.
47.
48.        PluginAbleMenusProc(method) := AbleMenus;
49.        p_winRoadApplication.UnRegisterEventHandler(_plgPluginAbleMenus, method);
50.
51.        p_winRoadApplication := nil;
52.        inherited;
53.        end;
```

(4) UI 界面设计

UI 界面的按钮或可编辑框的设计。

```
1.    procedure TTakeOverPlugin.CreateRibbons;
2.        const
3.            PLUGIN_SAMPLE_TABCONTROLNAME = 'SDKPluginSample';
4.            PLUGIN_SAMPLE_TABCAPTION = 'SDK Plug-in';
5.            PLUGIN_SAMPLE_RIBBONGROUP_CONTROLNAME = 'SteeringWheelControl';
6.            PLUGIN_SAMPLE_RIBBONGROUP_NAME = 'Steering Wheel Control';
7.        begin
8.        if Assigned(p_winRoadApplication) and not Assigned(p_Ribbon) then
9.            begin
10.           p_Ribbon := p_winRoadApplication.mainForm.GetMainRibbonMenu;
11.           p_RibbonTab := p_winRoadApplication.mainForm.GetMainRibbonMenuTabByName
(PLUGIN_SAMPLE_TABCONTROLNAME);
12.           if Assigned(p_Ribbon) and not Assigned(p_RibbonTab)then
13.               begin
14.               p_RibbonTab := p_Ribbon.CreateRibbonTab(PLUGIN_SAMPLE_TABCONTROL-
NAME,10000);
15.               p_RibbonTab.Caption := PLUGIN_SAMPLE_TABCAPTION;
16.               end;
17.           end;
18.       p_RibbonGroup := p_RibbonTab.CreateRibbonGroup(PLUGIN_SAMPLE_RIBBONGROUP_
CONTROLNAME,9);
19.       p_RibbonGroup.Caption := PLUGIN_SAMPLE_RIBBONGROUP_NAME;
20.
21.       if not assigned(FormTakeOverResource) then
```

```
22.         FormTakeOverResource := TFormTakeOverResource.Create(nil);
23.     FormTakeOverResource.ButtonSteeringWheel.OnClick := TakeOverDemoOnClick;
24.         //*****添加 Edit X3
25.         FormTakeOverResource. SteeringWheelEdit. OnChange    :  =    TakeOverDe-
moEditChange1;
26.         FormTakeOverResource.  BrakePedalEdit.  OnChange    :  =    TakeOverDe-
moEditChange2;
27.     FormTakeOverResource.ThrottleEdit.OnChange  := TakeOverDemoEditChange3;
28.     //***
29.     if Assigned(p_RibbonGroup) then
30.         begin
31.           p_RibbonGroup. Width := FormTakeOverResource. ButtonSteeringWheel.
Width;
32.           p_RibbonGroup. AddGroupControl ( FormTakeOverResource. ButtonSteering-
Wheel);
33.         //*****添加 EditX3
34.         p_RibbonGroup.AddGroupControl(FormTakeOverResource.SteeringWheelEdit);
35.         p_RibbonGroup.AddGroupControl(FormTakeOverResource.BrakePedalEdit);
36.         p_RibbonGroup.AddGroupControl(FormTakeOverResource.ThrottleEdit);
37.         p_RibbonGroup.AddGroupControl(FormTakeOverResource.SteeringWheelValue);
38.         p_RibbonGroup.AddGroupControl(FormTakeOverResource.BrakePedalValue);
39.         p_RibbonGroup.AddGroupControl(FormTakeOverResource.ThrottleValue);
40.         //***
41.         end;
42.     p_Ribbon := nil;
43.     end;
44.
45. procedure TTakeOverPlugin.FreeRibbons;
46.     begin
47.     //Remove Control from the RibbonGroup
48.     if Assigned(FormTakeOverResource) and Assigned(p_RibbonGroup) then
49.         begin
50.         p_RibbonGroup. RemoveGroupControl ( FormTakeOverResource. ButtonSteering-
Wheel);
51.         //*****添加 EditX3
52.         p_RibbonGroup.RemoveGroupControl(FormTakeOverResource.SteeringWheelEdit);
53.         p_RibbonGroup.RemoveGroupControl(FormTakeOverResource.BrakePedalEdit);
54.         p_RibbonGroup.RemoveGroupControl(FormTakeOverResource.ThrottleEdit);
55.         p_RibbonGroup.RemoveGroupControl(FormTakeOverResource.SteeringWheelValue);
56.         p_RibbonGroup.RemoveGroupControl(FormTakeOverResource.BrakePedalValue);
57.         p_RibbonGroup.RemoveGroupControl(FormTakeOverResource.ThrottleValue);
58.         //***
```

```
59.             FreeAndNil(FormTakeOverResource);
60.             end;
61.         //Remove RibbonGroup from the RibbonTab
62.         if Assigned(p_RibbonTab) then
63.             begin
64.             p_RibbonTab.DeleteGroup(p_RibbonGroup);
65.             p_RibbonGroup := nil;
66.             end;
67.         p_RibbonTab := nil;
68.         p_Ribbon := nil;
69.         end;
```

(5) 回调函数

```
1.    //  Called by UC-win/Road to enable menus.
2.    //=========================================================
3.    procedure TTakeOverPlugin.AbleMenus(enable: Boolean);
4.        begin
5.        FormTakeOverResource.ButtonSteeringWheel.Enabled := enable;
6.        FormTakeOverResource.SteeringWheelEdit.Enabled := enable;
7.        FormTakeOverResource.BrakePedalEdit.Enabled := enable;
8.        FormTakeOverResource.ThrottleEdit.Enabled := enable;
9.        FormTakeOverResource.SteeringWheelValue.Enabled := enable;
10.       FormTakeOverResource.BrakePedalValue.Enabled := enable;
11.       FormTakeOverResource.ThrottleValue.Enabled := enable;
12.       end;
```

(6) 通过键盘“K”键解锁

重写 keydown 以及 keyup，通过 75 即“K”键完成操作。

```
1.    procedure TTakeOverPlugin.TimeStep(dTimeInSeconds: Double);
2.    var i : Integer;
3.    begin
4.        for i := 0 to High(p_keys) do
5.            begin
6.            case p_keys[i] of
7.            75 : begin
8.             p_XX := p_X;
9.             p_change := TRUE;
10.           end;
11.           end;
12.           end;
13.   end;
```

```
14.
15.  procedure TTakeOverPlugin.OnKeyDown(sender: TObject; var key: Word; Shift:
TShiftState);
16.      var
17.          i : Integer;
18.          n : Integer;
19.      begin
20.
21.      for i := 0 to High(p_keys) do
22.          begin
23.          if p_keys[i] = key then
24.              Exit;
25.          end;
26.      SetLength(p_keys, Length(p_keys) + 1);
27.      p_keys[High(p_keys)] := key;
28.      end;
29.
30.
31.  procedure TTakeOverPlugin.OnKeyUp(sender: TObject; var key: Word; Shift: TShift-
State);
32.      var
33.          i : Integer;
34.          j : Integer;
35.      begin
36.
37.      for i := 0 to High(p_keys) do
38.          begin
39.          if p_keys[i] = key then
40.              begin
41.              for j := i to High(p_keys) - 1 do
42.                  begin
43.                  p_keys[j] := p_keys[j+1];
44.                  end;
45.              SetLength(p_keys, Length(p_keys) - 1);
46.              Exit;
47.              end;
48.          end;
49.      end;
```

(7) 转向、刹车、油门数值查看窗口

将交互得到的转向、刹车、油门数值输出至(4)中设计的输入框中。

```
1.  procedure TTakeOverPlugin.TakeOverDemoEditChange1(Sender: TObject);
```

```
2.      begin
3.      if (FormTakeOverResource.SteeringWheelEdit.Text = '') then
4.          Exit;
5.
6.      p_Interval1 := StrToFloat(FormTakeOverResource.SteeringWheelEdit.Text);
7.      end;
8.
9.  procedure TTakeOverPlugin.TakeOverDemoEditChange2(Sender: TObject);
10.     begin
11.     if (FormTakeOverResource.BrakePedalEdit.Text = '') then
12.         Exit;
13.
14.     p_Interval2 := StrToFloat(FormTakeOverResource.BrakePedalEdit.Text);
15.     end;
16.
17. procedure TTakeOverPlugin.TakeOverDemoEditChange3(Sender: TObject);
18.     begin
19.     if (FormTakeOverResource.ThrottleEdit.Text = '') then
20.         Exit;
21.
22.     p_Interval3 := StrToFloat(FormTakeOverResource.ThrottleEdit.Text);
23.     end;
24.
25.
26. procedure TTakeOverPlugin.TakeOverDemoOnClick(sender: TObject);
27.     begin
28.     p_dsPlugin := p_winRoadApplication.dsPlugin;
29.     if Assigned(p_dsPlugin) then
30.         begin
31.         if not p_demoRunning then
32.             begin
33.             p_change := FALSE;
34.             //ShowMessage('Demo start.');
35.             p_demoRunning := true;
36.             FormTakeOverResource.ButtonSteeringWheel.Caption := 'Stop Demo';
37.             end
38.         else
39.             begin
40.             p_demoRunning := false;
41.             FormTakeOverResource.ButtonSteeringWheel.Caption := 'Start Demo...';
42.             end;
43.         end;
```

```
44.        end;
```

(8) 判断方向盘转角大于2°以及油门刹车变化大于10%确认切换

通过对方向盘转角以及油门刹车变化数值进行判断调用 ChangeAccSettings，即切换设置为手动模式。

```
1.    //TakeOverFunction
2.    procedure TTakeOverPlugin.JoystickMove(X, Y, Z, rX, rY, rZ, throttle, clutch : In-
teger);
3.    var
4.        p_message : String;
5.
6.        begin
7.        p_X := x;
8.        FormTakeOverResource.SteeringWheelEdit.Text := X.ToString();
9.        FormTakeOverResource.BrakePedalEdit.Text := rZ.ToString();
10.       FormTakeOverResource.ThrottleEdit.Text := Z.ToString();
11.   // FormSteeringWheelControlResource.ThrottleValue.Caption := IntToStr(Y);
12.   //FormSteeringWheelControlResource.BrakePedalValue.Caption := IntToStr(rZ);
13.   //FormSteeringWheelControlResource.SteeringWheelValue.Caption := IntToStr(X);
14.       if p_change  and
15.            Assigned(p_winRoadApplication.mainForm.driver) and Assigned(p_win-
RoadApplication.mainForm.driver.currentCar) then
16.           begin
17.
18.           //具体数值根据程序得到的数值确定
19.           if (x < Int(P_XX - 242.72)) or (x > Int(p_XX + 242.72)) or (rZ < Int
(65535 * 0.9)) or (Z < Int(65533 * 0.9)) then
20.               begin
21.                   p_change := FALSE;
22.                   p_winRoadApplication.mainForm.driver.ChangeAccSettings(_dmManual);
23.             end;
24.
25.           end;
26.
27.       end;
```

11.3.4 行人控制及车辆模型更换

通过以下插件实现车辆行驶过程的模型变更。首先确定主行人，从文件中读取行人的运动方向和速度信息。场景开始之后，通过按下键盘上的指定按键会获取主

行人周围 1000m(视实际情况而定)半径内的所有的车辆。更换车辆模型的触发条件有两种：第一种是根据车辆的减速度，将更换第一个开始减速的车辆模型；第二种是根据已给定的车辆编号和位置信息，当指定车辆到达指定位置时，更换模型。使用如下代码进行插件设计。

(1) 初始定义需要使用的库、变量、类等

```
1.  unitControlVehicleInFrontPluginMain;
2.
3.  interface
4.
5.  uses
6.      Windows,
7.      Messages,
8.      SysUtils,
9.      Classes,
10.     Dialogs,
11.     Forms,
12.     PluginCore,
13.     Controls,
14.     Menus;
15.
16. type
17.     TControlVehicleInFrontPlugin = class(TF8PluginClass)
18.         private
19.             p_winRoadApplication : IF8ApplicationServices;
20.             p_doControl : Boolean;
21.             p_keys : array of Word;
22.             p_ehmiCar : IF8CarInstance;
23.             tranobj : TransientObjectArray;
24.             project : IF8ProjectForRoad;
25.             firsttime : Boolean;
26.             pButton : Boolean;
27.             qwButton : Boolean;
28.             first_qwButton : Boolean;
29.             numberofcars : Integer;
30.             pos_car : Double;
31.             num_changjing : Integer;
32.             num_car : Integer;
33.             info_shixiao : string;
34.             p_Character : IF8CharacterInstance;
35.             procedureOnKeyUp(sender: TObject; var key: Word; Shift: TShiftState);
```

```
36.         procedureOnKeyDown(sender: TObject; var key: Word; Shift: TShift-
State);
37.      public
38.         procedureAfterConstruction; override;
39.         procedureBeforeDestruction; override;
40.         procedureStartStopWalking(const aCharacter : IF8CharacterInstance);
41.         procedureonCalculateWalkingInputs(dTimeInSeconds : Double; var
walkingSpeed, yawAngle : Double);
42.         propertywinRoadApplication : IF8ApplicationServices read p _ win-
RoadApplication;
43.      end;
44.
45.    //Call back functions
46.    procedureRegisterUserPlugin(out optionName, apiVersion, Copyright : String);
47.    procedureLoadPlugin;
48.    procedureUnloadPlugin;
49.
50.  var
51.    ControlVehicleInFrontPlugin : TControlVehicleInFrontPlugin;
52.
53.  implementation
54.
55.  uses
56.    ControlViechleInFrontResource;
```

(2) 注册/注销插件的函数

定义注册函数以及注销函数时需要进行的操作。

```
1.  //==================================================
2.  //    Register / Unregister the plugin
3.  //==================================================
4.  procedureRegisterUserPlugin(out optionName, apiVersion, Copyright : String);
5.    begin
6.    optionName := 'Control vehicle in front plugin';
7.    apiVersion := PLUGIN_VERSION;
8.    Copyright := 'FORUM8 Co., Ltd.';
9.    end;
10.
11. procedureLoadPlugin;
12.   begin
13.   if not Assigned(ControlVehicleInFrontPlugin) then
14.       ControlVehicleInFrontPlugin := TControlVehicleInFrontPlugin.Create;
```

```
15.        end;
16.
17.    procedureUnloadPlugin;
18.        begin
19.        FreeAndNil(ControlVehicleInFrontPlugin);
20.        end;
```

(3) 插件注册和注销前后需要进行的操作

插件创建后以及注销插件前的操作以及函数调用。

```
1.    //   On plugin creation :
2.    //        Gets the interface of the application.
3.    //==================================================
4.    procedureTControlVehicleInFrontPlugin.AfterConstruction;
5.        var
6.            method :TMethod;
7.        begin
8.        inherited;
9.        Supports(ApplicationServices, IF8ApplicationServices, p_winRoadApplication);
10.       FormMainKeyUpDownProc(Method) := OnKeyUp;
11.       p_winRoadApplication.RegisterEventHandler(_plgFormMainKeyUp, method);
12.       FormMainKeyUpDownProc(Method) := OnKeyDown;
13.       p_winRoadApplication.RegisterEventHandler(_plgFormMainKeyDown, method);
14.       PluginAbleMenusProc(Method) := AbleMenus;
15.       p_winRoadApplication.RegisterEventHandler(_plgPluginAbleMenus, method);
16.       StartStopWalkingProc (Method) := StartStopWalking;
17.       p_winRoadApplication.RegisterEventHandler
18.                                (_plgNavigationStartWalking, method);
19.       end;
20.
21.   //==================================================
22.   //   On plugin destruction :
23.   //        Releases the interface of the application.
24.   //==================================================
25.   procedureTControlVehicleInFrontPlugin.BeforeDestruction;
26.       var
27.           method :TMethod;
28.       begin
29.       FormMainKeyUpDownProc(Method) := OnKeyUp;
30.       p_winRoadApplication.UnRegisterEventHandler(_plgFormMainKeyUp, method);
31.       FormMainKeyUpDownProc(Method) := OnKeyDown;
32.       p_winRoadApplication.UnRegisterEventHandler(_plgFormMainKeyDown, method);
```

```
33.        PluginAbleMenusProc(Method) := AbleMenus;
34.        p_winRoadApplication.UnRegisterEventHandler(_plgPluginAbleMenus, method);
35.        StartStopWalkingProc (Method) := StartStopWalking;
36.        p_winRoadApplication.UnRegisterEventHandler
37.        (_plgNavigationStartWalking, method);
38.        p_winRoadApplication := nil;
39.        inherited;
40.        end;
```

(4) 获取主行人

场景里的“开始步行”命令被执行时,软件会自动调用该函数。“aCharacter”为场景的主行人。

```
1.    procedureTControlVehicleInFrontPlugin.StartStopWalking(const    aCharacter    :
IF8CharacterInstance );
2.        var
3.            i : Integer;
4.            method :TMethod;
5.        begin
6.        p_Character := aCharacter;
7.        p_Character.onCalculateWalkingInputs := onCalculateWalkingInputs;
8.        firsttime := True;
9.        pButton := False;
10.       qwButton := False;
11.       first_qwButton := True;
12.   end;
```

(5) 行人控制及车辆模型更换

主行人在场景中行走时,软件将不断调用该函数。

```
1.    procedureTControlVehicleInFrontPlugin.
2.                onCalculateWalkingInputs(dTimeInSeconds : Double; var
3.                walkingSpeed, yawAngle : Double);
4.        var
5.            txt :TextFile;
6.            s : string;
7.            path:string;
8.            i : Integer;
9.            j : Integer;
10.           vehicleLogs : IF8VehicleLogs;
11.       Begin
12.   //从文件中读取信息,控制主行人的速度和运动方向
13.           AssignFile(txt,'C:\Users\Administrator\Desktop\Speed.txt');
```

```
14.            Reset(txt);
15.          Readln(txt,s);
16.          walkingSpeed := strToFloat(s); //速度
17.          CloseFile(txt);
18.          AssignFile(txt,'C:\Users\Administrator\Desktop\
19.              Direction.txt');
20.          Reset(txt);
21.          Readln(txt,s);
22.          yawAngle := strToFloat(s); //方向
23.          CloseFile(txt);
24.  //定义按键响应
25.          fori := 0 to High(p_keys) do
26.          begin
27.          casep_keys[i] of
28.              80 : // p
29.              begin
30.                  pButton := true;
31.                  firsttime := true;
32.                  p_keys[i] := 0;
33.              end;
34.              81 : // q
35.              begin
36.                  qwButton := true;
37.                  firsttime := true;
38.                  num_changjing := 1;
39.                  first_qwButton := True;
40.                  p_keys[i] := 0;
41.              end;
42.              87 : // w
43.              begin
44.                  qwButton := true;
45.                  firsttime := true;
46.                  num_changjing := 2;
47.                  first_qwButton := True;
48.                  p_keys[i] := 0;
49.              end;
50.              end;
51.          end;
52.
53.          iffirsttime then
54.          begin
55.              project := ControlVehicleInFrontPlugin.
```

```
56.                     winRoadApplication.project;
57.               //获取 1000 半径内的所有的车辆
58.           tranobj := project.GetTransientVehiclesWithin(1000);
59.           if Assigned(tranobj) then
60.               begin
61.                   firsttime := False;
62.                   numberofcars := Length(tranobj);
63.               end;
64.           end;
65.   //场景开始时,按 p。这时,根据车辆的减速度更换车辆模型,
66.           ifpButton then
67.               begin
68.                   for j := 1 tonumberofcars do
69.                   begin
70.                       p_ehmiCar := IF8CarInstance(tranobj[numberofcars -
71.                                    j]);
72.                       if Supports(p_ehmiCar,IF8VehicleLogs,vehicleLogs)
73.                                    then
74.                       begin
75.                           if (vehicleLogs.localAccelInMetresPerSecond2[3]
76.                               < -0.2) then //车辆减速度小于 -0.2 时
77.                           Begin
78.                           //将车辆模型换成第 49 个车辆 3D 模型,[]里的数字按情
79.                             况而定
80.                           p_ehmiCar.ChangeVehicle(project.
81.                                  threeDModel[49]);
82.                           pButton := False;
83.                           break;
84.                       end;
85.                   end;
86.               end;
87.           end;
88.   //场景开始时,按 q 或 w。这时,根据已给定的信息更换车辆模型,
89.           ifqwButton then
90.           begin
91.               iffirst_qwButton then
92.               begin
93.               AssignFile(txt,'C:\Users\Administrator\
94.                          Desktop\Shixiao.txt');
95.               Reset(txt);
96.               for j := 1 tonum_changjing do
97.               begin
```

```
98.                  readln(txt,s);
99.                  info_shixiao := s;
100.             end;
101.             CloseFile(txt);
102.             num_car := StrToInt(Copy(info_shixiao,1,1));
103.             pos_car := StrToFloat(Copy(info_shixiao,3,
104.                        length(info_shixiao) - 2));
105.             p_ehmiCar := IF8CarInstance(tranobj[numberofcars -
106.                          num_car]);
107.             first_qwButton := False;
108.             end;
109.         if ((5000 - p_ehmiCar.position[3]) >pos_car) then
110.             begin
111.             p_ehmiCar.ChangeVehicle(project.threeDModel[49]);
112.             qwButton := False;
113.             end;
114.         end;
115.     end;
```

(6) 按键响应函数

```
1.    procedureTControlVehicleInFrontPlugin.OnKeyDown(sender: TObject; var key: Word;
Shift: TShiftState);
2.        var
3.            i : Integer;
4.        begin
5.        fori := 0 to High(p_keys) do
6.            begin
7.            ifp_keys[i] = key then
8.                Exit;
9.            end;
10.
11.       SetLength(p_keys, Length(p_keys) + 1);
12.       p_keys[High(p_keys)] := key;
13.       end;
14.
15.   procedureTControlVehicleInFrontPlugin.OnKeyUp(sender: TObject; var key: Word;
Shift: TShiftState);
16.       var
17.           i : Integer;
18.           j : Integer;
19.       begin
20.       fori := 0 to High(p_keys) do
```

```
21.            begin
22.            ifp_keys[i] = key then
23.                begin
24.                for j := i to High(p_keys) - 1 do
25.                    begin
26.                    p_keys[j] := p_keys[j+1];
27.                    end;
28.                SetLength(p_keys, Length(p_keys) - 1);
29.                Exit;
30.                end;
31.            end;
32.        end;
```

课后习题

1. 选择本章中的一个案例,在不参考书中代码的情况下,尝试自己动手实现案例中要求的功能。

2. 结合本章介绍内容以及实验需求,尝试使用 SDK 中样例生成新插件。

参考文献

[1] 邓铸，吴欣. 实验心理学导论[M]. 北京：中国轻工业出版社，2012.

[2] 郭秀艳. 实验心理学[M]. 北京：人民教育出版社，2004.

[3] 金志成. 心理实验设计[M]. 长春：吉林教育出版社，1991.

[4] 林庆峰，王兆杰，鲁光泉. 城市道路环境下自动驾驶车辆接管绩效分析[J]. 中国公路学报，2019，032(006)：240-247.

[5] 刘东波，缪小冬，王长君，等. 汽车驾驶模拟器及其关键技术研究现状[J]. 公路与汽运，2010(05)：53-59.

[6]. 舒华，张学民，韩在柱. 实验心理学的理论、方法与技术[M]. 北京：人民教育出版社，2006.

[7] 孙显营，熊坚. 车辆驾驶模拟器的发展综述[J]. 交通科技，2001(06)：48-50.

[8] 唐克双，王亚晴，王鹏飞. 汽车驾驶模拟器在交通研究中的应用[J]. 城市交通，2011，9(06)：78-85.

[9] 田顺，谷亚蒙，魏朗，等. 驾驶模拟器的发展历程及最新应用实例[J]. 汽车技术，2018(04)：35-42.

[10] 田学红. 实验心理学[M]. 杭州：浙江教育出版社，2007.

[11] 王晶，刘小明，李德慧. 驾驶模拟器现状及应用研究[J]. 交通标准化，2008(11)：160-163.

[12] 魏朗，田顺，Chris SCHWARZ，等. 驾驶模拟技术在汽车智能技术研发中的应用综述[J]. 公路交通科技，2017，34(12)：140-150，158.

[13] 吴晓瑞，吴志周. 汽车驾驶模拟器在交通安全中的应用综述[J]. 交通信息与安全，2015，33(02)：10-19.

[14] 向往，闫学东，王江锋. 驾驶模拟器在驾驶行为和心理影响因素研究方面的应用[J]. 山东科学，2013，26(06)：69-76，100.

[15] 熊坚，曾纪国，丁立，等. 面向道路交通的汽车驾驶模拟器的研究及应用[J]. 中国公路学报，2002(02)：120-122.

[16] 严新平，张晖，吴超仲，等. 道路交通驾驶行为研究进展及其展望[J]. 交通信息与安全，2013，31(01)：45-51.

[17] 杨治良. 实验心理学[M]. 杭州：浙江教育出版社，1998.

[18] 张嘉芮，刘少华，秦孔建，等. 驾驶模拟器在自动驾驶汽车方向的应用综述[J]. 中国汽车，2020(08)：46-50.

[19] 周爱保. 实验心理学：Experimental psychology[M]. 北京：清华大学出版社，2016.

[20] Boda C N，Dozza M，Bohman K，et al. Modelling how drivers respond to a bicyclist crossing their path at an intersection：How do test track and driving simulator compare? [J]. Accident An alysis & Prevention，2018，111：238-250.

[21] Boer E R，Kuge N，Yamamura T. Affording realistic stopping behavior：A cardinal challenge for driving simulators[C]//Proceedings of 1st Human-Centered Transportation Simulation

Conference. The University of lowa, lowa City, lowa, November 4-7, 2001: 1-20.

[22] De Winter J, van Leeuwen P M, Happee R. Advantages and disadvantages of driving simulators: A discussion[C]//Proceedings of measuring behavior. Utrecht, The Netherlands, August 28-31, 2012: 48-50.

[23] Domenichini L, La Torre F, Branzi V, et al. Speed behaviour in work zone crossovers. A driving simulator study[J]. Accident Analysis & Prevention, 2017, 98: 10-24.

[24] Greenberg J A, Park T J. The Ford driving simulator[J]. SAE Transactions, 1994, 103: 46-53.

[25] Handbook of driving simulation for engineering, medicine, and psychology [M]. CRC Press, 2011.

[26] Jamson A H, Horrobin A J, Auckland R A. Whatever Happened to the LADS? Design and development of the new University of Leeds Driving Simulator. [C]//DSC 2007 North America, Iowa City, 01139841, 2007.

[27] Käding W, Hoffmeyer F. The advanced Daimler-Benz driving simulator[C]. SAE Technical Paper, 950175, 1995.

[28] Kemeny A, Mérienne F, Espié S. Trends in driving simulation design and experiments[C]. Proceedings of the Driving Simulation Conference. Arts et Métiers ParisTech, Paris, France September, 9th and 10th 2010: 23-33.

[29] Lin Q, Li S, Ma X, et al. Understanding take-over performance of high crash risk drivers during conditionally automated driving[J]. Accident Analysis & Prevention, 2020, 143: 105543.

[30] Marciano H, Setter P . The effect of billboard design specifications on driving: A pilot study [J]. Accident Analysis & Prevention, 2017, 104: 174-184.

[31] Meuleners L B, Fraser M L, Roberts P . Impact of the RuralIntersection Active Warning System (RIAWS) on driver speed: A driving simulator study[J]. Accident Analysis & Prevention, 2020, 141: 105541.

[32] Obeid H, Abkarian H, Abou-Zeid M, et al. Analyzing driver-pedestrian interaction in a mixed-street environment using a driving simulator[J]. Accident Analysis & Prevention, 2017, 108: 56-65.

[33] Salaani M K, Schwarz C, Heydinger G J, et al. Parameter determination and vehicle dynamics modeling for the national advanced driving simulator of the 2006 BMW 330i[J]. SAE Technical Paper, 2007-01-0817, 2007.

[34] Shangguan Q, Fu T, Liu S . Investigating rear-end collision avoidance behavior under varied foggy weather conditions: A study using advanced driving simulator and survival analysis[J]. A ccident Analysis & Prevention, 2020, 139: 105499.

[35] Simulators for transportation human factors: Research and practice[M]. CRC Press, 2017: 19-24.

[36] Weir D H, Clark A J. A survey of mid-level driving simulators[J]. SAE transactions, 1995, 104: 86-106.

[37] Yoshimoto K, Suetomi T. The history of research and development of driving simulators in Japan[J]. Journal of mechanical systems for transportation and logistics, 2008, 1(2): 159-169.